U0321962

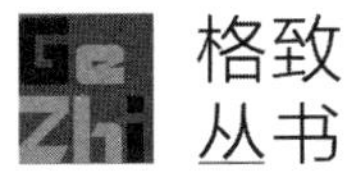

格致
丛书

流域公共治理的政府间协调研究

Research on Intergovernmental Coordination of River Basin Public Governance

任敏 著

社会科学文献出版社
SOCIAL SCIENCES ACADEMIC PRESS (CHINA)

本著作由贵州大学公共管理学院和贵州省“欠发达地区政府治理体系和治理能力现代化”协同创新中心联合资助出版；

本著作为国家社会科学基金西部项目“流域公共治理的政府间协调研究——以珠江流域为例”（08XZZ007）的研究成果。

总　序

黄其松

今日之中国，已处于从站起来、富起来到强起来的新时代。今日之中国，人民热爱生活，对美好生活充满向往，期盼有更好的教育、更稳定的工作、更满意的收入、更可靠的社会保障、更高水平的医疗卫生服务、更舒适的居住条件、更优美的环境。如何建设富强中国、美丽中国、健康中国、平安中国？古人云：治大国若烹小鲜。然而，今日中国规模之巨、转型之艰、困难之大，恐怕难以以“烹小鲜”的理念与技艺来应对。因此，如何在顶层设计与底层实践、高层智慧与基层创新之间走出中国治理的道路、提炼出中国治理的模式、发展出中国治理的理论，成为当下中国的官员与学人共同的责任与使命。

我们这群生活在偏远之隅——贵州的读书人、教书匠，大抵可以称得上兹纳涅茨基在《知识人的社会角色》里所说的“学者”。所谓学者，不仅承担知识与文明的传承与创新，也负有不可推卸的社会责任。我们虽处江湖之远却心有庙堂，希望能用记录我们所学、所思的文字参与这个伟大的新时代，为国家治理现代化做出微薄的贡献。为此，贵州大学公共管理学院联合贵州省欠发达地区政府治理体系和治理能力现代化协同创新中心，共同资助出版“格致”系列学术丛书。“格致”源于贵州大学公共管理学院“格物，以明事理；致行，以济天下”的院训。因此，本丛书关注实践，即地方政府治理生动实践的经验反思与学理分析，也关注理论，即政治学与公共管理理论的发展与创新。学术乃天下之公器，希望学界同仁对本丛书不吝赐教，以期共同推动知识创造与学术发展。

序

21 世纪以来，世界进入了新的发展时代。伴随着经济全球化、区域一体化、社会信息化和市场无界化，一些传统的公共管理问题和公共事务，体现出越来越多的“外溢性”，传统的“行政区行政”的模式越来越难以适应新的发展形势。区域公共管理研究就是基于对政府传统的空间治理模式，即“行政区行政”模式的批判和反思而提出的。所谓行政区行政，是以行政区域为纽带的，其以刚性的行政区域空间作为政府管理社会公共事务的界标和分水岭，只关注行政区域内部的公共问题。然而，行政区域只是空间区域的一种类型，实际上，任何一个行政区域（无论是一个国家还是国家内部的一个地方行政区域）都不是独立存在的，它总是隶属于某一个范围更大的空间区域，如自然区域、经济区域、社会区域；或者，自然区域、经济区域和社会区域总是由众多彼此关联的行政区域组成的。因此，从自然区域、经济区域和社会区域的角度看，当社会公共问题跨越了特定的行政区域，演变为某一自然区域、经济区域或社会区域的“区域性公共问题”时，就会对传统的行政区行政治理模式提出严峻的挑战。这是因为，行政区行政是以法定的行政区划来管理行政区域内部公共事务，而区域性公共问题已经跨越了单个行政区域的法定界限，它要求在自然的、经济的或社会的区域内来重新设计治理的机制和方式。在这种情况下，一种新的空间治理机制和模式——区域公共管理便应运而生了。从当代的全球化和区域经济一体化的大趋势来看，由于区域性公共问题的不断叠加，进行区域公共管理的社会诉求愈发强烈。因此，区域公共管理就是以“区域性公共问题”为治理对象的一种新型的政府空间治理模式。根据区域规模的不同，我们以往的研究中把区域公共管理的研究划分为宏观的国家间区域公共管理、中观的次区域公共管理、微观的国内区域管理三种类型。其中国内区域公共管理重点研究地方政府间跨行政区域的管理共同体，如“大珠三角”的区域公共管理、“大长三角”的区域公共管理、国内大江大河的流域公共治理等。

流域公共治理是区域公共管理领域的重要研究方向。流域是一种典型的自然地理区域，即基于自然资源、地理条件的同质性而自然生成的地域连续体，“区域公共问题”引发的区域公共物品和区域外部性问题在流域治理领域表现得尤为突出。由于水资源管理和水环境管理存在的条块分割问题，流域与区域管理、地区与地区之间未能很好地协调，流域治理如何更好地解决跨部门、跨地区的矛盾和涉及多方利益主体的多种涉水冲突是非常值得研究的问题。基于此，任敏在中山大学攻读博士学位期间，就将博士论文选题聚焦于流域公共治理的政府间协调这一领域，当时的研究主要集中在科层协调方面。博士毕业以后，她一直坚持在该领域继续深入研究，并获得了国家社科基金的立项。该书正是她多年研究成果的综合性体现，该书梳理了流域治理中各种政府间协调机制的地方实验，并认为这些实践主要基于协作性治理、整体性治理、市场型治理三种指导思想及协调思路。该书分析了以上的协调机制如何进行碎片化的整合，论述了影响协调的因素以及协调的效果，指出了各种协调机制的局限性和解决的对策，最后提出了应整合以上不同的路径，形成乐复合型流域公共治理的新观点。

在流域治理领域以及相关环境保护的领域，为实现流域的整体目标，各种各样的地方实验层出不穷。目前已有的研究中，多是从生态科学和环境工程的角度展开，以公共管理的理论工具来对这些实践进行梳理和分类，但进行描述和解释的研究相对较少。该书以协作性治理、整体性治理、市场型治理三种理论工具搭建了这些地方实验的分析框架，除了传统的协作平台、机构改革之外，还把流域生态补偿和“河长制”等创新纳入了公共管理的分析视野，研究角度新颖，理论工具较为前沿。全书的逻辑起点是流域治理的碎片化问题，即基于传统条块分割的科层制的“失败”而产生的协调失灵。各种地方实验也旨在解决科层治理在流域治理上的失灵问题，即回答“如何让各组织可以更好地一起工作”这一经典的公共管理问题。该书提出了基于协作性治理的科层协调的实质是建立组织间的关系网络，而基于整体性治理的科层协调的创新则是对现有的科层制的内部结构和机制进行改革和创新的新论点，并认为传统官僚制在解决协调失灵的问题时存在局限性。但是，当今社会，越来越多的社会公共问题将具有跨界限、跨领域的特征，前瞻型的政府必须考虑“后工业社会”和信息时代带来的影响，越来越多的复杂性公共事务将难以有效结构化，为解决流域治理的碎片化问题的地方实验必须进行突破式的创新。因此，市场型协调等新型实验应运而生，即通过市场力量的引入发挥其对资源配置的决定性作用，从而减少或消除辖区内流域水资源使用的负外部性。在这个问题上，科斯定理的解释是不够的，该书提出了将市场机制和科层机制结合起来的大胆观点，认为生态补偿这种市场性治理的协调机制也可以通过科层机制来实现，而且，它确实因为市场手段的交易性和公平性，又突破了科层制的局限，使得解决碎片化问题取得了一些实质的突破。这些观点在流域公共治理的领域具有很强的独创性，相信本书的出版对于丰富和发展地方治理和区域公共管理的研究会有所贡献。当然，由于本书涉及的领域众多，一些地方实验还在实践和发展中，其中有些观点还需要更多的后续研究支持。

十九大报告提出，要把建设生态文明作为中华民族永续发展的千年大计，坚持人与自然和谐共生，像对待生命一样对待生态环境，实行最严格的生态环境保护制度，形成绿色发展方式和生活方式，建设美丽中国，为全球生态安全做出贡献。十九大报告还提出要坚持推动构建人类命运共同体，树立共同、综合、合作、可持续的新安全观，构筑尊崇自然、绿色发展的生态体系。这为相关区域公共管理理论和实践的发展带来了新的发展机遇。怎样守住发展和生态的两条底线，实现发展和生态环境保护协同推进，形成一批可复制、可推广的生态文明重大制度成果，特别是形成产权清晰、多元参与、激励与约束并重的系统完整的自然资源管理的制度体系，这些实践层面的疑问客观上呼吁着中国地方治理与区域公共管理研究的不断推进与深化。该书涉及的流域生态保护补偿机制、河长制以及跨区域生态保护与环境治理联动机制、环境治理的多元参与机制等领域还有很大的发展空间，值得研究者追踪、跟进和完善。

陈瑞莲

2017 年 11 月 20 日于中山大学康乐园

CONTENTS

摘　要 / 1

第一章　导论 / 7

一　研究背景 / 7

二　核心概念界定 / 15

三　相关文献综述 / 19

四　研究思路 / 39

第二章　流域公共治理的现状及成因分析：碎片化治理的视角 / 41

一　本章的理论工具："碎片化威权"理论 / 41

二　我国流域公共治理的涉水机构和管理模式 / 47

三　流域公共治理的碎片化表现 / 53

四　流域治理的碎片化现状的主要原因 / 80

五　碎片化成因的其他理论解释 / 89

第三章　基于协作性治理的科层式政府间协调的探索 / 95

一　本章的理论工具：协作性治理 / 96

二　流域公共治理科层式政府间协调的动机分析 / 98

三　流域公共治理科层式政府间协调的模式 / 123

四　流域公共治理的传统科层式政府间协调的影响因素及效果分析 / 155
五　协作治理视角下流域治理政府间协调的问题与反思 / 171
六　改进流域公共治理科层政府间协调的建议 / 176

第四章　基于整体性治理的流域治理科层式政府间协调机制的创新实践 / 186
一　本章的理论分析基础：整体性治理 / 186
二　贵阳市生态文明建设委员会：整体性治理政府间协调的组织创新 / 189
三　“河长制”：整体性治理视角下流域治理整合责任机制的探索 / 210

第五章　基于市场型治理的流域治理政府间协调机制的新探索 / 246
一　本章的理论工具：市场型协调 / 247
二　清水江流域生态补偿的实践探索 / 264

第六章　走向复合型流域公共治理：流域治理政府间协调的发展方向 / 294
一　从碎片化治理到复合型公共治理 / 294
二　流域复合型公共治理：碎片化流域治理的全面整合 / 298
三　复合型公共治理视域下的完善流域治理政府间协调的思路 / 303

结　语 / 319

参考文献 / 322

后　记 / 347

摘要

改革开放以来，中国经历了经济的快速发展和社会的迅速变革，突出的水问题已经成为社会进一步发展的重大制约因素。由于水资源管理和水环境管理存在条块分割，流域管理与区域管理、地区与地区之间未能很好地协调，我国的流域治理未能很好地解决跨部门、跨地区的矛盾，流域治理涉及多方利益主体和多种涉水冲突，治理体系存在内在的碎片化。本书关注政府间协调、行动以及治理（governance）的问题，采用实证研究方法，研究当前我国流域治理碎片化现状及解决碎片化问题的政府间协调机制。全书梳理了珠江流域中各种政府间协调机制的地方实践，发现这些实践可以归为协作性治理、整体性治理、市场型治理三种理论解释。其中传统的科层协调主要是基于协作性治理理论，而贵阳市生态文明建设委员会和“河长制”的创新则属于基于整体性治理的创新型科层协调。另外，本书还以东江和清水江为例，梳理了流域治理中新型的基于市场型治理的政府间协调创新。本书在对以上各类协调机制对整合这种碎片化的机理和作用、影响协调的因素以及协调的效果等问题进行分析的基础上，指出了各种协调类型的局限性和解决的对策。本书认为，目前我国流域的治理应该整合以上不同的路径，形成复合型流域公共治理。

流域治理的碎片化问题，虽然并不全部由官僚制（科层制）所引发，但是，它至少说明了基于官僚制的科层治理模式在解决流域管理这一复杂问题时出现了“失灵”，看上去完整统一的管理体制背后的流域公共治理内在地存在碎裂的现象。这种碎裂的现象包括价值整合方面的碎裂、资源和权力的分配的碎裂以及政策的制定和执行的碎裂三个方面。流域规则和区域规则的不兼容引发了流域公共治理的碎片化，涉水机构的内在复杂性以及相互之间的“领域”争斗加剧了流域公共治理的碎片化，再加上流域公共治理中的正式规则还不能完全成为重塑系统的重要力量，这使得流域公共治理的统一难度加大。

可以说，本书所研究的流域治理的政府间协调的逻辑起点，正是因传统条块分割的科层制的“失败”而产生的。人们发现，要想避免科层治理在流域治理上的失败，必须解决一个重要的问题，那就是：如何让各组织可以更好地一起工作。正是为了回答这一问题，在珠江流域治理政府间协调的实践中，首先发展出了基于协作的公共管理的科层协调机制和平台，力图解决跨域跨部门等跨边界的问题，即传统科层制所面临的治理失灵的问题，通过在科层组织中构建横向和纵向协调的机制，在组织之间建立起相互信任、相互依赖、具有共同的价值理念并共同行动的平台。

但是，出于环境、互动成本、组织领域的一致性程度、官员的话语权和地区的经济实力等原因，在现有的制度框架下，区域和区域之间的利益冲突试图通过区域之间的横向协调来解决是非常困难的。研究发现，各种协调机制中纵向协调是效果比较稳定的一种协调方式，高效快捷、交易成本很低，且通过一些制度创新可以在相当的程度上解决碎片化问题。这样的结论说明：碎片化的问题依然存在，虽然促使组织间更好协作的各种机制和平台在一定的程度上减轻了它的症状，但是它依然是流域治理的一个顽疾，没有得到根治。而非常具有讽刺性的是，官僚制如果是这个顽疾的病因的话，恰恰是纵向协调——这一基于官僚制权威的最典型的特征的药方相对最有效果。这样的结论恰恰说明，横向协调机制是效果不佳的。

研究进一步发现，在流域治理的领域，针对碎片化问题的地方实验从来就没有停止过脚步。另一种基于碎片化问题而进行的“整体性治理”很有启发性。如果说，基于协作性治理的科层协调的尝试是在试图建立组织间的关系网络，是一种系统内的润滑和濡化的话，那么，基于整体性治理的科层协调的创新则是对现有的科层制的内部结构和机制进行改革了。

整体性治理的理论议题恰好是针对部门主义、各自为政等现实沉疴而提出的，其重新整合的思路是逆部门化和碎片化。在实践方面，整体性治理主张大部门制和重新政府化，从而建构起“以问题解决”作为一切活动的出发点并具备良好的协调、整合和信任机制的整体性政府。三岔河流域的“河长制”和基于大部门制思路的贵阳市生态文明建设委员会的案例均是这一思路下的尝试。对全国独家组织机构创新的“贵阳市生态文明建设委员会”的观察表明，“生态委”建立的初衷就是克服环境管理相关部门之间的协同失灵的弊端，通过结构的整合和机制的设计来建构环境治理的“整体性政府”。研究表明，生态委整合和协作的成效明显。其通过价值协调、诱导与协作以及联动与沟通，大大提高了整体效率。但是，部门机构改革带来的整合和专业性的矛盾、作为“先行者”的改革成本、高层领导的负荷和协调问题以及机构内部的部门主义问题成为制约其发展的因素。“河长制”的总体制度设计与治理目标是与整体性治理的内核相互契合的。它通过一定责任机制的安排促使政府部门之间、行政区域之间打破壁垒，以流域水环境问题的解决为制度安排的出发点并配以有力的协调机制，但是确实存在“以官僚制的手段来解决官僚制的问题”的不足。

研究同时发现，无论是“生态委”的创新还是“河长制”的突破，基于整体性治理的政府协调模式依然是立足于科层制的。前者的相对成功来自科层制的组织权威，而后者的效果则来自科层制的职务权威。这种基于科层的协同模式尽管有了创新，但是，以权威为依托的等级制纵向协调手段的基本特征依然保留了下来，即依然保持了高度的权威依赖，信息依然体现在层级节制过程中的纵向流动，因此，在官僚制典型的强制性协调特征上没有根本突破。这样，它也无法克服以权威为依托的等级制纵向协同存在的逻辑悖反，即周志忍教授所言之：用官僚制的看家武器突破官僚制，用过时机制解决今天面临的问题。简单地说，就是这种协同机制生存的大环境依然是强调分工和专业化的传统官僚制，当跨域管理的矛盾尚未达到临界点，当官僚制层级节制和横向分工尚能适应当前的管理需求时，“强制性协调格局”能够达到良好的效果。但是，当今社会，越来越多的社会公共问题具有跨界限、跨领域的特征，前瞻型的政府必须考虑“后工业社会”和信息时代带来的影响，越来越多的复杂性公共事务将难以有效结构化，这种目前暂时有效的混合型权威依托的等级制模式也很有可能越来越力不从心，难以应对严峻的考验和挑战。

令人欣慰的是，我们发现为解决流域治理的碎片化问题的地方实验出现了突破式的创新，那就是：它在如何突破“科层”的边界这一核心问题上有了实质性的举措。虽然科层制协调有其自身的明显优势，威权体系在规范流域地方政府的权力产权边界、减少相互之间的协调交易成本以及提高协调的时效性方面有一些优势，但是它无法突破官僚制，无法根除官僚制基于体制的弊端。它会导致“汉夫悖论”，即官僚制的问题需要进行协调，而协调中又避免不了官僚制的手段，如此产生更多协调的诉求。

市场型协调机制则采取完全不同的思路，它是通过市场力量的引入发挥其对资源配置的决定性作用，从而减少或消除辖区内流域水资源使用的负外部性。协调问题和治理模式是密不可分的。在制度经济学中，市场是对科层协调的最普遍的替代方法。在流域碎片化治理遭遇科层制边界的阻碍时，市场型协调的思路不失为一种有益的尝试。对清水江流域生态补偿的案例研究说明，我国实施市场型治理的政府间协调同样也是受限的。我国正处于转型期，市场机制的不完备和不稳定决定了我国不具备西方国家那样成熟的市场体制，进行生态服务交易的市场环境不够成熟。由于市场化程度不高、产权未能很好地界定和法制不健全等诸多因素，在流域生态补偿上，我们不能单纯地依赖市场进行调节。流域生态补偿机制不具备完全市场交易的条件，只能以政府为主导，由政府运用行政手段、法律手段、财政手段承担起补偿的责任。因此，政府主导就不仅表现为政府与市场之间的政府主导，还表现为政府和政府之间的上级政府主导。另外，无论运用何种补偿机制，都离不开政府的主导，无论是市场交易机制的框架，还是作为交易主体的不同地方政府。因此，在现有的制度框架内，政府是流域生态补偿的主导，而上级政府又是解决具体流域生态补偿问题的主导力量。这种主导作用，一方面是为流域生态补偿的实施提供政策导向、法规基础和资金支持，另一方面上级政府必须采取积极的措施来协调不同地方政府之间的利益关系。在这里，我们看到了一种市场和科层的结合，生态补偿这种市场型治理的协调机制依然还是通过科层机制来实现，但是，它确实凭借市场手段的交易性和公平性，又突破了科层制的掣肘，使得解决碎片化问题取得了一些实质性的突破。

我们发现，基于上述任何一种治理类型的政府间协调都各有优势，也各有不足。流域和环境问题仅仅依靠任何一种手段来解决都不可能达到理想的效果。因此，我们提出：流域治理的发展一定是，也只能是复合型公共治理。

复合型流域公共治理这个概念可以界定为：在可持续发展的前提下，以政府为主体，通过一些复合型的机制、关系和制度安排，将企业、社会组织和公民个人均纳入治理的主体范围并形成良性的互动，运用行政、经济和法律等复合型的手段，通过科层、市场和网络的协调机制，以达到水资源、水环境、水生态的优化配置和良性发展，实现全流域福祉最大化。复合型流域公共治理有以下特点。

第一，复合型公共治理体系的目标是解决水资源、水环境和水生态等流域公共问题，实现全流域公共福祉的最大化。

第二，复合型公共治理的主体包括政府、企业、社会组织和公民个体，并形成彼此良性互动的主体间关系。

第三，复合型公共治理的命令和协调机制包括科层、市场和网络。

第四，复合型公共治理吸收了协作性治理、整体性治理和市场型治理三种类型的优势，并将之整合为“一加一大于二”的综合优势。

第五，复合型公共治理体系是现代国家治理体系的组成部分，不是后现代国家的治理体系，因此，政府在整个治理体系中依然保持核心的地位。

如何在复合型流域公共治理的视域下来完善治理和协调的机制?

本书首先建议要完善流域治理政府间科层协调，包括以下几点。一是要树立经济发展与流域环境保护的共生观，用绿色 GDP 进行党政领导干部生态环境考核和问责；二是要变革和完善流域治理政府组织体系；三是进行涉水机构的结构调整；四是要强化信息公开和环境监测机制以保障复合型公共治理体系的活力和开放性。

其次，还应引入更多市场型治理和协调手段弥补科层方法的不足。一是要长远和根本地解决上下游的关系、发展和保护的关系问题，必须从社会公平和区域协调发展的角度综合考虑，完善生态环境补偿机制。二是在流域治理中进一步探索水权交易和排污权交易等新型市场型政策工具，除了生态补偿外，一些市场型特质更突出的政策工具也应开始试点。三是在流域治理中探索实施 PPP 模式，在利益和风险的分配和承担机制、政府监督等方面进行厘清。

再次，要真正开放流域治理公众参与的渠道，支持环境社会组织的发展。复合型流域公共治理框架中公众参与一方面是通过公众个体的方式进行，另一方面还通过社会组织的方式进行，社会组织是治理体系中连接政府、企业和公民的重要桥梁，一些国际性的社会组织还起到重要的纽带作用，将治理体系的开放性进一步提升。复合型流域公共治理的体系必须倡导和提供一种知情、公平和透明的环境，引导公众参与治理的过程，通过协商而达成共识。

最后，要推广环保法庭，完善法律救济机制。要实现环境正义，污染受害者及社会公众在环境权益受到侵害时应有渠道通过行政机关、司法机关或社会力量寻求帮助。环保行政机关能有效地执行环保法律，制裁环境违法者，维护环境质量；司法机关能公正及时地处理环境侵权纠纷案件，此外环保组织及环境志愿律师等也应为污染受害者及社会公众提供充分、有效的支持，帮助其维护环境权益。这样，复合型流域公共治理就会形成一个良性的结构。

关键词： 流域治理；碎片化；复合型治理；政府间协调

第一章

导论

一 研究背景

（一）水危机：经济和社会发展的严峻挑战

水是社会经济发展和人类生活不可或缺也无可替代的自然资源，它是人类和地球上其他生物的生命源泉，是人类社会发展的重要物质基础。2011年中央一号文件明确提出：水是生命之源、生产之要、生态之基。在约翰内斯堡可持续发展世界首脑会议上，水被列为全球可持续发展的五大问题之首。联合国《世界水资源综合评估报告》中指出：水问题将严重制约21世纪全球经济与社会发展，甚至导致国家间的冲突。①

改革开放以来，中国经历了前所未有的经济快速发展和社会迅速变革过程，经济总量急速增长，人民生活大大改善，综合国力得到了很大提升，工业化和城市化的进程大大加快。在这样的背景下，人口和资源的矛盾也空前的尖锐，严重的环境污染和生态破坏问题让快速的经济增长背负了沉重的“生态赤字”。在这样的背景下，严峻的水问题已经成为制约经济社会发展和进步的重要因素。可以说，当前中国面临着严重的水问题并呈现出水资源、水环境、水生态和水灾害等多种问题并存的特点，水资源的整体

① 刘伟：《中国水制度的经济学分析》，上海人民出版社，2005，第1页。

态势异常严峻和复杂。三大水问题（洪涝灾害、干旱缺水和水生态环境恶化）层出不穷，各类问题的规模已从局部和部分河段扩大到流域、区域范围甚至产生国际影响。可以毫不夸张地说，中国正以相对稀缺的水资源、相对有限的水环境容量和十分脆弱的水生态系统，承载着不断扩大的人口规模和高增长、高强度的社会经济活动，面临着前所未有的水压力。因此，当前基本国情和水情依然没有摆脱人多水少、水资源时空分布不均的局面，尤其体现为水污染严重、水资源短缺、水生态恶化等问题，这已成为制约我国经济社会可持续发展的主要瓶颈。

——水资源短缺依然是我国社会可持续发展的重大制约因素：我国是水资源短缺国家，目前年用水总量已突破6000亿立方米，占水资源可开发利用量的74%。[①] 人均水资源量只有2100立方米，仅为世界人均水平的28%，比人均耕地占比还低12个百分点；水资源供需矛盾突出，全国年平均缺水量500多亿立方米，2/3的城市缺水，农村有近3亿人口饮水不安全；[②] 水资源利用方式比较粗放，农业生产方面，全国每年农业缺水约300亿立方米，近1亿亩灌溉面积因缺水不能得到有效灌溉；[③] 农田灌溉水有效利用系数仅为0.5，与世界先进水平0.7至0.8有较大差距；不少地方水资源过度开发，已经超过承载能力，引发了一系列生态环境问题；水体污染严重，水功能区水质达标率仅为46%。随着工业化、城镇化深入发展，水资源供需矛盾将更加尖锐。[④]

——旱涝灾害的威胁依然长期存在。经过大规模的水利建设，中国的主要江河初步形成了由堤防、水库和蓄滞洪区等组成的防洪工程体系，从而使防洪抗旱形势有了一定程度的改观，但是旱涝灾害对我国的威胁依然很大。1998年洪涝灾害的直接经济损失高达3007亿元，占当年GDP的3.8%。[⑤] 同时我国约有53%的国土面积为干旱半干旱区，北方地区十年九

---

① 《严守水资源管理“三条红线”》，《经济日报》2012年5月9日。

② 《水利部部长陈雷在全国水资源工作会议上的讲话》，2012年5月7日

③ 《严守水资源管理“三条红线”》，《经济日报》2012年5月9日。

④ 《我国经济社会可持续发展面临三大“水”瓶颈》，中华人民共和国水利部网站，http://www.mwr.gov.cn/slzx/mtzs/zgzfw/201204/t20120420_319151.html，最后访问日期：2017年4月20日。

⑤ 王亚华：《水权解释》，上海三联书店、上海人民出版社，2005，第4页。

春旱，长江以南地区有的年份伏旱严重。2009 年秋冬以来，云南省等西南地区连续 3 年遭遇干旱灾害。近年来，旱灾从传统的农业扩展到城市、工业、生态等领域，已成为经济社会可持续发展的主要制约因素之一。[①] 2010 年，我国西南五省区发生了历史罕见的特大干旱，长江上游、鄱阳湖水系、松花江等流域发生特大洪水，甘肃舟曲发生特大滑坡泥石流灾害，海南、四川两省遭遇历史罕见的强降雨过程，全国有 30 个省（自治区、直辖市）遭遇不同程度的洪涝灾害。[②]

——水污染依然严重，水资源供需矛盾未能得到有效解决。根据王亚华的研究，全国有近 50% 的河段、90% 的城市水域受到不同程度的污染。[③] 据水利部门监测，2010 年，在全国评价的 17.6 万千米河长中，水质符合和优于Ⅲ类水的河长占总评价河长的 61.4%；对 99 个湖泊的 2.5 万平方千米水面水质进行的监测评价显示，水质符合和优于Ⅲ类水的面积占 58.9%，Ⅳ类和Ⅴ类水的面积共占 27.9%，劣Ⅴ类水的面积占 13.2%；对 237 个省界断面进行的水质评价显示，水质符合和优于地表Ⅲ类标准的断面数占总评价断面数的 33.3%，水污染严重的劣Ⅴ类占 34.2%；2010 年全国监测评价水功能区 3902 个，按水功能区水质管理目标评价，全年水功能区达标率为 46.0%。[④] 最新的数据显示，这种情况略有好转：2014 年，在全国评价的 21.6 万千米河长中，水质符合和优于Ⅲ类水的河长占总评价河长的 72.8%，Ⅳ类水河长占 10.8%，Ⅴ类水河长占 4.7%，劣Ⅴ类水河长占 11.7%，水质状况总体为中；对全国开发利用程度较高和面积较大的 121 个主要湖泊共 2.9 万平方千米水面进行了水质评价，全年总体水质为Ⅰ～Ⅲ类的湖泊有 39 个、Ⅳ～Ⅴ类湖泊 57 个、劣Ⅴ类湖泊 25 个，分别占评价湖泊总数的 32.2%、47.1%、20.7%；各流域水资源保护机构对全国 527 个重

---

① 《新时期的中国水利改革发展——水利部部长陈雷在第五届中瑞防洪减灾研讨会上的主旨报告》，http://www.mwr.gov.cn/slzx/slyw/201204/t20120412_318726.html，最后访问日期：2017 年 1 月 30 日。

② 中华人民共和国水利部：《2010 年中国水资源公报》，http://www.mwr.gov.cn/zwzc/hygb/szygb/qgszygb/201204/t20120426_319578.html，最后访问日期：2016 年 12 月 27 日。

③ 王亚华：《水权解释》，上海三联书店、上海人民出版社，2005，第 4 页

④ 中华人民共和国水利部：《2010 年中国水资源公报》，http://www.mwr.gov.cn/zwzc/hygb/szygb/qgszygb/201204/t20120426_319578.html，最后访问日期：2016 年 12 月 27 日。

要省界断面进行了监测评价，Ⅰ～Ⅲ类、Ⅳ～Ⅴ类、劣Ⅴ类水质断面比例分别为64.9%、16.5%、18.6%；2014年全国评价水功能区5551个，满足水域功能目标的2873个，占评价水功能区总数的51.8%。[①] 自2005年11月松花江水污染事件以来的一年左右时间里，中国平均两三天发生一起与水有关的污染事件，累计已达150多起。[②]

——水生态环境脆弱。中国是世界上水土流失最为严重的国家之一，近1/3的国土面积存在不同程度的水土流失，中国水土流失造成的经济损失相当于GDP总量的3.5%。森林覆盖率较低，自然湿地面积较少，草地退化、沙化、碱化严重。内陆河流域生态环境容量普遍较低。[③] 严重的水土流失使得土地退化和生态恶化加剧，也形成了湖泊泥沙与河道的淤积，同时也使得江河下游地区的洪涝灾害进一步加剧。加上沙化严重的牧区草原，超采突出的地下水，使得河流断流干涸，湖泊萎缩、滩涂消失，甚至导致海水入侵倒溯，天然湿地的干涸及土地沙漠化又会影响水源涵养能力和调节能力，加剧了水生态失衡。

可以说，我们所面临的严峻的水危机，不仅对当代人类的安全造成威胁，而且还危及子孙后代的生存条件，水资源、水环境和水生态问题可能演化为未来中华民族生存和发展的主要危机之一。

从本研究选取为案例之一的珠江流域来看，珠江区多年来的平均水资源总量仅次于长江流域，居各大流域的第二位。从水量上看，降水量丰沛，居全国7大流域之首，水资源总量丰富，但是时空分布不均现象比较突出。从水质上看，珠江流域水质总体状况要好于同期全国的平均水平，但局部地区的水污染形势仍然较为严峻，水环境恶化趋势未得到根本遏制，供水安全依然存在威胁。本研究进行阶段，珠江流域有30.2%的河长河流水质劣于Ⅲ类，其中珠江上游南北盘江及珠江三角洲劣Ⅴ类河长比例分别高达

① 中华人民共和国水利部：《2014年水资源公报》，http://www.tlmicronano.com/index.php? m = content&c = index&a = show&catid = 17&id = 794，最后访问日期：2016年7月30日。

② 《环境保护局副局长：中国平均两三天一起水污染事件》，新华网，http://news.xinhuanet.com/politics/2006-11/10/content_5314885.htm，最后访问日期：2016年12月3日。

③ 《新时期的中国水利改革发展——水利部部长陈雷在第五届中瑞防洪减灾研讨会上的主旨报告》，http://www.mwr.gov.cn/slzx/slyw/201204/t20120412_318726.html，最后访问日期：2017年1月30日。

34.7%和35.4%。[①] 截至2013年，珠江流域仍有13.1%的河长河流水质劣于Ⅲ类，其中水质最差的珠江三角洲，Ⅰ～Ⅲ类水河长比例为63.9%，主要受有机污染影响。[②] 此外，水污染形势也不容乐观。一是流域水污染事件时有发生，水资源保护工作面临较大压力。2009年流域内出现广西来宾金秀瑶族自治县大瑶山采矿污染、汀江上游紫金矿业污染、北江铊污染等水污染事件；[③] 2011年，云南曲靖发生的人为铬污染事件更是引起了广泛的社会关注以及人们对于环境监管体制的质疑。[④] 二是流经城市的河段污染严重，水环境恶化。特别是珠江三角洲等人口稠密、经济发达的地区，符合三类水质的河长已经不足20%。伴随着沿海地区经济社会的快速发展，农业、工业和城镇生活需水量不断增大，供水能力日显不足，再加上经济发展带来的日趋严重的水质污染问题，水资源短缺已十分普遍。随着社会经济的发展，珠江污废水排入江河加重水污染，水质性缺水在珠江三角洲比较严重。珠江流域除部分城市因地理位置所限而属于资源性缺水外，大多数城市的缺水属水质性缺水，守着大江、拥有大江，却水源危机四伏。广州市的例子当属典型，其地处三江下游，水资源总量丰富，但因水质污染严重，市区河段水质一度已劣于Ⅴ类标准。珠江三角洲水质性缺水的城市比比皆是，从20世纪80年代初开始，城市供水水源地一迁再迁。进入90年代，水质污染造成的缺水现象越来越严重，已从珠江三角洲蔓延到中上游地区，南宁、桂林、百色等大中城市均“舍近求远”改用水库的水源，曲靖、六盘水、开远、个旧、兴义等上游高原山区城市均已不同程度地受水质性缺水的困扰。官方统计数据表明，水功能区达标率方面，2010年，珠江片水功能区监测评价592个，监测评价覆盖率为42%。在评价的592个水功能区中，达标水功能区为249个，占评价总数的42.1%。其中河流水功能区全年评价河长20365千米，达标河长10696千米，达标率为

---

① 《水利部珠江水利委员会崔伟中副主任在2010年黔桂跨省（区）河流水资源保护与水污染防治协作机制会议上的讲话》，资料来源：珠江水利委员会。

② 《珠江片2013年水资源公报》。

③ 《水利部珠江水利委员会崔伟中副主任在2010年黔桂跨省（区）河流水资源保护与水污染防治协作机制会议上的讲话》，资料来源：珠江水利委员会。

④ 《云南铬污染十年政府缺位　党员凑米做上访路费》，人民网，http://env.people.com.cn/GB/15492502.html，最后访问日期：2017年3月25日。

52.5%；湖泊类水功能区全年评价湖泊面积369平方千米，达标湖泊面积127.2平方千米，达标率为34.5%；水库类水功能区全年评价蓄水量350亿立方米，达标蓄水量184.5亿立方米，蓄水量达标率为52.7%。[①] 2012年，珠江片水功能区监测评价576个，监测评价覆盖率约为41%。在评价的576个水功能区中，达标水功能区为307个，占评价总数的53.3%。其中河流水功能区全年评价河长18355千米，河长达标率为64.1%；湖泊类水功能区全年评价湖泊面积357.6平方千米，湖泊面积达标率为64.5%；水库类水功能区全年评价蓄水量367.3亿立方米，水库蓄水量达标率为73.9%。[②]

20世纪90年代以来，珠江流域洪旱灾害频发，灾害造成的损失以及灾害带来的影响也越来越严重。流域内许多地区水资源利用现状不容乐观，要满足目前多方面用水要求也变得十分困难。加上工业化、城市化水平不断提高，城市用水量呈持续增长之势。但是，在用水量不断增长的同时，珠江流域人们的节水意识相对比较淡薄，用水粗放和浪费的现象比较普遍。这一点在整个珠江流域都是很突出的。此外，珠江流域各类蓄水工程的总库容量与其地表水资源丰富程度相比也显得不足，水资源调蓄能力较低，柳江、南盘江尚无控制性骨干工程，西江的大型工程也多以发电为主，参与水资源配置和联合调度的方案尚未落实。

此外，珠江流域上中游地区水土流失严重，尤其是岩溶地区“石化”加剧，水资源的涵养条件受到严重威胁，缺水保水问题突出。上中游的北盘江、红水河多年来因水污染问题而不断引发区域间的水事纠纷。可以说，目前珠江流域非常突出的基本矛盾是发展与污染的矛盾。

另外，从珠江流域的行政区域和经济发展的角度上看，流域管理涉及2个特别行政区，6个省（自治区），各个地区为实现经济的快速增长目标，常以自我为中心，最大限度地开发利用水资源，从而使得各区域、部门间的纠纷不断。随着经济的进一步发展，人口规模的不断扩大，城市群的相继崛起，人口的不断集中，生活水平的大幅提高，粮食需求及城乡居民用水需求的不断增长，流域将面临饮水、粮食、经济问题的威胁和区域利益

① 《珠江片2010年水资源公报》。

② 《珠江片2012年水资源公报》。

协调发展的严峻挑战。在这样的背景下，错综复杂的流域的政府间关系加上区域的不平衡发展，“行政区经济”和流域经济发展之间难以调和的矛盾越来越突出，流域内地方政府竞争也会加剧。

（二）水危机挑战下的流域治理

作为地球表面相对独立的自然综合体，流域是大气圈、岩石圈、陆地水圈、生物圈和人文圈相互作用的联结点，它以水作为纽带，将上下游、左右岸、源头和河口连接为一个整体。流域既是人类文明的发源地，也是当今人口、经济与城市的集中分布区，与人类的生存和发展息息相关。人类长期的生息运作，导致流域系统不断发生着巨大的变化，各种水问题在流域当中表现非常集中，流域成为区域当中几乎最为复杂的地理单元。它包含或穿过不同的行政区域，甚至不同的国家和地区，所以它常常包含不同的自然条件、人口状态、社会、经济、法律发展水平和文化、宗教习惯等。流域治理不仅是水系的管理，而且是包括自然环境和与人类活动相关联的社会经济环境的管理。

中华人民共和国成立以来，尽管我们在解决水问题方面取得了长足的进步，但历史积累下来的治水模式抑或现行的管理体制都没有很好地适应水问题的变化，也不能满足社会经济发展的需求增长。首先，水资源和水环境管理的条块分割的管理现状导致了流域管理和区域行政管理之间、地区和地区之间缺少协调，跨部门、跨地区的多个利益主体的涉水问题和冲突出现频繁。中国面临的流域性问题的挑战均与流域公共治理的现状密切相关。其次，我国流域治理长期采取的指令计划、自上而下的等级控制模式已经日益暴露出僵化生硬的弊端，特别是在应对转型期、水资源日益稀缺的当今形势时，远远不能适应新的水管理需求，表现为分配稀缺资源的低效和协调相关利益集团的矛盾的迟缓甚至失灵，存在严重的“体制失效”。失效主要是由于管理的跨地区、跨部门性质和内在的需要，传统的地区和部门相互割裂的管理模式无法应对。

具体来说，由于在社会经济发展、生态系统和环境保护中水资源所具有的多功能性特点，水资源的管理部门也就不可避免地与其他资源管理部门间存在相对较多的联系。现实是我国目前的流域水资源实行的是流域管理与区域管理相结合的管理体制，水污染防治则实行统一管理与分行政区域、分部门管理相结合的形式，在这种体制下，长期以来的“多龙管水”的现象依然存在。在我国，对水资源保护和开发利用具有管理权的机关有水利部、环保部、农业部、国家林业局、国家发改委、国家电力监管委员会、建设部、交通部和卫生部等部门，在管理体制上形成了“九龙治水”的格局。[①] 另外，在区域管理上“城乡分割”现象也很突出，水利部门一直归属农口，而城市供水、排水则归属城建部门，用水体制上形成的城乡分割，导致城市和农村在防洪减灾、城乡供水、污染防治、生态环境保护等方面存在许多争取利益最大化的短视行为。[②] 虽然新《水法》明确由水利部行使统一管理的权力，具体包括对水资源的保护实施监督管理，但是我国法律中没有明确条款对“主管部门”与“相关部门”间的职责和关系进行详细说明，这导致了相关的资源管理部门在实践中难以有效地展开分工合作，甚至出现了各部门基本各自为政的现象，难以发挥整体效益。另外，部门利益最大化的动机还产生了各种形式的部门保护主义，而部门保护主义又导致了行政异化现象在行政管理实践中难以杜绝，最终导致涉水管理部门的行政行为偏离了行政目标。

在我国流域治理的实践中，区域之间的矛盾也是非常突出的。按分水岭形成不同的河流，流经不同的区域，一般行政区域的边界与河流流域的分水岭并不重合，会出现同一流域分属不同的行政区域、同一行政区域又跨越不同流域的现象。由于水资源的公共属性，各地区、各部门在对水资源的开发利用与保护上，容易出现只维护自身利益的行为。区域管理通常趋向于对水的社会属性的管理，从区域局部出发，目标是综合利用辖区内的水资源充分发展区域经济。我国的管理体制下，各个行政区域内都设有相应的水资源水环境管理部门，并直接受地方政府领导。相对独立的各个行政区域间的行政决策权互相碰撞，因而实际上割断了流域水资源间的相互关联性，同样也打破了流域管理的完整性与统一性。水资源的分割化管理使得流域所辖各地区均从本地区利益出发，最大限度地利用区域内水资

---

① 冯彦、杨志峰：《我国水管理中的问题与对策》，《中国人口·资源与环境》2003 年第 4 期。

② 刘振邦：《水资源统一管理的体制性障碍和前瞻性分析》，《中国水利》2002 年第 1 期。

源，水资源的整体效益很难获得。流域上下游、左右岸、干支流常常需要协调，在水量调度、防汛抗旱、排涝治污以及水土保护、河道航运等具体问题上也常常因为地区之间利害关系或意见不一致而发生相互扯皮的现象。

当前我们面临的水危机表面上是资源环境危机，实质上却反映了一种公共治理的危机，它反映了我国流域的公共治理在制度安排方面存在问题，正是管理体制的不顺和措施不力，进一步加剧了水危机。制度安排方面存在的问题，在管理体制上就表现为流域公共治理中比较突出的部门间、地区间的矛盾。这些矛盾已经成为流域公共治理提高效率、解决水危机的基本制约因素。

二 核心概念界定

（一）流域公共治理

流域是区域的一种特殊类型，它是以河流为中心，由分水线包围的一个从源头到河口的完整、独立、自成系统的水文单元，在地域上有明确的边界范围。流域内各自然要素的相互关联极为密切，地区间相互影响显著，特别是上下游间的关系密不可分。①

大河流域孕育了不同的人类文明，经过历史的演变，流域已经成为以水为媒介，水、土、气、生等自然要素和人口、社会、经济等人文要素相互联系、相互作用的复合系统。流域系统之所以特殊，就在于这个系统及其治理特点具有整体性、区域性、层次性和网络性、开放性和耗散性以及非稳定性和非线性的特点。② 传统意义上的流域管理的概念一般是指对流域水资源和水环境的开发、利用、配置、节约、保护等活动，也包括流域周边环境维护如水土保持等活动，通过进行综合管理，以加强流域内的江河、湖泊安全泄洪和抗旱除涝的能力，改善流域水环境，为流域内国民经济和社会发展提供有效的水资源保障。传统意义上的流域治理依然属于流域开

① 陈瑞莲：《区域公共管理导论》，中国社会科学出版社，2006，第 271 页。

② 杨桂山等：《流域综合管理导论》，科学出版社，2004，第 42 页。

发和兴利除害的工程概念，与本研究从公共管理学角度讨论的现代流域治理的概念有很大差别。在这些对流域治理的概念的理解中，也有广义和狭义两种视角。大致说来，广义的视角认为流域管理涉及各行业与水土资源开发和发展有关的领域和部门，是指为充分发挥水土资源的生态效益、经济效益和社会效益，以流域为单元，在全面规划的基础上，因地制宜采用综合治理措施，在防治自然灾害的同时，对水土资源进行保护、改良与利用，并不是完全指水资源的管理。如美国的田纳西河流域管理以及澳大利亚的全流域管理实际上就是采用的这种含义。狭义的视角则从水资源管理本身出发，认为流域公共治理是水资源管理模式中的一种，是人们为科学、有效地开发、利用、保护水资源而建立的适用于水资源这一自然特性的一套系统的管理制度，治理主要是针对水资源的管理。实际上，英国和法国就是采用这种含义。

笔者认为，流域公共治理的概念，可以界定为在可持续发展的前提下，以政府为主体，调动企业、团体和个人通过一些复杂的机制、过程、关系和制度对流域涉水公共事物进行综合管理，以追求实现流域福祉的最大化，达到水资源的最佳配置和水环境与水生态的良性发展。流域公共治理涉及非常复杂的公共事务，由于水资源几乎涉及所有人的利益，其管理体制的安排可以说是世界各国共同的难题。从人类目前的经验看，流域的治理涉及非常复杂的制度安排，没有绝对统一的模式，既不能主要依赖集权管理，也不能完全以自治管理为基础。目前的共识是：流域公共治理必须从简单的技术治理走向综合治理，综合的概念不仅要包括经济治理和社会治理，更要包括生态治理，公共治理的目标应确立为在可持续发展的前提下追求流域福祉的最大化。流域公共治理还是一门平衡的艺术，要在政府与市场、集权与分权、效率与公平之间取得平衡，要在中央与地方、地方与地方、部门与部门的冲突中寻求平衡，甚至还要在经济与生态、生存与发展、眼前与未来的困惑之中权衡。治水的艺术，很大程度上是一门实践的艺术。①

下面，对传统流域治理和笔者界定的现代流域公共治理的区别进行梳

① 胡鞍钢、王亚华、过勇：《新的流域治理观：从“控制”到“良治”》，《经济研究参考》2002年第20期。

理（见表1－1）。

表1－1　传统流域治理和现代流域公共治理的区别

比较对象	传统流域治理	现代流域公共治理
内容	以水利为核心的兴利除害和流域开发，主要是水资源配置	对涉水公共事务进行综合管理，达到水资源、水环境、水生态的动态平衡
关注对象	水	与水相关的自然、经济和社会的综合发展
目标	兴利除害，实现水资源的优化配置	流域可持续发展
涉及的主要学科基础	水利工程与管理	水利工程、环境科学、公共管理、经济学、社会学等
主体	水行政主管部门	水行政水环境主管和相关部门、各涉水利益主体
组织结构	正式组织	正式组织、非正式组织和组织间网络
制度形态	自上而下的制度安排	纵向和横向的各种制度安排
手段	单一	多样
参与主体的行动	被动消极	主动积极

（二）政府间协调

协调是管理学所面临的最古老的问题之一。协调的概念出现较早，古典管理学者古利克认为协调是"为了使各部门之间工作和谐而步调协同，共同实现目标，是一种使工作的各个部门互相联系起来的极为重要的职能"。[①] 因此，政府间协调也是政府管理的重要职能，是指在政府管理过程中引导组织之间、人员之间建立相互协作和主动配合的良好关系，以有效利用各种资源实现共同预期目标的活动。政府间协调不是在非此即彼的相互排斥的两级作选择，而是在有关各方求同存异的基础上对差异之处进行融合调整，以实现和谐和整体利益的最大化。

协调从内涵及功能来看，具有多学科交叉、渗透与融合的特点，其研究工作的切入点也呈现多样化的特点。但从各学科不同的对协调的定义来

① 〔美〕杰伊·M. 沙弗里茨、艾伯特·C. 海德：《公共行政学经典》，中国人民大学出版社，2004，第88页。

看，协调行为必然涉及依赖、冲突、整合。

协调问题和治理模式是密不可分的。在制度经济学中，从效率角度来看，不同的生产行为对应不同协调模式，三个基本的协调模式为科层组织（hierarchy）、市场（market）、网络（network）（见表1－2）。

表1－2　主流理论的不同协调模式

协调模式	协调机制	组织环境三要素
科层组织（hierarchy）	内部规则与权力协调	不确定性高、交易频率高、专用资产投入高
市场（market）	价格协调	不确定性低、交易频率低、专用资产投入低
网络（network）	共同利益机制设计下的多方协调	不确定性适中、交易频率较高、专用资产投入较高

科层组织是政府体系的基本形态，科层式政府间协调一直是各级政府组织有序运转、互相配合、履行职能的重要动力，也是政府组织运转的重要环节。本书所研究的流域公共治理中的科层式政府间协调机制，是指在流域公共治理的过程中，以政府为代表的流域治理的主体，具体来说，主要是水资源和水环境的主管部门和相关部门，包括流域管理机构，为解决矛盾和冲突，维持工作目标的一致性和工作流程中的依赖关系，通过一定的制度安排来推动相互合作的良好关系，实现全流域的整体目标的最大化的行为总和，协调主要依赖组织的内部规则与权力协调。当然，不同行政区域之间的政府就一些流域利益问题所进行的协调也包含在本研究的范围之内。科层式协调可以是从上至下的，也可以是横向的，主要通过建立相应的制度，或搭建相应的平台，或赋予某些部门一定的职责和权力，以此来处理组织内外各种关系，为组织正常运转创造良好的条件和环境，促进组织目标的实现。

具体来说，本研究所讨论的流域公共治理中的科层式政府间协调，主要侧重于流域公共治理过程中形成的政府间关系的协调。其中，横向关系的协调是研究的重点。如前所述，针对流域公共治理中的部门和地区的矛盾与冲突，第一种协调方式是传统的科层体系中自上而下的垂直协调，主要依靠政府的等级权威来进行，是上级对下级的各类组织冲突的协调，它的优点是基于行政组织内部的层级制特点而进行，因此协调的效率较高、成本较低，缺点是对许多超越了上级仲裁能力的冲突无能为力。第二种协调方式是横向的水平协调，这种方式强调了平等互惠和民主协商以及信息沟通，可以是利益相关的组织通过协商达成协议来明确一些模糊的边界，另外也可以通过建立一些共同参与的机制，如流域管理委员会、流域管理综合领导小组，或者地区间的双边或多边协作机制来实现合作。第三种协调方式是流域机构的专门协调。当然，在具体的协调过程中，也可以通过一些决策程序的改变，比如邀请其他相关主体以及利益相关人参与决策的某些环节来加强沟通。

本研究所涉及的市场型协调机制，主要是指采取区域间流域水权交易、政府间生态补偿等策略来抑制流域水资源配置使用的负外部性的协调机制，其精髓在于通过市场力量的引入发挥市场的资源配置作用。在珠江流域的公共治理中，我们选取了相对成熟的生态补偿作为市场型协调机制的代表进行分析。

三 相关文献综述

在有关流域公共治理的各种文献中，虽然说许多学者都注意到了流域管理体制上的部门间、地区间矛盾和冲突这一基本现象，但是围绕这个问题所进行专门研究的公开发表文献则不多见，以协调作为切入视角的则更少。但是，有关政府间协调和流域治理的管理体制机制这两方面的文献则有较为雄厚的研究基础，下面对这两类文献进行综述。

（一）政府间协调的文献综述

1. 国外文献综述[①]

近些年来，政府间协调（及合作）的文献以较快的速度在增长，出现了有关政府协调的较为系统的理论流派，在政府间协调领域内也拓展了一些新的研究视角。

---

① 本部分内容主要引自作者的阶段性研究成果《国外政府间协调综述》一文，发表于马骏、侯一麟主编《公共管理研究》第 8 卷，格致出版社、上海人民出版社，2010。

(1) 有关协调的机制研究

一些学者认为协调是科层组织、市场和网络三种机制的产品。① 每种模式都提供了对协调行为的不同理解，但是共同的前提是参与者的利益的差异性。人们常常认为政府的典型的协调存在于自上而下的科层制当中，但是当组织更松散或者涉及更复杂的政策领域时，不同的组织间的各种信息交换和互动使得科层制的效率大为下降。②

市场是对科层协调最普遍的替代方法，其基本假设是协调可以通过政策过程中追逐自身利益的参与者的“看不见的手”来进行，这种类型的协调包括参与方为了获得更高水平的集体福利自愿地交换资源。③ 这种在公共部门市场所发生的交换其“商品”的种类可能非常多，不仅限于货币和合同。信息可能是一种主要的交换商品，尤其是在公共部门组织中。④ 不过，这种类似市场的协调机制在公共部门似乎不那么容易运用。

从协调的视角来看，网络联结既是个体的公共组织的主要政治优势，也为促进公共组织的整体的合作提供了一个主要的途径。但是有的学者指出，这可能也会出现类似的组织间关系领域的“公地的悲剧”，出现单个组织的理性和集体理性冲突的问题。而更开放的“治理”的概念成为网络版本的协调的一种规范。有的学者认为网络会创造出积极的协调，因为网络成员的持续互动以及它们对至少一些价值观方面的共享会产生足够的信任来更积极地解决问题和消除潜在的冲突。

最近二十年来，学者们共同聚焦于考量网络对于政府间协调的必要性以及探索网络的运行过程。正如利普耐克（Lipnack）和斯坦普（Stamp）等所言，一个网络的时代已经到来。⑤ 正如鲍威尔（Powell）所言“科层和市

---

① Gretschmann, K. Solidarity and Market, in F-X Kaufmann, G. Majone and V. Ostrom, eds., *Guidance, Control and Evaluation in the Public Sector* (Berlin: de Gruyter, 1986); Thompson, G., J. France, R. Levacic and J. Mitchell, *Market, Hierarchies and Networks* (London: Sage, 1991).

② Chisholm, Donald, *Coordination without Hierarchy* (Berkeley: University of California Press, 1989).

③ Marin, *Generalized Political Exchange: Antagonistic Cooperation and Integrated Policy Circuits* (Frankfurt: Campus Verlag, 1990).

④ Stinchcombe, A. L., *Information and Organizations* (Berkeley: University of California Press, 1990).

⑤ Lipnack, Jessica, and Jeffrey Stamps, *The Age of the Network* (New York: Wiley, 1994).

场正在被网络取代”。

奥图（O'Toole）等指出网络是很多项目管理的核心问题，管理者要充分利用机会来寻找网络中所有的行动者的“协作点”。他的观点是网络以及网络中的各个组成部分能够成功主要取决于网络中那些能够促进合作行为的关系。①

有关组织研究的一个很热门的视角就是组织“在越来越复杂的关系网络”中的功能的研究。② 这个视角对其他竞争性路径的批评在于认为其他的研究组织间关系的视角过度夸大了单个组织在选择上的自由，在夸大的同时，也就未能充分重视相互依赖的关系和合作的组织间层面上的动因。劳曼（Laumann）、格拉斯库维茨（Galaskiewicz）和马斯登（Marsden）在解释组织间协调的形成和动态发展方面一直在努力将网络的视角嵌入传统的理论。在图克（Turk）③ 把认为组织具有“竞争和合作的双重性”之后，劳曼、格拉斯库维茨和马斯登观察到这种组织间关系是由资金、原材料、资产、人事、信息、影响、权力和建议等组成的资源流，这些也用于区分明显不同的组织间网络。他们比较了两个网络形成的不同形态：竞争和合作。

一旦建立起来，网络功能就好像一个不完全的市场，通过交换的机制，网络可以产生限制新的组织准入的制度性约束，激励参与者提高绩效。所以，在现存的网络内有着交错的次级网络，这些网络也趋向于逐渐常规化和具有协同效应，从而形成一种在合适的组织中保持协作关系的“机会的结构”，机会的结构可以帮助组织解除组织间关系领域的束缚，以及形成这种领域内相分离的部门单位之间的联系。这些结构也被组织个体用于应对网络变动的威胁和机会，从而达成一种更加广泛的共识，将一些排他性的利益转化为集体的关注甚至是公共利益。分析的时候，不同的分析层面包括组织间的层面和网络的密度，具体都是根据行动者和交互行为进行的。

---

① O'Toole, Laurence J., Jr, "Treating Networks Seriously: Practical and Research-Based Agendas in Public Administration," *Public Administration Review* 57 (1997): 45-52.

② Gray, Barbara and Wood, Donna J., "Collaborative Alliances: Moving from Practice to Theory," *Journal of Applied Behavioral Science* 1 (1991): 3-22.

③ Turk, Herman, "Comparative Urban Structure from an Interorganizational Perspective," *Administrative Science Quarterly* 1 (1973): 37-55.

伍德（Wood）和格雷（Gray）认为在网络的层面上，单个组织的集中度与它通向其他行动者的能力密切相关，这将会扮演组织联合的召集人的角色。劳曼、格拉斯库维茨和马斯登认为在组织的层面上，声望以及具有合法性的公共权威等要素会增加特定组织形成联合的能力，因为它们会成为“分享着共同的价值或目标的组织”。

基于类似的假设，一批学者对竞争和制度理论进行了概念性的整合，同时发展了对于组织间关系的解释和预测性的模型。克莉丝汀·奥利弗（Christine Oliver）[①] 就是在研究组织网络方面贡献突出的学者。根据奥利弗的观点，组织间关系是由内生和外生的因素决定的，它们在一定特殊背景下的互动可以解释组织间协作性联盟形成的变量。

古拉蒂（Gulati）等人[②]观察到组织间联盟如何通过外生的相互依赖以促进组织来追寻合作的动态过程以及内生的嵌入机制来帮助他们决定和谁建立伙伴关系。他们的研究对于现有的组织间网络来说是一种可以帮助建立合作的潜在的结构，他们也发现了当组织的领导或行政人员具有相似的哲学观和价值观的时候，合作关系更容易达成。而与第三个共同方的联系也可以帮助其形成一种协作型关系。学者们认为网络对于组织间的协作的发展和保持很重要，因为它们是一种有关预期伙伴的可得性、竞争性和可靠性的信息智囊库。

鲍威尔等人[③]的研究表明，组织中心和它对组织领域内认识到的影响中存在积极的联系，其他组织出于资源的需要越依赖于焦点组织，则焦点组织越有影响力，这样，由于焦点组织的强大影响力，它们会加强与其他强大的组织结盟，这会提供更多的资源和前景较好的新项目。

从协调的视角看，网络的联系构成了主要的个体公共组织的政治优势，也是当前研究如何提高组织整体的合作的主要问题。在网络系统中，组织之间的联系也可能会形成组织间关系问题的“公地的悲剧”，也会面临单个

① Oliver, Christine, “Determinants of Interorganizational Relationships: Integration and Future Directions,” *Academic of Management Review* 2 (1990): 241 - 265.

② Gulati, Ranjay and Gargiulo, Garguilio, “Where do Interorganizational Networks Comes From?” *American Journal of Sociology* 5 (1999): 1439 - 1493.

③ Powell, Walter, Koput, Keneth W. and Smith-Doerr, Laurel, “Interorganizational Collaboration and the Locus of Innovation: Networks of Learning in Biotechnology,” *Administrative Science Quarterly* 1 (1996): 116 - 145.

组织理性和集体理性相冲突的问题。组织可能会为追求从网络中得到好处而抑制其与更多的组织的协调。B. 盖伊·彼德斯（B. Guy Peters）认为网络型协调另外的优势就是比传统方式对非政府组织更加开放了。当前有关治理的更加开放的概念也使网络协调的利益相关集团的范围更加广泛。夏夫（Scharpf）指出网络可以带来公共部门的更加积极的协调，因为问题的分布和共同的价值创造可以被自发地解决。[①] 这样，网络成员间的持续的互动和它们至少对一些价值的共享可能产生一种足够的信任来更有效地解决问题并消除一些潜在的冲突。近年来有关网络对组织关系改善的实证研究文献不断涌现。例如，马克和斯戈谱等人以港口行业为例，研究了组织间关系背景下管理和控制机制中的不同类型的网络关系，认为在公共组织作为网络协调者的情况下，管理控制绩效是由网络体系中不同组织的网络绩效贡献和合作的动机所决定的，他们的研究还提出了一个协调框架。[②]

（2）有关政府间协调的背景和政府间协调的困难的研究

协调的困难是一个古老的话题。自从政府被划分成不同的部门以来，关于组织不了解其他组织的抱怨就存在了，组织之间职能的交叉重复带来的各种矛盾早已为人们所认识。汉夫[③]等大约在四十年前就指出，在公共部门对协调问题的研究中，政治行动者之间的不协调只是其中的一个问题，汉夫认为，促进协调的倡导可能有助于呼吁人们采取一些超越现有的组织间自愿协调行动范畴的协调机制。然而，公共部门内在的结构问题会影响这些协调机制的有效性，于是又会出现这样的现象，即协调的真正解决办法还是退回到以前，依靠组织个体的自愿行动。周而复始，协调的问题又出现了，这样似乎陷入了一个协调问题的怪圈。这就是所谓汉夫悖论。

鉴于单个组织的决策要考虑到一系列相互依赖的其他组织的决策背景，[④]

---

① Scharpf, F. W. , *Games Real Actors Play: Actor-Centered Institutionalism in Policy Research* (Boulder, CO: Westview, 1997), p. 254.

② Luis Marques, Joao A. Ribeiro, Robert W. Scapen, "The Use of Management Control Mechanisms by Public Organizations with a Network Coordination Role: A Case Study in the Port Industry," *Management Accounting Research* 4 (2011): 269 - 291.

③ Hanf, K. and F. W. Scharf, *Interoganizational Policy Making: Limits to Coordination and Central Control* (Beverly Hills: Sage, 1978), p. 14.

④ Charles E. Lindblom, *The Intelligence of Democracy* (New York: The Free Press, 1965), p. 24.

协调问题进一步引起了管理实践者和学者们的广泛关注。在美国，直到20世纪60年代中后期，随着名目繁多的联邦拨款的出现，政府间协调的问题变得日益突出，[①]各种联邦补助项目对州、区域和地方政府的项目产生了不利的影响，这使得政府间协调在20世纪60～70年代引起了广泛的讨论。学者普遍认为政府间的协调和合作是比较困难的，效果好的很少见，原因就在于很多时候缺乏实质性的统一的项目管理。[②]

在一些将科层制看成是协调的资源的传统文献中，科层制被认为会面临不同的控制问题和有限的合作。[③] 这种情况下组织间协调几乎是一种挑战，沟通模式、激励、规范以及结构都面临着问题。在复杂的多组织背景下，协调就更加困难了，等级和权威在安排优先权、解决冲突和促进互动方面捉襟见肘。奥图、盖奇（Gage）和曼德尔（Mandell）认为一些相互分离的组织目标、竞争性的法律执行以及资源的竞争关系都成为不同的组织有效协作的障碍。地方保护（turf protection）成为许多文献描述组织间合作和协调问题的障碍的一个统称。

问题在多元政治体系中就更加突出了，产生了大量的综合项目和不同的代理机构，互相交叠。随着社会的发展，公共服务提供的主体的广泛化也使得复杂的情形更向前推进一步，这又牵涉到了非营利组织和营利组织成为服务提供的网络安排的重要组成部分。最近这些年公共行政学者对这点提出了很多看法。[④] 这个现象在大量的政策领域和自然资源的管理甚至国防安排和社会服务领域都普遍存在。行动的多样性和分散化的权威都产生了非常频

---

① Irene Fraser Rothenberg, George J. Gordon, "Out with the Old, in with the New: The New Federalism, Intergovernmental Coordination, and Executive Order," *Publiu* 3 (1984): 32.

② Edward T. Jennings, Jr., Jo Ann G. Ewalt, "Interorganizational Coordination, Administrative Consolidation, and Policy Performance," *Public Administration Review* 5 (1998): 417.

③ Moe, Terry M., "The New Economics of Organization," *American Journal of Political Science* 28 (1984): 739－777.

④ Gage, Robert W., and Myrna P. Mandell, *Strategies for Managing Intergovernmental Policies and Networks* (New York: Praeger, 1990); O'Toole, Laurence J., Jr, "Treating Networks Seriously: Practical and Research-Based Agendas in Public Administration," *Public Administration Review* 57 (1997): 45－52; Provan, Keith G., and H. Brinton Milward, "A Preliminary Theory of Interorganizational Network Effectiveness: A Comparative Study of Four Community Mental Health Systems," *Administrative Science Quarter* 4 (1995): 1－33.

繁出现的协调的要求。塞德曼（Seidman）和吉尔摩（Gilmour）[①]描绘了机构间协调的问题并认为对解决办法的追寻更像是一种对点金石的探求，人们希望它能够成为解决各种组织问题的法宝。他们认为协调的困难来自法定的目标和使命的冲突。

塞德曼和吉尔摩当然也并不认为协调是不可能实现的，事实上，协调相当普遍并且常常通过机构间非正式的协议和互动来进行，大家分享组织的需求和利益。所以他们指出，当人们分享共同的目标，在共同的法律权威和信息前提的背景下运作时，非正式的协调被极大地促进了，组织可以更好地兼容，并且可以互相帮助。

另外有一些文献发展了这种多元组织背景下的协调问题理论。例如，奇泽姆（Chisholm）研究了在缺乏科层制的情况下协调是如何进行的，并且找到了在非正式结构和相互调适中协调的答案。[②] 他的有关旧金山海湾地区交通系统的分析认为非正式渠道、网络和各种规则的混合可以创造出一种非常有效的服务协调。这种非正式的机制是一些互惠的规则、促进非正式渠道的发展的正式的协调行动、鼓励非正式接触的一些政策以及一些个人的因素造成的。这些方法也被用到其他的分析当中。

B. 盖伊·彼得斯[③]认为出于以下的理由，政府间的协调现在更重要也更困难了。①现代政府更多地卷入了经济领域的事务，这意味着项目之间的互相影响程度是在增加的。②政府面临的财政问题使得协调更加重要了，因为通过协调可以比较容易地消除公共项目的重合和不一致的地方，也可以减少一些不必要的政府成本。③公共治理中的一些微妙变化使得组织间的协调变得更加重要了。公共治理提高了参与的重要性，公众参与被认为是一种使政府更好地“服务于顾客”的手段，政府雇员也更多地投入到了使组织更好地提高服务质量的行动中去，在单个组织内更多地关注顾客使

① Seidman, Harold and Robert Gilmour, *Politics, Position, and Power from the Positive to the Regulatory State* (New York: Oxford University Press, 1986).

② Chisholm, Donald, *Coordination without Hierarchy: Informal Structures in Multiorganizational Systems* (Berkeley: University of California Press).

③ B. Guy Peters, "Managing Horizontal Government: The Politics of Co-ordination," *Public Administration* 76 (1998): 295 - 311.

得组织间的协调问题更加突出了。④政府强调分权问题带来的矛盾和分割问题的一般趋势。在很多情况下分权有着积极的影响，但是它也可能会对有效的政策制定，特别是在协调方面造成困难。[①] 政府必须处理的一些问题的结构性变化也令人困惑。很多问题越来越具有交叉性从而很难界定它们适合政府的哪个部门。很多涉及顾客群的事务，比如，老人、移民、妇女等常常会要求不同的部门共同提供服务。

（3）有关政府间协调的本质和与政治实践的关系的研究

一些学者认为，在公共部门中，协调问题的本质也是一个政治问题。比如查利斯（Challis）在他所做的有关社会政策的研究中就比较了一般协调和政治决策中的协调，他的观点是当协调只是在政策形成过程中被强调，而不是被放在各个行政阶段中来看待的话，政治中的利益冲突就会取代行政行为中的理性考虑。[②] 瓦姆斯利（Wamsley）在有关组织间关系的研究中也较好地阐述了协调的政治本质。他认为，在横向关系中，一些利益相关方会为价值分配的要素而斗争，甚至会为其地位和制度安排而斗争，妥协和讨价还价成为很平常的事情。从这个意义上协调就不仅是一个理性的事务，而且还是一种深刻的政治实践，涉及网络和集团之间的谈判问题。这种政治维度在一些竞争性的利益很突出的政策形成过程中至关重要，相对来说，项目的协调和执行通过理性的方法可能会更加容易做到。[③] 协调的政治问题也反映了利益集团的相对权力的变动关系，从而可能导致协调的无效或低效，对此有些学者提出了协调的政治策略。

（4）有关政府间协调动机的研究

有关政府间需要协调的原因的探讨散见于对组织行为进行研究的各种文献之中，基本的原因就是为了促进组织的合作。促进合作、化解矛盾和协调是基本出发点。在这些原因的探讨中，资源依赖理论和交易成本理论

---

① Sen, A. "Liberty, Unanimity and Rights," *Economica* 43 (1976): 271 - 45.

② Challis, L. et al., *Joint Approaches to Social Policy: Rationality and Practice* (Cambridge University Press, 1988), pp. 29 - 31.

③ O'Toole, L. J., "Rational Choice and The Public Management of Interorganizational Networks," in D. F. Kettle and H. B. Milward, eds., *The States of Public Management* (Baltimore: Johns Hopkins University Press, 1996).

成为分析的中心。保持资源的获取、独立性和交易的效率等都成为组织进行合作的主要原因。另外，制度分析的一些理论和网络的概念框架会考虑到更多的社会和组织的背景因素，比如，集体的价值和期望等，协调可以帮助组织个体更好地获得合法性并在相关的组织领域内获得更多参与的权利。

资源稀缺性视角是指当组织和其他组织结成联盟的时候可以获得或者提高在它们的领域内对稀缺资源的控制能力。交易成本视角是指组织通过联盟可以提高在其领域内的交易效率。这两个视角的分析前提是都认为合作的动机是可以内生的，竞争和组织绩效是隐藏在其中的极为重要的因素。

制度学派使用合法性（Legitimacy）的概念解释了组织间关系和协调的动机。梅耶尔（Meyer）和罗恩（Rowan）[①] 以及迪马乔（DiMaggio）和鲍威尔（Powell）等[②]发展了组织行为的理论，认为取代效率的是组织对合法性的追求。制度主义认为通过一段时间的制度规则的整合，组织会在行为上变得更加相似，梅耶尔和罗恩指出随着一些大型的理性机构渗透越来越多的社会系统的领域，组织个体会被主导型的制度结构所影响而变得越来越同质化。这个过程被迪马乔和鲍威尔命名为“制度趋同”，他们认为有三种机制导致了制度趋同，即强迫性机制、模仿机制和社会规范机制。周雪光认为组织间的依赖关系导致了组织的趋同，因为当组织之间的关系越来越紧密的时候，尤其是当资源集中在某个组织的时候，其他组织都必须和这个组织打交道，因此，组织间的联系、人员的交往、信息的交换就越来越多了。不同组织间的结构越相似，资源的交换就越容易，反之，当组织之间的结构不接轨的时候，资源交换就会产生许多难以协调的困难。

至少在组织背景的维度上，制度学派的理论在解释组织间关系方面的潜力是清楚的。比如现在比较流行的社会规范对组织间关系的支持，组织间合作变得更加可能了，组织可能会受到外部环境的影响，它们之间的协作关系会被激励或者合法化。同样，在一些国际问题领域内协作和联合的发展也是取决于正式的和非正式的机构，由当前的原则和规范所塑造的规

---

① Meyer, J. and Rowan, B.,“Institutional Organization: Formal Structures as Myths and Ceremony,” *American Journal of Sociology* 83 (1977).

② DiMaggio, Paul and Powell, Walter W.,“The Iron Cage Revisited: Institutional Isomorphism and Collective Rationality in Organizational Fields,” *American Sociological Reviews* 2 (1983).

则、决策的程序也传递了什么样的行为是该领域内可以普遍接受的信号。哈斯（Hass）就提出认识上的一致对于地中海的国际环境合作方面发挥着重要的作用。认识上的一致就是一种基于知识信息的通往相互理解的共同的路径。哈斯认为，在改善地中海的环境条件方面的努力中，联合国环境项目帮助该区域形成和塑造了一种认识上的一致。这种一致性对于形成全面的计划以及说服各国政府对它的批准和执行扮演了一个主要的角色。[①]

（5）有关影响政府间协调的要素的研究

在政府间协调研究中一个主导性的观点就是组织是与其制度环境相互作用的社会实体。[②] 国家权力和支配性的政治文化深深地渗透到公共组织的结构和制度当中，它们必须随着社会结构的变化而做出调适，简单地说，组织影响其环境的能力取决于组织自身积累的政治资本和资源状况以及情形的复杂性。当情况的复杂性超过了组织个体的能力的时候，为应对这种不稳定的环境，需要在组织内部或者组织之间发展出暂时性的或者持久性的社会网络关系来。一方面，一些学者对这些环境进行了分类，一般说来，危机、压力和混乱是这类环境变化的一些元素，通常会引发组织间关系的发展。当社会突然发生变化时，经济和制度条件通常会成为组织间网络发展的催化剂，深刻的社会和经济的危机会形成跨部门的联合的动因，危机和动乱会成为催化集体行动的主要因素。当然，从另外一个方面说，这种环境的变化也可能增加集体行动的各方所得，减少相互竞争的机会。因此，环境的变化是重要的影响要素。

互动的组织在交换或汇总资源的时候也会产生成本，这与科斯所创立的交易成本的概念相关联。韦斯特隆德（Westlund）[③] 进而在运用交易成本方法来研究交通网络的时候对交易成本进行了发展，他建议使用互动成本的概念来描述那些个体、群体和区域在社会网络中的互动。

---

① Hass, Peter M.,"Do Regimes Matter? Epistemic Communities and Mediterranean Pollution Control," *International Organization* 3 (1989): 377 - 403.

② Mizruchi, Michael and Galaskiewicz, Joseph, "Network of Interorganitional Relations," in S. Waseman and J. Galaskiewicz, eds., *Advances in Social Network Analysis*, *Research in the Social and Behavioral Science* (Newbury Park, CA: Sage Publications, 1994).

③ Westlund, Hans, "An Interaction-Cost Perspective on Networks and Territory," *Annals of Regional Science* 1 (1999).

组织领域也是影响组织间协调的重要变量。在一定的组织领域内，组织之间会认可一些一致的目标，将彼此作为达成这些目标的正当参与者。迪马乔和鲍威尔[①]将之描述为四个阶段。第一，组织间互动的程度会有所增加；第二，互动模式和联盟的形成越来越明显；第三，信息流会增加而且富于变化；第四，一定组织领域内一些共同承担的意识会大幅提升，组织更加意识到彼此的依赖关系。

彭宁斯（Pennings）[②] 分析到，横向依赖的组织会存在彼此竞争的关系，因为它们提供相似的服务类型，而纵向依赖的组织则相反，其会显示出更强的协作的潜力，因为一个组织提供的服务可使其他的组织减少其外部的依赖性，共生依赖型组织是天然的协作者，因为它们彼此互相补充，提供彼此需要的服务。把组织领域看成是组织产生兼容性和互补性的空间是一个有用的分析视角。政府机构通常被认为兼容性很高，互补性强调组织间协作的基本要素的差别特性，一些组织间协作的形式从这个视角可以被看成是为了处理一定领域的问题而交换或汇集不同的资源的机制。

（6）有关政府间协调的过程和结果的研究

对政府间协调过程的理解植根于完全不同的政治传统，自由主义强调个人利益，协调就是通过谈判的方式将私人偏好转变成集体选择的过程，而共和主义则认为协调的基础就在于差别性，协调就在于将各种偏好达成相互的理解、集体意愿、信任和同情。例如，史密斯（Smith）和方德万（Van de Ven）提出了一个特别有用的分析协调过程的框架，他们把协调过程看作一个互动的和循环的过程，在这个循环过程中谈判、承诺和执行是三个重要的环节，而对交互性程度的评价则影响着以上三个重要的环节。[③] 汤姆逊（Thomson）和佩里（Perry）则发展了他们的理论，认为公共管理者应该弄清“黑箱”的协调过程，提出了理解这个过程的五个维度：治

① DiMaggio, Paul and Powell, Walter W., "The Iron Cage Revisited: Institutional Isomorphism and Collective Rationality in Organizational Fields," *American Sociological Reviews* 2 (1983).

② Pennings, J. M., "Strategically Interdependent Organizations," in P. C. Nystrom and W. H. Starbuck, eds., *Handbook of Organizational Design* (New York: Oxford University Press, 1981).

③ Ring Peter Smith, and Andrew H. Van de Ven, "Development Process of Cooperative Interorganizational Relationships," *Academy of Managment Review* 1 (1994).

理、行政、组织自治、交互性以及社会资本规范。只有这样才能使协调更加有效。①

有关政府间协调的结果的文献主要集中在实证研究中。麦奎尔（McGuire）认为结果的衡量应该体现在诸如对已有的公共项目的更高的满意度、有着更加稳定和集中运行的网络等方面。孔茨（Koontz）和托马斯（Thomas）在“我们对于环境合作管理结果知道些什么以及需要知道些什么”一文中提出使用环境质量、土地覆被、生物多样性等指标来进行衡量。还有的学者也使用了类似的环境改变的状况来测度协调的结果。②

（7）有关政府间协调的新视角的研究

托马斯在他的著作《官僚制图景》中检视了有着不同背景和目的的政府机构的官员在协调的动机上有着怎样的不同，并分析了产生主要影响的外生变量。他的研究采用了生态学的视角，认为对于授权管理者来说，协调可以减少威胁其管理自主权的外部不确定性，对于大多数工作人员来说则有助于保护他们生存圈的社会经济稳定性。③

还有一些更加新鲜的视角诸如系统动力学视角。克雷斯威尔（Cresswell）等人在他们的论文中描述了系统动力学在发展和检验政府间协调中的模型。他们用复杂的系统动力学模型来模拟复杂的通常只能搜集到定性数据的政府间协调过程，包括组织间网络的知识和信息共享，核心内容是信息系统的设计和构建。这个模型是在纽约州立大学阿尔巴尼分校政府技术中心 1999 年到 2001 年的一个项目中产生的，组织间关系是这个项目的设计和运行的核心问题。④

在国外政府间协调的新视角中，一个比较突出的现象是将政府间协调

---

① Ann Marie Thomson, James L. Perry, "Collaboration Processes: Inside the Black Box," *Public Administration Review* 66 (2006).

② Bingham, Lisa B., David Fairman, Daniel J. Florino, and Rosemary O'leary, "Fulfilling the Promise of Environmental Conflict Resolution," in *The Promise and Performance of Environmental Conflict Resolution* (Washington, D. C.: Resources for the Future, 2003).

③ Thomas, C., *Bureaucratic landscapes: Interagency Cooperation and the Preservation of Biodiversity* (MIT Press, 2003).

④ Anthony M. Cresswell etc., Modeling Intergovernmental Collaboration: A System Dynamic Approach (Proceedings of the 35th Hawaii International Conference on System Science-2002).

扩大为协作性治理，奥利瑞指出，过去这十余年间公共行政的一个新进展就表现在协作性公共管理领域的开拓方面。20 世纪 90 年代中后期，为解决新公共管理实践当中存在的难题，英美等国开始了以无缝隙政府（Seamless Government）、协作型政府（Collaborative Government）、协作性公共管理（Collaborative Public Management）、网络化治理（Governing by Network）和协作治理（Collaborative Governance）为主要内容，超越新公共管理的第二轮改革。① 这些改革力图解决新公共管理实践中的问题，突破新公共管理的局限，提供具有回应性的公共服务，提高公共服务的质量。

目前国外学者主要从以下几个角度对协作性治理进行界定：组织间关系、组织功能和结构以及集体行动的过程。②

第一，从组织间关系的视角加以界定。伍德和格雷把协作看成是利益相关者自发组织参与到同一个过程中，其中大家彼此联系，认同共同的规则、标准和组织结构，并对相关公共议题采取行动或共同决策。③

第二，从功能和结构的角度进行界定。帕斯科瑞认为协作过程表现为松散的、多层网络组成的关系结构以及利益相关者们采取自愿行为来对共同关注的社会问题进行处理和解决的过程。④

第三，从集体行动的过程方面加以界定。约翰·M. 布雷森（John M. Bryson）等认为，协作发生在两个或者多个部门的组织中，协作的核心是对信息、资源、活动和能力的连接或者共享，协作的目的是共同达到某种结果，因为单个部门中的组织很难或者不能完成这种结果。⑤

在具体案例方面，英尼斯（Innes）等研究了美国加州“卡福得”水计划中的协作性治理情况，部分学者还对美国旧金山海湾地区环保行动中的

---

① 吕志奎、孟庆国：《公共管理转型：协作性公共管理的兴起》，《学术研究》2010 年第 12 期。

② 秦长江：《协作性公共管理：国外公共行政理论的新发展》，《上海行政学院学报》2010 年第 11 期。

③ Wood, Gray, "Toward a Comprehensive Theory of Collaboration," *Administrative Science Quarterly* 36 (1991): 269.

④ Pasquero, "Supra-organizational Collaboration: the Canadian Environmental Experiment," *Journal of Applied Behavioralscience* 2 (1991): 38 - 64.

⑤ John M. Bryson, Barbara C. Crosby, Melissa Middleton Stone, "The Design and Implementation of Cross-Sector Collaborations: Propositions from the Literature," *Public Administration Review* 12 (2006): 44.

协作性治理进行了研究。

2. 国内政府间协调文献综述

国内关于政府间协调的文献并不多见，主要散见于政府间关系的一些研究之中。林尚立较为系统地研究了政府间关系，他提出的国内政府间关系的概念，主要是指国内政府间和各地区政府间的关系，主要包括纵向的中央政府和地方政府间关系、地方各级政府之间的关系以及横向的各地区政府之间的关系。其中，中央与地方关系是政府间关系的中轴。因为它决定着地方政府在政府国家机构体系中的地位、权力范围和活动方式，从而也就决定了地方政府体系内部各级政府间的纵向关系，决定了地方政府之间的横向关系。[①] 谢庆奎对府际关系的基本概念、特征和表现方式进行了简要的分析和介绍，认为府际关系是指“政府之间的关系，它包括中央政府和地方政府之间、地方政府之间、政府部门之间、各地区政府之间的关系”。[②] 陈瑞莲教授在对区域公共管理的系列研究中，对政府间关系进行了大量的实证研究，在区域行政、粤港澳公共管理体制、珠江三角洲地区公共管理等研究中，强调了政府间关系的协调问题。

一些零星的文献讨论了政府间关系的协调问题。例如，对区域经济一体化的政府间协调的讨论就出现了所谓的“机制”还是“机构”的争议。“机制决定论”批判了“跨省协调机构”的提议，认为跨省协调机构的作用被人们所高估了。而“机构重要论”重点强调由国务院出面，组建具有权威性、指导性、有效性的“超过省级”的协调机构的重要性。当然也有的学者认为，机制和机构都不可或缺。[③] 有的学者认为地方政府间关系的核心内容是利益关系，在实践中又具体表现为利益关系的冲突性博弈与合作性博弈。通过协调地方政府间关系，推动地方政府间从冲突性博弈逐步转向合作性博弈可以最终实现共同发展，并有利于推进我国市场经济的发展。[④] 还有的学者分析了政府间关系协调失灵的原因，认为主要原因是结构或权

---

① 林尚立：《国内政府间关系》，浙江人民出版社，1998，第 19 页。

② 谢庆奎：《中国政府的府际关系研究》，《北京大学学报》2000 年第 1 期。

③ 叶依广：《长三角政府协调：关于机制与机构的争论及对策》，《城市化与区域经济》2004 年第 7 期。

④ 张紧跟：《论协调地方政府间关系》，《广东行政学院学报》2007 年第 4 期。

威碎片化、本位主义与信息沟通不畅，解决途径可以考虑成立地方政府协会进行冲突管理、建立政府间信息交流机制以及组织网络合作治理。[①]

在现代管理学中，协调是指正确处理某一组织系统的内外各种关系，为组织系统正常运转创造良好的条件和环境，促进组织目标的实现。协调的目的是在有关各方求同存异的基础上对差异之处进行融合调整，最终实现整体利益最大化。我国政府间协调研究成果主要涉及政府间协调对象（竞争与合作）、协调机制（命令机制、利益机制、协商机制）、协调研究视角（政治与行政学、经济学、公共选择理论和法学）、协调研究方法（案例实证研究）。目前政府间协调研究主要领域包括：协调中央与地方政府间关系以提高治理绩效并解决府际争议；搭建多元行政主体交流桥梁，重视协商对话和信息交换，实现全方位协调发展；尊重地方政府的话语权，在博弈与妥协中制定行政契约；区域政府间竞争和协调的具体问题及解决策略。

目前国内有关政府间协调的研究也体现出对于协作性治理的重视。国内协作性治理的研究现状方面，学者们是通过介绍国外学者对协作性治理概念的界定、引进国外协作性治理模式，或者指出协作性公共管理的现状及前景等方式来构建协作性公共管理理论的基础的；有的学者还介绍了协作性公共管理的实践模式是跨部门协作性公共管理、跨地区协作性公共管理。

在实证研究方面，学者们构建了多元协作性社区治理机制以解决集体行动的困境；有的学者介绍了多元协作性治理框架下的制度安排、多元协作性治理机制的内生基础；有的学者还对多元协作性治理机制在现实中的应用进行了探讨。

（二）关于流域治理的管理体制机制的文献综述

1. 国外流域治理中的管理体制机制方面的研究

首先是关于流域水资源管理的政府管理机制问题，国外有一些学者在实证研究的基础上发表了他们的观点，比如，惠普尔（Whipple）等在讨论水资源发展和环境管制政策的时候认为，由于国家目标的多重性，政府应

---

① 凌学武：《论政府间关系协调失灵》，《成都行政学院学报》2006 年第 4 期。

该确立一种新的机构间关系的路径，也就是一种协调的路径。[①] 格里格（Grigg）以 Two Forks Project 为案例说明了这个问题，描述了在政府间关系问题上的摩擦和缺乏协调的状况，而西部沿海供水机构的例子则说明了地方—区域协调的必要性。[②] 许舒翔（Shu-Hsiang Hsu）则讨论了中国台湾的流域管理中变化着的政府间关系和民主的影响以及流域管理中政府间协调存在的问题，认为要使流域管理的政策有效，促进政府间协调和地方的支持是不可避免的，尽管在台湾的水管理体制中出现了集权化的趋势。地方参与、政府间协调和协商是解决水管理冲突问题的关键。[③]

温（Weng）和莫赫塔尔（Mokhtar）通过对文献资料的研究和实地考察，以马来西亚彭亨流域为例，对其流域制度框架的规划和发展进行讨论。他们认为，由于缺乏公众参与的明确授权，地方规划委员会不能保证公众的完全参与。类似“联合管理”的概念，地方的参与需要从协商层次上升到参与层次，流域水资源的综合管理需要每个层次利益相关者的承诺。[④] 曾文华（Wei-hua Zeng）等三位中国学者认为，水资源管理在不同的部门、地区和时间上产生了一定冲突。这种冲突无法通过传统的分散管理方式来解决，唯一的解决办法是通过水资源的流域综合管理。“集中”和“分散”的管理是西方流域水资源管理常见的两种类型。通过比较二者在实际运用过程中的利弊，Wei-hua Zeng 认为，一种产生于 20 世纪末期的新的水资源管理模型——IMWRRB 能够较好地解决冲突。就中国而言，建立 IMWRRB 的管理模式解决当前中国的水资源开发和利用中的冲突问题势在必行。[⑤] 部分

---

① William Whipple, Jr. , Donald Duflois, Neil S. Grigg, Edwin Herricks, Howard Holme, Jonathan Jones, Conrad Keyes, Jr. , Mike Ports, Jerry Rogers, Eric Strecker, Scott Tucker, Ben Urbonas, Bud Viessman, and Don Vonnahme, “A Proposed Approach to Coordination of Water Resource Development and Enviornmental Regulations,” *Journal of the American Water Resources Association* 4 (1999).

② Neil S. Grigg, “Coordination: The Key to Integrated Water Management,” *Water Resources Update* 1.

③ Shu-Hsiang Hsu, “Democratization, Intergovernmental Relations, and Watershed Management in Taiwan,” *Journal of Environment & Development* 4 (2003): 455 - 463.

④ Tan Kok Weng, Mazlin Bin Mokhtar, “An Appropriate Institutional Framework towards Integrated Water Resources Management in Pahang River Basin, Malaysia,” *European Journal of Scientific Research* 4 (2009): 536 - 547.

⑤ Wei-hua Zeng, Zhi-feng Yang, and Gen-suo Jia, “Integrated Management of Water Resources in River Basins in China,” *Aquatic Ecosystem Health and Management* (2006): 327 - 332.

学者对流域层面是否应有强有力的监管性、参与性、激励性框架进行了讨论。西蒙·苏奥（Simon Thuo）认为从概念、原理、方法层面，水资源综合管理的理念很容易理解，但是实施起来非常困难。他认为，政策制定者适当监管、不同利益相关者进行参与是至关重要的，但很难有效实现。更为重要的问题是一旦忽略政治和行政边界，特别是在一种权力下放和权力分散的情形下，容易出现地方当权的现象。有的学者则认为水资源管理政策正由传统的“供给型管理”转向一种注重生态系统、合理利用和分配资源的“需求型管理”。他以水框架指令（WFD）中的部分条例为例，指出法律监管对于处理不同利益相关者之间的关系更为公正和合理。此外，公共信息和公共参与、激励性框架在水资源管理中也显得尤为重要。桑托什·尼伯尔（Santosh Nepal）认为，水资源综合管理的实施一直被认为是一个复杂的过程。它需要各个层次，从政策到地方利益相关者的支持和配合。因此，在他看来，基于流域尺度的监管框架和参与框架是水资源综合管理的首要成功要素。除此之外，在水资源的可持续利用政策制定过程中还要考虑其他的参数，如民生、卫生、机构、社会经济等。[①] 文汉姆（Vanham）等学者分析了印度水资源管理部门正面临的巨大挑战。他以印度南部的科弗里流域为例，分析了该地区水事纠纷导致国家权威降低的现象，并提出了新的解决方案：水资源综合管理。[②] 梅耶尔认为水框架指令正从重构欧洲水资源政策向河流流域管理（RBM）迈进，并且这种转变需要制度的变革。他以德国奥得河流域及河岸地带养料污染的治理为例，分析了有关管理问题涉及的几个参与者：不同行政边界的公共行政部门、农业部门、环保型非政府组织。同时，为了捕捉制度变化的过程，他还从三个相互关联的层次进行评估，这三个层次分别是：正式制度变化、非正式制度变化、角色者精神模型。[③]

---

① “Experts Address the Question: Is IWRM Implementation Possible without Strong Regulatory, Participatory and Incentive Frameworks at the River-Basin Level?” *Natural Resources Forum* 33 (2009): 87 – 89.

② D. Vanham, R. Weingartner and W. Rauch, “The Cauvery River Basin in Southern India: Major Challenges and Possible Solutions in the 21st Century,” *Water Science and Technology* (2011): 122.

③ Claas Meyer, Andreas Thiel, “Institutional Change in Water Management Collaboration: Implementing the European Water Framework Directive in the German Odra River Basin,” *Water Policy* (2012): 625.

莱茵（Lein）和塔格斯（Tagseth）阐述了三种水资源管理的方法：以国家为中心、以市场为基础、以社区为基础。三种模型有各自的优点、局限与兼容性。这为讨论坦桑尼亚潘加尼河流域水管理和水政策的改革提供了依据。坦桑尼亚的水资源管理存在社区与官僚机构的冲突。该流域的水资源管理是一种自上而下的传统官僚管理模式，并带有殖民色彩。这种管理方式不仅不能促进社区的参与，而且也不利于水资源市场化的发展。① 奥弗塔（Ovodenko）提出这样的观点，水资源共享促使部分相邻国家形成集成化区域性机构和规则。通过分析，他认为接近水资源国家的数量并不能决定水资源管理的命运。当国家在水资源使用过程中呈现不对称的相互依赖时，提供选择性激励能够改变国家偏好。特别是数量较少国家共享水资源时，选择性激励显得尤为重要。②

2. 国内流域管理体制及政府间协调研究

张紧跟等认为流域治理陷入困境的原因是碎片化的治理结构、本位主义的治理动机和各自为战的治理行动；任敏认为流域水问题和水危机反映了流域公共治理危机背后的管理体制碎裂现象；王勇则提出流域政府权力产权的概念，认为流域水资源消费负外部性的根源是权力产权界定不清；易志斌指出应从制度环境、组织安排和合作规则等方面给出流域污染治理的发展路径；王资峰也详细探讨了流域水环境管理中地方政府间关系的问题。

国内文献中直接对流域公共治理的政府间协调机制问题进行研究的仍不多见。王勇所著的《政府间横向协调机制研究——跨省流域治理的公共管理视界》是为数不多的对流域政府间协调进行专门研究的成果，作者以科层型协调、市场型协调以及府际治理协调为线索，对中外流域政府间横向协调机制进行了梳理。③ 大多数的文献从管理体制的角度来探讨类似问

① Haakon Lein, Mattias Tagseth, "Tanzanian Water Policy Reforms——Between Principles and Practical Applications," *Water Policy* (2009): 203.

② Alexander Ovodenko, "Regional Water Cooperation: Creating Incentives for Integrated Management," *Journal of Conflict Resolution* (2014): 1.

③ 王勇：《政府间横向协调机制研究——跨省流域治理的公共管理视界》，中国社会科学出版社，2010。

题。汪恕诚提出要建立以流域为单元的水资源统一管理体制。[①] 杨娟、潘秀艳认为良治是现代社会治道变革的产物，它强调政治国家与公民社会的合作、协调，强调对公共事务进行多种手段的综合性管理，主张将良治观念引入水资源管理，从分析我国流域管理的现状入手对流域良治框架的建构提出了建议。[②]

一批文献讨论了流域管理和行政区域管理相结合以及地方分割和部门分割带来的弊端等问题，并提出了一些解决问题的思路。例如，张林祥认为要尽快明确流域管理机构和省级水行政主管部门在水资源管理上的权力和责任并制定与新《水法》相配套的流域管理法规，依法管水、依法治水。[③] 胡若隐认为地方行政分割越严重，流域水污染治理失效的后果越严重。[④] 陈庆秋则将传统水资源部门分割管理体制的弊端总结为：助长部门利益的膨胀；阻碍管理信息的交流；制约相关规划的融合；造成管理职能的重叠；导致管理领域的盲点。[⑤] 张紧跟、唐玉亮采用个案研究方法对粤西地区的小东江（跨茂名市和湛江市）治理进行了研究，认为政府间环境协作应该是以建立上级政府监管权威和健全公众参与为主，通过建立流域内地方政府间民主协作的多元治理机制来达成。[⑥] 汪群等人针对水资源的双重属性和行政主导的水资源管理体制所造成的水资源跨界管理难的问题，提出应重点构建水资源管理跨界多主体协商机制，以体现多利益主体的要求。他们从主体构成、运行环境、管理模式、运行框架等角度粗略构建了跨界水资源管理协商机制框架。[⑦] 另外，汪群等人还对跨界水污染纠纷进行了协商民主视角的分析，提出基于协商民主的跨界水事纠纷治理框架。框架由

---

① 汪恕诚：《再谈人与自然和谐相处》，《中国水利报》2004 年 4 月 17 日。

② 杨娟、潘秀艳：《流域良治——流域管理的发展方向》，《北方环境》2004 年第 2 期。

③ 张林祥：《推进流域管理与行政区域管理相结合的水资源管理体制建设》，《中国水利》2003 年第 3 期。

④ 胡若隐：《地方行政分割与流域水污染治理悖论分析》，《学术交流》2006 年第 3 期。

⑤ 陈庆秋：《试论水资源部门分割管理体制的弊端与改革》，《人民黄河》2004 年第 9 期。

⑥ 张紧跟、唐玉亮：《流域治理中的政府间环境协作机制研究——以小东江治理为例》，《公共管理学报》2007 年第 3 期。

⑦ 汪群、周旭、胡兴球：《我国跨界水资源管理协商机制框架》，《水利水电科技进展》2007 年第 10 期。

跨界民主协商机制和跨界水事纠纷协作治理机制构成。[①] 王爱民等人聚焦于国内外行政边界地带跨政区协调的研究成果并构建了行政边界地带跨政区协调体系。地方政府、企业机构、当地居民和民间组织构成跨政区协调的利益相关者，通过技术途径、组织途径和社会途径，通过冲突、边界共生资源开发与利用、多边经济合作与竞争、边界生态环境治理等议题，展开边界协调讨论。[②] 曾维华认为在流域水资源开发利用与保护过程中，上下游各地区间以及各部门间的利益冲突严重制约着流域水资源可持续开发与利用，提出了基于互联网的流域水资源冲突管理的协同工作平台的新思路。[③] 刘亚平、颜昌武[④]则以贵州清水江治理为例，提出了区域公共事务的治理逻辑。他们认为跨行政区域的公共问题增多使得传统以地域为边界的行政管理方式日益捉襟见肘，区域公共事务治理的关键是找到受区域公共事务影响的利益相关人的供应单位，这种供应单位成功的关键在于必须选择利益相关人的偏好表达的方式、成本在利益相关人之间如何分摊的方法，在此基础上选择相应的生产单位来生产公共产品和服务，从而解决治理区域公共事务的问题。此外，还有大量的学者对国外流域管理机构的主要形式进行了广泛的讨论，[⑤] 总结了国外流域管理的成功经验和发展趋势，[⑥] 从而尝试从中获取相关的借鉴意义。[⑦]

最近几年，从公共管理的角度研究流域治理机制的文献有了相对较大幅度的增长。黎元生、胡熠提出从科层式治理到网络式治理的观点。[⑧]

郑晓、郑垂勇、冯云飞提出基于生态文明的流域治理模式与路径研

---

① 汪群、钟蔚、张阳：《协商民主视角的跨界水事纠纷治理》，《水利经济》2007 年第 9 期。

② 王爱民、马学广、陈树荣：《行政边界地带跨政区协调体系构建》，《地理与地理信息科学》2007 年第 5 期。

③ 曾维华：《流域水资源冲突管理研究》，《上海环境科学》2002 年第 10 期。

④ 刘亚平、颜昌武：《区域公共事务的治理逻辑：以清水江治理为例》，《中山大学学报》2006 年第 4 期。

⑤ 郑春宝等：《浅谈国外流域管理的成功经验及发展趋势》，《人民黄河》1999 年第 1 期；水利部政策法规司：《水管理理论与实践——国内外资料选编》，2001；杨桂山、于秀波等：《流域综合管理导论》，科技出版社，2004，第 107 ~ 108 页。

⑥ 郑春宝等：《浅谈国外流域管理的成功经验及发展趋势》，《人民黄河》1999 年第 1 期。

⑦ 徐荟华、夏鹏飞：《国外流域管理对我国的启示》，《水利发展研究》2006 年第 5 期。

⑧ 黎元生、胡熠：《从科层到网络：流域治理机制创新的路径选择》，《福州党校学报》2010 年第 2 期。

究。[①] 王佃利、史越认为我国流域治理模式呈现明显的层级差异。[②] 胡佳则分析了区域环境治理中地方政府协作的碎片化困境与整体性策略。[③]

（三）对以上文献的简要评论

国内外流域公共治理的政府间协调问题的相关文献总体来说较为零星散乱，至今没有形成较为鲜明的理论或者集中的视角。对流域公共治理的理解上，有关流域治理理念的大量文献除了胡鞍钢从真正意义上的现代治理角度论证了流域治理的概念，并提出了从控制到良治的新的流域治理观，杨娟、潘秀艳主张将良治观念引入水资源管理，王勇在跨省流域治理中引入了公共管理的视角外，我国学者对流域治理的理解大多还停留在传统意义上的流域治理，即流域开发利用的工程概念，和公共管理学角度的现代公共治理的概念体系有较大差别。有关流域治理中的政府间协调的研究可以说是刚刚起步，这也从另一个侧面反映了治理这一研究领域目前依然还鲜被从事公共管理研究的专业人员所涉足，仅仅在近几年以来有少数公共管理学者开始进行试探性研究，尝试在流域公共治理的平台上探讨一些跨域公共事务的治理逻辑。

四　研究思路

本书认为，碎片化的威权体制是流域公共治理部门分割和地区分割的重要原因，这种分割又导致了流域公共治理的碎片化现状，于是，流域公共治理的政府间协调成为克服这种碎片化的努力，协调的绩效也要最终以整合这种碎片化的效果来进行衡量。

本书梳理了珠江流域中各种政府间协调机制的地方实践，发现这些实践主要基于协作性治理、整体性治理、市场型治理三种指导思想及协调思

① 郑晓、郑垂勇、冯云飞：《基于生态文明的流域治理模式与路径研究》，《南京社会科学》2014 年第 4 期。

② 王佃利、史越：《跨域治理视角下的中国式流域治理》，《新视野》2013 年第 5 期。

③ 胡佳：《区域环境治理中地方政府协作的碎片化困境与整体性策略》，《陕西社会科学》2015 年第 5 期。

路。其中传统的科层协调主要是基于协作性治理的视角，而贵阳市生态文明建设委员会和“河长制”的创新则属于基于整体性治理的创新型科层协调。另外，本书还以清水江为例，梳理了流域治理中新型的基于市场型治理的政府间协调创新。本书在对以上各类协调机制对整合这种碎片化的机理和作用、影响协调的因素以及协调的效果等问题进行分析的基础上，指出了各种协调类型的局限性和解决的对策。然后，在分析和总结这三种解决碎片化的政府间协调和治理模式的基础上，提出：目前我国流域的治理应该整合以上不同的路径，形成复合型流域公共治理的模式（如图 1－1 所示）。

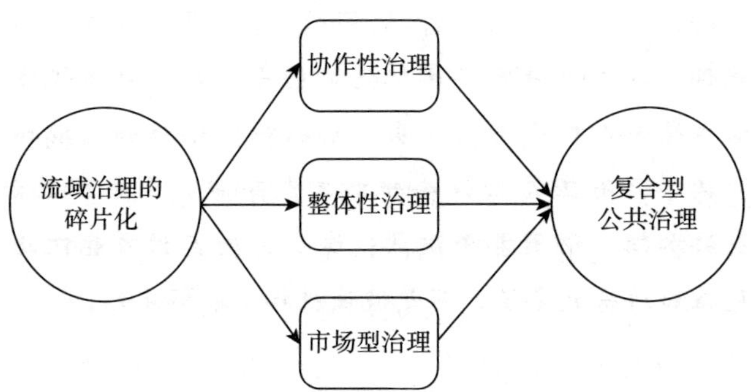

图 1－1　复合型流域公共治理的模式

第二章

流域公共治理的现状及成因分析：碎片化治理的视角

碎片化理论为剖析流域公共治理的现状提供了工具。由于流域公共治理中实际存在的部门分割和地区分割的问题，看上去完整统一的管理体制背后的流域公共治理内在地存在碎裂的现象。深入剖析这种碎片化现状并对其进行梳理就成为研究流域公共治理政府间协调问题的起点。

一　本章的理论工具："碎片化威权"理论

本章的理论分析工具之一是从西方学者研究中国官僚政治和政策制定过程的"碎片化威权"（Fragmented Authoritarianism）模型中获得启发的。"碎片化威权"一词是由肯尼斯·利伯索尔（Kenneth Lieberthal）于 1992 年提出的，用来描述他和米歇尔·奥森伯格（Michel Oksenberg）从 1988 年开始研究的有关中国的决策体制的官僚模型。20 世纪 70 年代末以来的改革使得一批西方学者有了大量的机会来研究中国的官僚体制和政策过程，一批西方学者逐步认识到，中国政策制定过程并不是想象中的由政治精英主导的、自上而下的、高度集权的过程，恰恰相反，以部委、地方政府为代表的其他中央和官僚机构在政策制定过程中其实也具有较大的影响力。[1]

① 彭志国：《从理性、权力到官僚政治视角的转变》，《理论探讨》2005 年第 2 期。

这些学者认为，1978 年开始的经济改革使高度集中的政策制定体制逐渐地让位于一种碎片化的威权体制。自改革以来，执政党为了避免权力过度集中开始下放政策制定和立法领域的权力。虽然中国最高层的政治权力仍然是集中的，但在省和中央部委一级，逐渐形成了一种零碎化的威权体制。

这首先表现在权力的宏观结构上。尽管20 世纪 80 年代开始的党政分开不断有反复，但政府已经发展成为相对独立的政策制定者，各级人大在立法和政策制定领域的影响也越来越大，人大的组织能力和运作自主性也得到了加强。① 权力结构的零碎化也发生在政府内部。改革以来，各个部门或者“系统”就不再像以前那样是严格执行领导人意志与政策的工具，而是形成了自己部门或“系统”的利益。往往没有任何一个部门可以拥有比其他部门更高的权力。这导致了在政策制定过程中达成一致是政策获得通过和有效执行的关键。② 在政策制定过程中，分管领导实际上就成了这些部门的利益代言人。政策制定涉及各个分管领导之间、分管领导与部门之间以及部门与部门之间的讨价还价，政策选择就取决于相互间的相对讨价还价权力。③

利伯索尔认为，正如改革本身创造的对中国政府实践的大量研究机会一样，改革的内容本身也影响研究的主题。分权化是改革的关键，而分权和集权可以从三个维度进行研究，即价值的整合、资源和权力的结构性分布以及政策制定和执行的过程。④ 碎片化模型虽然涉及以上三个维度的各个方面，但是更多的集中在后两个维度上，即侧重于资源和权力的结构性分布以及政策制定和执行的过程。

碎片化威权理论的主要观点就是在中国政治体制的最高层之下的权力

---

① 马骏、侯一麟：《中国省级预算中的非正式制度：一个交易费用理论框架》，《经济研究》2004 年第 10 期。

② 马骏、侯一麟：《中国省级预算中的非正式制度：一个交易费用理论框架》，《经济研究》2004 年第 10 期。

③ 马骏、侯一麟：《中国省级预算中的非正式制度：一个交易费用理论框架》，《经济研究》2004 年第 10 期。

④ Lieberthal, K. G. &D. M. Lampton, *Bureaucracy, Politics, and Decision-Making in Post-Mao China* (Berkeley: University of California Press, 1992), p. 6.

是碎片化的或者说是相对分离的。改革开放以来，中国的官僚政治的层级体系与权力的功能性划分相结合导致了没有哪个单独的部门的权威超过另外的部门，各个部门主体的一致同意成为必要；政策一般由政府各相关部门共同参与制定，在项目谈判的过程中，中央政府各部门之间、中央和各级地方政府之间、各级地方政府之间不断争论、妥协，最后才制定出公共政策。

该理论在国外的出现建立在对中国一些政府经济部门的一些行为进行研究的基础之上，围绕着主要的经济投资工程的动态决策而展开。一些用于产生更加有效的信息和激励系统的改革也强化了中国的经济决策威权的碎片化。此外，意识形态作为一种控制工具的程度的下降也使得政治系统更加“松动”，加上人事管理体系的相对分权使得一些行政部门也有了改革的可能性。以上导致了在严明的层级节制下的组织对上级指令的依赖程度的降低。

于是，在一定的程度上，中国的官僚体系中就出现了越来越多的讨价还价的现象。讨价还价涉及对资源在各个部门的分配的各种谈判协商。权威的碎片化鼓励不同的组织为了一些新的改革举措取得共识而进行一种探索。可以说，碎片化威权模式在任何情形下都非常关注讨价还价的重要性，提出该理论的主要西方学者也常常关注在什么条件下某种讨价还价发生了、在什么情况下它们又不能发生。当然，这并不意味着中央丧失了控制力，事实上，他们可以控制相关的信息，同时有着自己的相关策略，而政策执行确实被这种模式的结构和过程方面的东西影响着。但是，碎片化威权模式将政治系统的谈判、讨价还价、交流和共识的取得看成是组织系统运行的基本要求，将注意力放在中国政治的结构性要素的互动过程的影响上，当然，它也认为系统并不是完全呈碎片状的，它还没有达到认为系统的组成部分已经具有复合系统的合法自治的特点的地步。[①]

兰普顿（Lampton）总结了他所观察到的一些现象，即中国的政治体系

---

① 以上对碎片化模式的解释主要是笔者对 Lieberthal，K. G. &D. M. Lampton，*Bureaucracy*，*Politics*，*and Decision-Making in Post-Mao China*（Berkeley：University of California Press，1992）的相关内容的整合和归纳。

不再是“由少数最高层领导人将他们的政策方案强加给下属的庞大的部委和地方政府”这样的系统，“精英命令”模式也不再是中国政策制定过程的唯一主导模式，实际的情形更接近于一个谈判交涉的过程。中国社会中资源配置的过程实际上是政府部门之间相互谈判交涉的循环反复的过程。每个部门都在发展自己的组织个性或意识形态。[①]

利伯索尔等人详细地描述了中国政府能源部门政策制定过程中的人员和制度化的运作过程。[②] 他们认为，位于中国政治系统的最高层之下的较低层次的权威体系并非铁板一块，相对来说是零碎的和分离的。他们还认为，改革开放后预算权力的分散化（decentralization）加剧了这种权威的零碎化。因为预算权力的分散化直接给了地方政府部门能够获得中央预算之外的资金来源的权力和机会，这使得他们可以利用这些资金来实现自己的政策偏好。[③]

还有的西方学者对一些大型投资工程的决策过程中政府间具体讨价还价的过程进行了分析，认为决定这种讨价还价地位的两大重要资源就是对信息和技巧的控制以及对资源的控制，而大部分对官僚机构讨价还价的文献只注意了后者。[④]

许多学者还将注意力放在了政策协调上。哈尔佩恩（Halpern）研究了中国官僚体系中的信息流动和政策协调。她认为，学者们在运用碎片化威权模式的时候主要关注财政和所谓的关系等内容而忽视了对信息的控制，她将政策的协调首先看成是一个在不同的层级和部门之间的信息流动的问题。她审视了人大的几个研究重心是如何影响信息流动以及领导者的协调

① David M. Lampton, “Chinese Politics: The Bargaining Treadmill,” *Issues and Studies* 3 (1987): 11 -41.

② Kenneth G. Lieberthal, Michel Oksenberg, *Policy-Making in China: Leaders, Structures and Processes* (Princeton: Princeton University Press, 1988).

③ Kenneth G. Lieberthal and David M. Lampton, *Bureaucracy, Politics and Decision-Making in Post-Mao China* (Berkeley : University of California Press, 1992), p. 8.

④ Barry Naughton, “Hierarchy and the Bargaining Economy: Government and the Enterprise in the Reform Process,” in Kenneth G. Lieberthal and David M. Lampton, eds., *Bureaucracy, Politics and Decision-Making in Post-Mao China* (Berkeley: University of California Press, 1992), pp. 245 - 282.

能力的。[①]

兰普顿则进一步探讨了中国政府间的讨价还价、利益和官僚政治的问题，提出了一个观察这种讨价还价的比较框架。他认为政治领导的任务就是计划、协调或控制。为了完成这些任务，领导者要选择一些数量有限的方式：科层或市场、选举和偏好计算系统，还有就是讨价还价。每种方式是领导和下属获得信息和做出选择的工具，通过它们也会产生相应的控制或协调的行为。每个社会都是各种不同的工具的组合，每个政治因而也构成了混合的系统。在什么是讨价还价的问题上，他使用了达尔（Dahl）和林德布卢姆（Lindblom）的观点，认为讨价还价是一种领导者之间的交互的控制，因为他们彼此意见相左并且希望将来的协议是既可能也有利的，它意味着在科层体系中各方的互动。这样，讨价还价就是科层中各方就边界和功能而进行的互相调适的过程，各方相信这种双边的调适带来的利益超过了单方面行动所带来的。当然，兰普顿并不认为讨价还价就意味着已经确立的科层制的瓦解，相反，它反映出对于社会和政治的运转来说，存在大量的竞争性的官僚机构和区域性的行政管理。而且，讨价还价也并不一定意味着会带来更完美一致的政策和更有效的治理。

兰普顿还以水利工程为例分析了讨价还价的过程。在他看来，水是一种有着多种用途的稀缺资源，流域穿过不同的行政边界，这必然导致上游会影响下游的利益，因此分析该领域的决策过程可以清晰地揭示中国政治的讨价还价的情形。他以丹江口大坝和三峡工程为案例来分析这个问题。比如他对丹江口大坝各方谈判和交涉的分析是这样的，“矛盾非常尖锐，为了发电量最大化，水位应该保持较高水平；为了防洪，水位应该低一点，为了灌溉农田，水位应该高一点”。[②] 如何协调这些目标呢？并不是大的部门就会比其他的更加重要，每个目标都是通过一些特定的部门或部门内的

---

① Nina P. Halpern. ,“Information Flows and Policy Coordination in the Chinese Bureaucracy,” in Kenneth G. Lieberthal and David M. Lampton, eds. , *Bureaucracy*, *Politics and Decision-Making in Post-Mao China* (Berkeley: University of California Press, 1992), pp. 125 - 150.

② David M. Lampton, “A Plum for a Peach: Bargaining, Interest, and Bureaucratic Politics in China,” in Kenneth G. Lieberthal and David M. Lampton, eds. , *Bureaucracy*, *Politics and Decision-Making in Post-Mao China* (Berkeley : University of California Press, 1992), p. 47.

相关机构来体现的，比如，农业的目标就会涉及农业、森林和动物管理的相关部门，发电的目标就涉及电力部门或者曾经合并在一起的水电部门以及其他重工业部门，也涉及大量人口和工业的城市区域；而关于防洪这个目标，水利部则认为理所当然是他们的事情。此外，各个地区的行动者也表现了他们不同的利益打算。比如，在丹江口的问题上，上游的河南省就主要关注灌溉用水，尽管郑州也想要更多的电；处于下游的湖北省政府则更关注防洪和武汉极度依赖电力的工业。于是错综复杂的谈判就会无法避免地充斥在省际和省内，也充斥在省内的市、县以及交错在其间的各类职能部门。于是，就出现了关于大坝的利用目标的优先次序的无休止的争论，这在丹江口的案例中表现得很是典型。最初，防洪是第一目标，接着依次是发电、灌溉、航运和水产业，但是各个部门并未罢手，他们都在不断强调自身目标的重要性试图通过博弈而获得一个更加优先的次序，结果问题就循环反复得不到解决。另一个例子就是大坝高度的问题，正是源于各地的反对意见，大坝并没有建成当初所设计的高度。河南省整体的利益考虑是，即使没有防洪的特别要求，也会希望大坝更高一些，但同样位于河南省的南阳市因为其将会是被淹没的地区之一对此坚决地反对。在具体的讨价还价的过程中，兰普顿提出了一个预测大部分的部门和地方行为的“讨价还价的铁律”，即各部门和各地区几乎都会夸大其他单位的提议方案的成本，同时将收益故意减少，并且有意夸大给自己带来的麻烦，夸大其他单位的收益，有意少强调自己的资源，多强调别人的资源，尽量提供有利于自己单方面的数据。①

总之，这些西方学者通过自己的研究，修正和完善了碎片化威权理论，主要体现在以下几个方面。②

首先，改革并不是只产生了中国的官僚体系的分权化，而是有着一些

① David M. Lampton, “A Plum for a Peach: Bargaining, Interest, and Bureaucratic Politics in China,” in Kenneth G. Lieberthal and David M. Lampton, eds., *Bureaucracy, Politics and Decision-Making in Post-Mao China* (Berkeley: University of California Press, 1992), p. 49.

② 以下内容来自对 Lieberthal, K. G. &D. M. Lampton, *Bureaucracy, Politics and Decision-Making in Post-Mao China* (Berkeley: University of California Press, 1992) 的相关内容的整理和归纳。

复杂的影响。分权化改革的一些政策有意地使经济部门的决策分散化，使得地方政府对财政资源有了更大的控制权，某些阶段在意识形态方面控制的放松也强化了这种碎片化的状态。不过也有一些相反的趋势，例如提高了中央在获得和分析信息方面的权威。这样的结果是整个系统产生了新的讨价还价的关系和动态化的决策体制，不过在这样的经济博弈中中央始终占据主动。

其次，官僚体系的碎片化现象在部委之间和各省之间都存在。在部委以上和省以下，则是相对权力比较集中的。

再次，改革在促进政治体系的制度化方面的作用是有限的，原因一是高层领导不再像以前那样靠发动政治运动来推进制度变革，二是系统也不能很好地实现在稳定的基础上通过制度化的途径来分配权力的目标。出于各种原因，法律和规则还不能对一些权力的再分配或者对承诺的违背构成实质性的制约。

最后，因为正式的规则还不能形成重塑系统的重要力量，以下三个因素就很重要。第一，基层的官员会对高层的一些不够清晰或与其利益不一致的决策采取忽视或规避的做法，即“上有政策、下有对策”。第二，大量的特别是那些涉及改革的政策目标，也往往要求高层决策者给下级留下相当大的回旋余地或者自由裁量空间，否则会阻碍信息的流动，挫伤下级的积极性和创造性，影响改革向更好的方向发展。第三，高层领导也认识到一些政策的执行，例如大型的经济工程类政策的执行可能会因为省级和低层的官员的不积极而减缓速度或者变得更加困难，因而可能会采取与他们同舟共济的做法而不是强制推行。讨价还价并不是发生在政治体系的所有部分当中，当涉及的是一些有形的资源，或者说各方互相需要，而治理的规则不是非常固定和清晰的时候，讨价还价则较易于发生，但事实上，很多情况是不满足以上条件的。

二　我国流域公共治理的涉水机构和管理模式

（一）现行水管理体制框架下的流域公共治理涉水机构

流域公共治理涉及流域的开发、利用、治理、配置、节约和保护，也涉及防洪、抗旱、灌溉、供水、水产、水力发电、内河航运、水土保持以及生态修复等不同的行业和部门，因此笔者认为，涉水机构都应成为流域公共治理的主体。总体上看，这些部门分为主管水资源和水环境的水行政主管部门和环境保护的行政主管部门，以及负责在相关领域进行水资源开发、利用、节约、保护工作的其他部门这几类。

目前，在中央一级，根据《水法》的规定，水利部作为国务院的水行政主管部门负责全国水资源的统一管理工作。国务院的其他部门按照规定的职责分工，协同国务院水行政主管部门，负责有关的水资源管理工作。

我国的防汛抗洪工作实行各级人民政府行政首长负责制，具体由国务院成立国家防汛抗旱总指挥部，水利部承担国家防汛抗旱总指挥部的日常工作，对大江大河和重要水利工程施行防汛抗旱调度。水利部还负责全国水土保持工作，研究制定水土保持的工作措施规划，组织水土流失的监测和综合治理。①

在水污染防治方面，则实行统一管理和分级分部门防治相结合的制度，各级人民政府的环境保护部门对所属的水污染防治实施统一监督管理，是水污染防治的主管部门。环境保护部作为国务院环境保护的行政主管部门，负责组织实施水污染防治。其相关职责包括：组织拟定和监督实施国家确定的重点区域、重点流域污染防治规划，组织编制环境功能区划，拟定并组织实施水体等污染防治法规和规章，指导和协调解决各地方、各部门以及跨地区、跨流域的重大环境问题，调查处理重大环境污染事故，协调省际环境污染纠纷，组织和协调国家重点流域水污染防治工作，负责环境监理和环境保护行政稽查，定期发布重点城市和流域环境质量状况。②

各级人民政府的水利部门协同环境保护部门对水污染防治实施监督管理。水利部门是水污染防治的重要协同部门。水利部与水污染防治相关的职责包括：拟定水资源保护规划；组织水功能区的划分和向饮用水区等水

① 中国科学院可持续发展战略研究组：《2007 中国可持续发展报告——水：治理与创新》，科学出版社，2007，第 251 页。

② 中国科学院可持续发展战略研究组：《2007 中国可持续发展报告——水：治理与创新》，科学出版社，2007，第 251 页。

域排污的控制；监督江河湖库的水量、水质，审定水域纳污能力，提出限制排污总量的意见；协调并仲裁部门间和省（自治区、直辖市）间的水事纠纷；发布国家水资源公报。①

特别值得注意的是，根据《中华人民共和国水法》的规定，国务院水行政主管部门在国家确定的重要河流、湖泊设立的流域管理机构，在所管辖的范围内行使法律、行政法规定的和国务院水行政主管部门授予的水资源管理和监督的职责。目前，全国共设有长江水利委员会、黄河水利委员会、松辽水利委员会、海河水利委员会、淮河水利委员会、珠江水利委员会和太湖流域管理局 7 个流域机构，作为水利部的派出机构，负责管辖范围内的水资源统一管理和监督工作。

从地方层面上看，《中华人民共和国水法》第十二条规定，国家对水资源实行流域管理与行政区域管理相结合的管理体制。根据这一规定，在全国各省（自治区、直辖市）设立水利（水务）厅（局），作为省级人民政府的水行政主管部门，负责本行政区域内的水资源统一管理和监督的工作，并参照国家级涉水管理机构之间的职责分工，明确与本级政府中其他部门的相互关系。地级和县级行政区域涉水机构也基本上按照这一模式设置并明确其职责分工。

总的说来，从国家和地方两个层面来说，我国的流域公共治理所涉及的主体是以水利部门为水行政主管部门的水资源管理部门和以环保部门为主体的水环境保护部门。在水利、环境保护部门之间，水利部同时具有水利工程监管和水资源保护的双重职能，所以对流域公共治理的影响和制约作用最为显著，特别是环保部门和水利部门之间的分工和合作的状况对流域公共治理的部门间配合的影响也很大。因此，在本书的调研中，我们在各省份均以水利部门和环保部门为走访的重点部门，当然，各省份的林业、库区移民、建设、国土、农业等相关部门也是我们予以关注的。此外，作为流域管理机构的珠江水利委员会和珠江水资源保护局也是我们的重点调研对象。我国水管理相关部门及其主要职能如表 2－1 所示。

---

① 中国科学院可持续发展战略研究组：《2007 中国可持续发展报告——水：治理与创新》，科学出版社，2007，第 251 页。

表 2-1 我国水管理相关部门及其主要职能

部门	主要职能
水利部	主管水资源管理、水资源保护、节水管理、河道、防洪、水土保持、水工程管理、水文管理、水政监察等；组织实施取水许可制度和水资源费征收制度；水功能区规划，审定水域纳污能力，提出限制排污总量的意见；拟定水资源保护规划，监测江河湖泊水量、水质，发布国家水资源公报
环境保护部	主管水污染防治、会同有关部门拟定有关水污染防治规划、政策、规章和标准；负责水环境质量监测、水污染源监测以及相关的监测信息发布等；排污收费；制定污水处理厂收费政策等；参与水资源保护相关政策的制定；参与水资源保护规划编制；审查水利工程的环境评价报告书
住房和城乡建设部	城市和工业用水、城市供水、排水与污水处理等工程规划、建设与管理
农业部	面源污染控制，保护渔业水域环境与水生野生动物栖息环境
林业局	流域生态、水源涵养林保护管理、湿地管理
国家发展和改革委员会	参与水资源开发与生态环境建设规划，衔接平衡农业、林业、水利等发展规划与政策
交通部	内河航运、船舶排污控制
卫生部	监督管理饮用水水源标准；主管饮用水和涉水产品的卫生监督管理；涉水产品的卫生许可和日常卫生监督，集中式供水卫生监督，农村改水和改厕，水性疾病预测、预警，发病和死亡报告及水质检验等工作，负责制定全国末梢水卫生监督监测方案和监督检查计划以及与生活饮用水相关的卫生标准
国有资产监督管理委员会	中央所属企业有关涉水方面的事项
国家电力监管委员会	包括水电在内的电力监管
国土资源部	土地资源管理，监测、监督、防止地下水的过量开采与污染
外交部	协调国际河流治理和谈判

资料来源：根据陈宜瑜等《中国流域综合管理战略研究》，科学出版社，2007，第 14～15 页，并结合我国机构改革后的部门调整。

（二）管理模式概况

中华人民共和国成立初期，囿于当时生产力发展水平和认识水平，我国的水资源管理实行分级分部门管理的体制。即水利部门负责水利工程建设和农村水利管理；建设部门负责城市供水和城区地下水管理；地质部门负责地下水勘探与管理。此外，还有航运、农业、卫生等部门也参与水资源管理工作的一些方面。这种体制使地方水利管理逐步得到加强，也健全了水行政管理三级机构，即省（自治区、直辖市）设厅（局），地（自治州、盟）设局（处），县设局（科）。到1986年以后，为强化基层管理，县以下的区乡级政府也设置了水利管理站或专职、兼职的水利员，行政隶属关系分别为县级水利行政机构派出的事业单位及区乡级政府的事业单位。为解决流域管理的特殊性问题，我国也成立了流域管理机构，通过探索使得流域水资源管理体制趋于科学合理。但是，该体制下对于如何实现流域水资源的管理、如何划分各水管部门之间工作权限等问题仍不够明确，导致了“多龙管水”问题普遍存在，且分部门的多头管理使得权限分散，流域及水资源开发利用的公共事务管理缺少长远的、综合的规划，为具体的水管理工作带来了一定困难。为了解决矛盾，国务院又规定，由当时的水利电力部归口管理，到了1984年又成立了由水利电力部、城乡建设环境保护部、农牧渔业部、地质矿产部、交通部和中国科学院负责人共同组成的全国水资源协调小组，专门协调解决部门之间水资源立法、规划、综合利用和调配等各个方面的问题。

在1988年《水法》实施前，“多龙管水”现象在水资源管理中非常突出。针对这种时弊，1988年《水法》规定，实行对水资源的统一管理和分级分部门管理相结合的原则，并在重新组建水利部时，明确了水利部作为国务院的水行政主管部门，负责全国水资源统一管理工作，接着各省、自治区、直辖市也相继明确了水利部门作为省级政府的水行政主管部门，成立了全国水资源与水土保持工作领导小组，由国务院副总理任组长，并由有关11个部委负责人参加，负责审核大江大河流域规划和水土保持工作的重要方针、政策和重点防治的重大问题，也负责处理部门之间有关水资源综合利用方面的重大问题和省际重大水事矛盾。水资源统一管理的法律框架就由这一系列的法律法规构成。不过，这部《水法》仍存在很大的问题，比如在条文中规定“国家对水资源实行统一管理与分级、分部门管理相结合的制度”，以及“水资源实行统一管理和分级分部门管理相结合的体制”，具体内涵是什么不够明确，也没有流域统一管理方面的法律规定，这使得实践中很难掌握“统管”与“分管”的尺度，各水行政主管部门各自为政的局面依然没有改变，条块分割、多头管理的问题仍旧严重。

因此，2002 年的新《水法》对水资源管理体制方面做了重大的修改和完善，强化了对水资源统一管理的规定，新《水法》坚持“一龙管水、多龙治水”的水管理体制改革原则，明确了水行政主管部门的各项事务。另外，在水资源管理体制上，一个重大变化是强化了水资源的流域管理，明确了流域管理机构的法律地位，确定了管理的原则是以流域为单元对水资源管理实行统一规划、统一配置和统一监督。

以 2002 年新《水法》的颁行为标志，珠江流域水资源管理体制的建设也取得了重大的进展，流域管理机构珠江水利委员会的作用大大提升，各涉水机构的管理边界相对清晰，流域管理的观念开始受到重视，广东省内还成立了流域管理机构。区域内水务一体化发展速度很快，很多县级政府成立了水务局，或采取由水利系统实施水务统一管理的变通办法。水务统一管理的概念就是由一个政府职能部门对所有涉水行政事务进行统一管理。具体包括对本行政辖区范围内防洪、水源、供水、用水、节水、排水、污水处理与回用以及农田水利、水土保持、农村水电等涉水行政事务的统一管理。统一管理可以有效地避免因多个部门共同管理而产生的水资源利用不合理、供需不平衡等多种问题，有利于通过对供水、用水、节水、排水和防污进行涉水事务综合规划，统筹安排，从而实现水资源的优化配置并发挥水资源的最大效益，确保经济社会的可持续发展。此外，区域水务一体化也表现在供水管理体制、水利工程管理机构、水利投资管理体制等方面的改革取得了相应的进展。

在水环境管理方面，随着颁布实施《中华人民共和国水污染防治法》及 1996 年对其的修订，明确“各级人民政府的环境保护部门是对水污染防治实施统一监督管理的机关”，水环境管理也逐渐走上了正轨，1998 年机构改革以后，水环境管理也形成了由环保部门牵头，多部门参与的管理格局，和水资源管理体制相似，水污染防治也是“一龙主管，多龙参与”的管理体制。广东省环保局还成立了珠江综合整治办公室，负责珠江综合整治工作联席会议和治污保洁工程联席会议的日常工作。我国涉水管理部门如图 2－1所示。

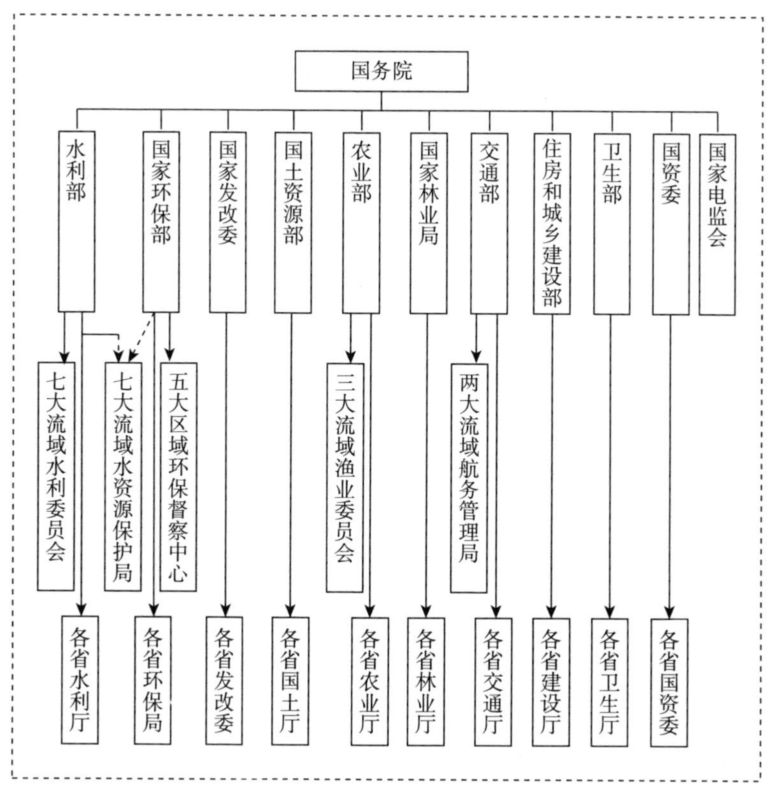

图 2-1 我国涉水管理部门

三 流域公共治理的碎片化表现

流域公共治理的管理体制看上去是完整统一的，但是，看上去完整统一的管理体制背后的流域公共治理却存在内在的碎裂现象。本书采用利伯索尔的分析视角来对珠江流域的公共治理现状进行透视。

（一）价值整合上的碎片化

价值可以提供资源和权力的分配，是政策的制定和实施的坚实基础，在一个治理体系中，当人们对某个问题的认识能够取得某种共识的时候，基于这种共识之上的行动就有了朝着共同的目标发展的协调一致的可能。

流域以水为纽带，将上游、中游、下游组成一个具有因果关系的复合生态系统，以流域为单元进行综合管理虽然目前已经被世界各国政府和学者普遍接受，并成为公认的实现资源开发和环境保护相协调的最佳途径。但是，流域综合管理虽然总体上在流域公共治理的实践中已经被各地区各部门的实践工作者所认知，实际并没有真正成为指导其行动的“共识”，事实上，在很多具体问题的认识上行动者的分歧是很大的。[①]

1. 区域管理仍然是当前流域公共治理的主导思想

2002 年通过的《水法》把我国的水资源管理体制由原来的“国家对水资源实行统一管理与分级、分部门管理相结合的制度”，修订为“国家对水资源实行流域管理与行政区域管理相结合的管理体制”。据此实践中各级政府均把我国现行的水资源管理体制概括为流域管理与行政区域相结合，在结合的过程中以区域管理为主、流域管理为辅的综合管理体制。这种相结合的体制既不是欧洲等许多国家实行的以流域管理为主的管理体制，也不是完全以行政区域分割管理的体制。事实上，这种体制的落实是一个大的问题，比如，流域管理机构的一位官员在访谈中就这样说：

> 因为区域是强势，流域是弱势，所以国家要提流域管理的概念，但是现在所有的管理条例仍然没有解决一体化的问题，仍然是分割管理。[②]

通过对实际工作部门的调研我们发现，对于这种新的流域和区域相结合的体制究竟如何结合，各方面似乎没有一个比较明确统一的说法，而事实上有的受访者也坦承我们当前的体制依然还是以区域管理为主的。

××省水利厅的一位官员这样看待这个问题：

> 流域水资源统一管理是必要的。我认为存在的问题是地方政府与流域管理的矛盾，也就是行政区划在涉水方面，我想多取水，总量就

① 任敏：《我国流域公共治理的碎片化现象及成因分析》，《武汉大学学报》（哲学社会科学版）2008 年第 7 期。

② 访谈记录：ZWWX. 7. 16。

这么大，而许可一定要在省里把住统管，从20世纪80年代后期，这个行政区划××省是越划越细，行政区划越小，矛盾越多。流域管理最好是一个流域一个市，你全在我这个范围里，就不存在上游和下游问题以及相应的补偿问题。因为这全在我的范围内，区划越小，矛盾就越多。所以从我们流域管理这个角度来讲，地方政府与省政府的工作部门是有矛盾的，地方政府之间也是有矛盾的。①

2. 部门利益和地方利益仍然对流域公共治理产生着重要的影响

部门利益是当前流域公共治理的一大症结。它是指行政部门在具体的行政行为中偏离了公共利益导向，出现事实上追求部门局部利益，或者变相实现小团体或少数领导个人的利益的现象。当国家利益与公共利益退居为纸面上的利益追求，或者缺乏明确的维护机制与衡量标准时，职能部门从“部门利益最大化”的角度而不是“国家利益最大化”的原则和目标出发来履行行政责任甚至制定公共政策，这就是部门利益最大化的表现。行政层级不同的部门，获取利益的主要方式也存在差异。比如，中央政府部委主要通过与同级其他部门争夺资源控制权谋利，地方政府部门则可以通过向上级部门要权、与同级部门争权、对下侵权的方式谋利。

在当前法律权力小于行政权力，行政权力又表现为部门权力的制度环境中，部门利益化的实质就是权力的部门化以及部门权力的制度化。这种“制度化的过程其实就是将本部门的利益以法律法规的方式约定为合理化的过程”②。

部门利益问题是公共治理的一大瓶颈。一些政府部门极力扩大本部门的管辖权限，并相应地减少与避免所承担的责任与义务。具体来说，对于可由本部门来确定的审批权、发证权、收费权、处罚权、检查权的立法项目和事项积极性很高，争相制定；而对于与本部门利益相抵触，或是有可能制约自身权限与行为的政策的制定，不仅毫无积极性，而且还可能以种种借口去阻止或延缓其出台。

---

① 访谈记录：GDSL. 7. 17。

② 杨光斌：《制度的形式与国家的兴衰》，北京大学出版社，2005，第257页。

我国的政府部门利益问题有着其特殊的生成机理和形成过程。在改革的大背景下，财政采取了“分灶吃饭式”的“部门自养”政策，加上中央财政对部门行政经费拨款的减少，中央政府允许政府部门探索进行市场化筹款，这个背景是公共利益部门化的外部主要原因。这导致了政府部门成为具有自我需求的利益集体，市场化筹款的做法也恰恰与我国实行的“有为才有位”的政绩考核现实相吻合，从而大大激发了政府具有潜在自为意识的部门利益化。也就是说，部门的政绩需求冲动又构成了公共利益部门化的内部主要原因。条件成熟也就是当外部主因与内部主因相互耦合时，公共利益部门化便由此开始衍生。另外，政府的很多改革采取了试点式的启动方式以及政府部门对下属机构人事权的绝对控制，这些都为部门利益化定型打下了基础。最后，具有高度利益整合关系的政事（企）同盟以及政府部门规制权和执行权的高度合一加速了部门间利益的竞争。①

在这样的背景下，分割管理的体制也使得各涉水机构考虑问题的出发点往往是部门利益，很难有真正的动机来做好部门协作以共同致力于水资源与水环境的管理。因此，部门作为利益主体出现，在管理中不断争取更大的权力并创造本部门可以享受的利益，这个不争的现实成为流域公共治理中涉水机构价值整合最大的障碍。

除了部门利益外，地方利益或者说政区利益也是流域公共治理的一个核心问题。能否设计一种激励机制来促使地方政府打破各自的政区利益，迫使地方政府展开理性的利益博弈与利益重组，真正实现全流域整体的公共利益，这是决定流域公共治理成败的关键所在。

改革开放的相当长时间都是沿着中央向地方“放权让利”的主基调进行的。地方政府行为逐渐变化，很多时候已经不再仅仅是一个上传下达的中间机构或者不再满足于传统的中央政策执行的代理者的角色，而是更加趋向于成为拥有自我主体意识的地方利益体。这与我国经济发展追赶型的压力环境有关，也是特殊复杂的国情所决定的。这种政府管理模式是以推动经济发展为主要目标的，政府主导的发展模式使得政府长期扮演了经济

---

① 参见孙力《我国公共利益部门化生成机理与过程分析》，《经济社会体制比较》2006 年第 4 期。

发展的主体角色，政治合法性主要来自经济增长。为了使地方政府获得充分发展的动力，中央政府须充分调动各级地方政府发展经济的积极性和主动性。也就是说，中国式发展型国家的具体推行是由地方层面的发展型政府来实现的。改革开放的成就从很大程度上也正是源于这种“发展型地方主义”（Developmental Localism）的强势推动，包括在很大的程度上造就了令世界瞩目的“中国奇迹”。我们可以从下面两个角度来理解“发展型地方主义”：首先它强调“发展”的特点，即地方政府在这样的指导思想下，以发展尤其是以经济发展为基本的价值取向的；其次，它还特别强调“地方”，就是说，地方的发展在这样的状态下是以地方利益为导向的。[①]

在这种发展型地方主义的发展模式中，高层政府对地方政府的激励方式有三个：一是改革开放初期普遍使用的选择性行政分权机制（如特区等）；二是渐进式演进的财政分权机制；三是官员晋升的政治“锦标赛”机制。可以说中央政府正是通过行政权、财政权和人事权在中央与地方间的有机结合，构筑了调动地方政府间激烈竞争的坚实制度基础。[②]

我们可以从××省水利厅一位官员的话中看到政区矛盾是多么尖锐：

> 流域机构一些事情做起来为什么有难度？就是各个省有自己的想法，比如说已经批了的纳污总量控制，他们分给每个省的纳污总量，可以说几乎各个省都不答应，他们的依据是国家的节能减排的基础上，给××大约30万吨COD，实际上现状是大约有100万吨COD，怎么可能一下减下来。所以出发点是不一样的。[③]

3. 上下游对水资源保护和生态补偿问题的认识存在分歧

一种上游地区普遍存在的观点是：上游为保护水源地，在很大的程度上牺牲了经济发展的机会，导致了很多项目不能上，而且有的地方（比如

---

① 郑永年、吴国光：《论中央—地方关系——中国制度转型中的一个轴心问题》，香港：牛津大学出版社，1995，第34页。

② 杨爱平：《从垂直激励到平行激励：地方政府合作的利益激励机制创新学术研究》，《学术研究》2011年第5期。

③ 访谈记录：GXSL. 8. 1。

东江上游）认为，不能上的项目不是从流域容量的角度考虑，而是一概根本不能上。这对他们来说当然是失去了很多经济发展的机会，在资源保护方面的付出加上在维护方面的付出，所以需要得到国家或下游受益地区的补偿，以弥补上游地区民众在经济生活上的一些损失，并支付生态功能的长期维护和管理而产生的费用。比如，江西是最早希望对东江进行生态补偿的，江西认为他们输港的水占十分之一，香港每年给广东省的水费江西则一分没有，而江西省东江源相关的都是贫困县，所以江西向国家提出了补偿的要求，也一直与广东省和香港接触，在香港举办了三次东江源的生态论坛。这些都反映了上游地区对国家生态补偿政策和措施的强烈呼吁。广西也认为九洲江水资源保护是广东、广西两省区共同的责任。鉴于鹤地水库水体功能由过去建库时定位的农灌用水改变为湛江市主要饮用水源之一，水域水质要求明显大幅度提高，在一定程度上制约了上游工业的发展，加大了陆川、博白污染治理和水资源保护的力度与资金投入，增加了地方政府和企业的经济负担，而陆川、博白县属经济欠发达地区，地方财政十分困难，难以拿出很多钱来治理污染。因此，在水库使用功能转变后，广西方面就呼吁广东应多方扶持上游地区发展经济，支持广西陆川、博白开展水资源保护和污染治理，以稳定实现九洲江水质目标，促进上下游经济、社会、环境的协调发展。

但是，下游地区则未必能够认同以上的看法，反而这样认为：从全流域的角度看，全流域上中下游都有保护的义务，目前存在的经济差距是地区发展的地理差异造成的，环保是国家的政策，上下游都应保护环境。国家对国土资源有分区，对流域也一样，将其分为保护区、限制区等。如果被定为饮用水源保护区，那环境容量就小了，排污总量就要控制。即使有生态补偿，也是国家或上级政府统一来考虑的事情，可以通过财政转移支付进行调节，地方政府横向之间的补偿是很难实行的。

一位官员的话代表了一些下游地区的普遍看法：

保护环境是每个企业和公民应尽的义务，企业达标排放是必需的。上游认为自己为了保护环境失去了许多机会，实际上是没有认识到保护环境的责任，他们认为同样的企业我下游可以办的，你上游不能办，这就是发展的不公平，机会不均等。我认为呢，这个缺少法律的支持，没有做到谁污染谁治理。[①]

另一位官员也持有类似的看法：

我个人认为要慎重处理这个问题，省内可以补偿，那外省呢？问题更大。某江大部分水来自云南、贵州、广西那边的高原，那云南、贵州、广西让你广东补偿，你补偿得了吗，所以我们省压住了，现在外省对我们压力非常大，实际上呢，我们每年向国家交那么多税，不就是对全国其他地方的补偿吗？保护水资源、保护水环境是每个人的责任，你不能说我牺牲了一个项目，我还得拿回来。解决这个问题一定要慎重。[②]

（二）资源和权力分配的碎片化

1. 流域涉水机构分割管理，造成部门间的矛盾不断

（1）水利部门与环保部门的矛盾和冲突

在所有走访的部门中，一个大家都认可的看法是目前水行政主管部门与国土、林业、农业等相关部门的职责划分还是比较明确的，在实践中，这些部门的分工情况和互相协作的情况还可以。目前各省份都表现比较突出的问题就是水利部门和环保部门的矛盾问题。“水利不上岸，环保不下河”是过去人们对两者工作的通俗理解，现实中两者的工作绝不是泾渭分明的。

我国现行的法律规定，环保部门确实是水污染防治的行政主管部门。这导致了在流域治理实践中，大家也都有了水利部门抓水量、环保部门保水质的共识。但是，实际操作中我们发现水量和水质的管理很难分开，不可避免的结果就是在很多工作上环保部门和水利部门实行共同管理，这样

---

① 访谈记录：GDSL. 7. 17。

② 访谈记录：GDSL. 7. 17。

的现实使得两个部门不能协调的话就很容易造成冲突。特别是现行的《水法》和《水污染防治法》中，水质管理方面的规定就存在相互不协调的现象，这使得情况更为复杂，导致在水污染防治方面存在职责分工不明确的现象。水利部的权限有“组织水功能区的划分和向饮水区等水域排污的控制，监测江河湖库的水质，审核水域纳污能力，提出限制排污总量的意见等”，而环保部负责“组织编制环境功能区划；组织拟定和监督实施国家重点流域、重点区域的污染防治规划”。因此，矛盾集中表现在对水功能区的划分和对水环境功能区的划分方面的认识差别，分工和职能重点都界定得不清晰。同时，在一些具体层面，如一些水域纳污能力、总量控制与流域水体的适用功能以及水环境质量标准的相互关系等问题上界定也不清晰。环保部门和水利部门的不协调现状直接导致了一些省市的水功能区无法得到省政府批准，许多地方两者各自为政的现象严重。下面是××省水利厅的一位官员的观点：

不上岸不下水这种说法本身存在矛盾的地方，环保怎么可能不下水，东西没有达标，就排放在河里，水利部门肯定说你这不行，这河的纳污能力和承载能力是有限的，这水污染的控制，水利部门和环保部门想做都做不成，水利部门的纳污能力怎样控制，你这个河段整个有多少纳污能力，但是环保部门要的是你的达标排放，不超标就行了，但你的排口多了的话，汇到一个地方可能就超标了。①

另外一个省的水利厅的一位官员则认为问题主要出在上面：

和环保部门今年矛盾不断，很多事情说不清楚，没有明确界定不上岸和不下水的问题，这是民间说法，主要是高层没有处理好。我省2005年开全国水资源工作会，会上部长批评了4个省市，说是4个省市的水功能区没有得到省政府批准，这就是和环保部门的协调问题，1994年环保就划了水环境功能，省里批准了，就和环保局拼命沟通，

① 访谈记录：GDSL 7.17。

终于去年协调下来，批了。[1]

本流域另外一个省的水利厅的一位官员也有类似的看法：

水利部门是对水量的控制，环保部门是对污染源的控制，二者应共同应对。但实际上两家存在着不协调，各自为政，如各自进行水质监测，有各自的网络，有些还是在同一个地方重复设置，我们每月发布水质状况的通报，他们做他们的。另一个不协调因素是环保部门主要是控制污染源，达标排放，我们的河流水体有纳污总量问题，即使达标排放了依然污染量太大，水体无法承受，从他们的规范来看符合要求了，水利部门会考虑总量控制，两家在纳污总量管理的衔接上有问题。在应对水污染突发事件上，环保部门很重视污染、污染事件，而我们更关注水体的污染，他们则往往忽视这个污染对沿江的影响，所以他们往往撇开各地水利部门，不利用我们现有的水利网络。比如对已发水污染，环保主要切断水污染源，但对已发的污染我们也有我们的办法和优势，可通过水量调度、控制水量流速等，他们是控制污染以及处理企业，我们还有预测优势，对水量和流速等，污染会到哪里……[2]

水利部门和环保部门的冲突还集中表现在流域管理上。在20世纪90年代末期以前这个问题还不是那么的尖锐，但情况从1998年机构改革以后则变得复杂了。例如在规划的职能方面，环保部门的职能是由《水污染防治法》赋予的，包括有权设定每一个流域和子区域的水质标准，在实践中环保部门正是根据这个法律来划分水环境功能区的。问题出现了：《水法》同样赋予了水利部门制定水资源保护规划的权力，具体包括划分水功能区、设置水源保护区、加强水质监测、实施水纳污总量控制、向环保部门提出限制排污总量的意见等。

---

① 访谈记录：GZSL. 8. 7。

② 访谈记录：GXSL. 8. 1。

实践中两个并行的功能区和两套规划的出现就是这样的规定所导致的，这让人们对水质规划的统一性和权威性摸不着头脑。流域机构的一位官员认为：

> 我觉得，从功能区角度，水利部门管是应该的，问题是两者的功能双方应该论证，比如水环境功能和我们的水源功能是两码事，能满足环境功能的不一定能满足水源功能，否则同一断面大家的标准不一样，现在的不衔接，导致环保部门的水污染控制工作和水利部门的水资源开发管理工作相互交叉。

使情况变得更加复杂的一个因素是，流域机构的水资源保护局似乎在两家矛盾中扮演了一个非常令人尴尬的角色。我国的七大流域机构都设置了水资源保护局（可简称为“水保局”），接受水利部和环保部的双重领导。但是实际运作下来，可能是环保部认为水保局还是一个水利部的机构，因为流域机构本身是水利部的派出机构的性质，这种本质使得双重领导在实际中并不容易落实，于是事实上环保部的领导角色也在水保局的工作中逐渐淡出。

具体到珠江流域，20 世纪 80 年代两个部门协作较多。环保部门成立较晚，开始时监测力量比较薄弱，所以比较倚重水利部门。而珠江流域的水保局，也于 1981 年成立，1982 年双方达成协议共同管理，也划分了一些职责，1986 年机构改革双方有协议，设定了这个流域管理机构的职责。1988 ~ 1989 年组织了流域的水资源保护规划，依托这个机构，当时水利部门和环保部门可以坐在一起，包括国家环保总局和水利部也派人参与，那时两家的关系还比较顺。不过地方没有单独的水保机构，只有流域机构有。但是发展到现在，出于各种原因，环保部门基本淡出，但流域机构自己仍然保留了两块牌子。这与流域机构在 2002 年改革的背景也有关系，当时要求事业单位改革，政事分开，具有行政管理职能的事业单位要剥离到行政机关，把行政管理职能的部门纳入公务员管理。水保局能否单独成立当时存在争议。当时流域机构规模过大，因此有具备行政职能的部门单独拿出来成立机关的提法。水保局名义上是两个单位共管，所以最终反复考虑下虽然单独设立了，但其仍然是具有部分行政职能的事业单位（仍然是政事企一起的），和水文局合署办公。但是工作中出现了一些问题，比如财务的问题，财务方面又要求水保局的公务员经费独立报销核算，和其他的分开，导致现在很难运作。另外它是独立的法人，但又不能独立承担责任，原因也与它的职能设定有关，比如取水口的许可就不是一个独立的许可，是和其他项目有关的。取水口河道建设归水利部门中的建设部门管，它只能审批取水口设置是否合理。是否合理有两个方面，一个是对河流是否产生影响，这与水利部门的建设部门有关；另一个是排污总量会不会增加河道污染物，这又与环保部门相关，所以这导致水保局的许可职能始终不协调，不仅和环保部门，也和水利部门内部存在理不顺的关系。

出于上述原因，毫无疑问水保局和环保部门会有摩擦，导致现在的局面比较尴尬。七大流域都有这个机构，但地方水行政主管部门没有这个机构。流域机构设有单独的水保局，也是出于解决跨界污染造成的水资源纠纷的考虑。水保局设立初期是个没有多少行政职能的单位，主要职能是监测，设立后在发展的过程中逐渐完善职责，进行授权。于是设立了排污口设置的审查权（审批权则没有）。但这个审查的工作其实是和环保部门相交叉的，如污染事故的监测报告和调解，它和珠江委的关系也不明确，属于行政职能的这块责任不能单独承担。

从环保部门的角度来看，水资源管理和水污染防治的冲突导致其也一直想成立自己的流域机构来负责相关区域和流域的环保事宜，但据说水利部不同意，有种观点认为保留水保局也是出于制止该行为的目的。尽管如此，2006 年 7 月，国家环保总局组建了华东、华南、西北、西南和东北五大环保稽查中心，具体承办跨省区域和流域的重大环境纠纷事件的协调及处理工作。可以相信的是，五大环保稽查中心又会和流域水资源保护局在职能上存在重叠，可能导致部门冲突问题在流域水质管理中变得更为突出。

（2）其他矛盾

比较突出的还有水利部门和林业部门之间的矛盾。《水土保持法》规定水行政主管部门是水土保持工作的主管机关，所以水利的水土保持部门和国土、农业、林业部门的关系都比较密切。作为主管机关来说水利部门的职责主要是三大块：水土综合治理，即负责规划的制定、组织和实施；水土流失的预防，监督执法；水土流失的监测，向社会发布水土流失状况公告。××省水利厅一个干部说：

> 按照国家的三定方案，机构改革，就是把水土保持的生物治理的职责划出来归林业部门管理，我认为这目前是实行不了的，因为水土综合治理和植物措施是一个整体的，你把它分割开来划到林业部门，现在没法实施。目前我们都是和植物措施一起考虑的，另外，与林业部门的矛盾是，哪个地方归林业部门管理、哪个地方归水利部门管理这很难界定，林业用地发生了水土流失的危害以后，由我们水利部门来治理，这很难协调，我们水利部门造好林了，搞了十几年的综合治理，我们很投入，出了很多成果，后来林业部门好像有参与，我们在前面治理，他们后面插上牌子，所以这个协调的困难就是地域分不清。就像我们最近搞遥感普查，发现林业种桉树的危害比较大，这是不能公布的，因为要成片的砍伐、砍光、烧光，像犁田一样，这样来种桉树，达两千公顷，问题很大，种植大面积的桉树肯定要下肥，肯定会造成面源污染，这种事情我们也不好说，我们保留意见，交涉过一次，好像没什么效果。①

这位官员也谈到了和其他部门配合得比较好的方面：

> 我们主要根据《水土保持法》的规定，落实开发建设项目水土保持报告制度，即所有的开发动土项目，要先做好水土保持防范，经过我们水土保持部门。我们同意以后，环保部门才受理环评。包括这个项目的批复立项，这块工作在我们省推行得很好，这些部门之间配合得很好，如果环保部门没有看到我们水利部门的批复，是不受理他的环评报告的，国土部门是不批准那个采矿手续的，也就是把关得比较严。这个部门的合作渠道很畅通，这块运行得比较理想。②

---

① 访谈记录：GDSL. 7. 17。
② 访谈记录：GDSL. 7. 17。

水利部门和海洋部门也有界定不清楚的地方。实际上河海界限这个问题一直都在困扰着这两个部门。这些部门都希望引起国家相关部门对河海的界限问题的重视，解决具体困扰着他们的问题，比如珠江流域怎么来界定、珠海的范围算不算珠江流域等问题：

> 我们和海洋那边矛盾比较大的就是到底哪里是海。我们和国家海洋局南海分局在广东海事法院是打过官司的。这个处罚表面上看是处罚我们珠江河口的一个施工单位，实际上是针对水利部门，因为我们水利部门一直认为这是属于珠江河口的范围，我们是按水利部关于珠江河口的办法，是按河道程序来完成建设程序的，海洋部门认为这是属于海的范围，它有《海域使用管理法》，《海域使用管理法》没有界定河海，它在地图上是没法划出江河来的，但是我们《珠江河口管理办法》可以在地图上表明哪条是河，有相关的东西支持它，国务院也批准，它把海洋功能划到防洪法中来，从另外一个角度证明这是属于海，但我们也可以从自己的角度证明这是河，所以指来指去，指不清楚。他们就硬是对珠江河口局进行处罚，我们又去听证，他说我罚你不是目的，关键是要引起国家相关部门对河海的界限问题的重视……我们开会就是这样针锋相对的，当然水利部门和海洋部门开会时是对手，开完会是朋友，我们这也是没有办法。①

类似的情形在水利部门和国土资源部门也存在，比如国土资源部门认为矿泉水、地热水归他们管，是矿产资源，理由是根据《矿产资源法》的规定，含有矿物质的就是矿产资源。水利部门则根据《水法》，认为水利部门应该管。部门之间的争论导致现在有的地方在开发矿泉水和地热水时，除了办取水许可外，还要办采矿许可证。办证就涉及收费的问题，对企业来说，则面临着办了取水许可要交水资源费，还要办采矿许可证、交矿产资源费的问题。

---

① 访谈记录：GDSL. 7. 17。

此外，环保部门和海洋部门，水利部门和城建部门等也或多或少地存在一些矛盾或不协调的地方。比如，水利部门和城建部门在职责上也有交叉，如城市防洪，供水排水，城建部门管自来水工程，水利部门管水源工程，各自管多少的问题就有争议，例如，珠海连水库都交给自来水公司管，这是水务一体化造成的，把这个职能交给了自来水公司，自来水公司有些事不愿意干，比如有些公益性的事情。水利部门和航道、河口和海洋有矛盾，或者某些搞旅游的库区和旅游管理部门，也会产生权限等问题，特别是水库调度的问题上和电力部门有时矛盾还是比较大的。类似地，环保部门和海洋部门、环保部门和建设部门（生活污水和工业污水问题）等，也有着或多或少的冲突。

以上现象足以使我们看到多龙管水存在不协调的问题。调研中我们听到的一个很通俗的说法就很有代表性：老百姓说水污染了，找水利；水利说环保你把污染源管住就行了；环保说经贸你别引那么多企业来就行了。

2. 流域范围内不同的行政区之间的冲突

（1）不同的行政区由水污染造成的纠纷

我国环境恶化程度的加深突出表现在各行政区之间的越界环境纠纷方面，其中最为典型的越界纠纷就是流域的污染问题。在同一流域的不同区域，下游和上游的利益要求是不一样的，下游需要清洁的、足够的水作为发展的必要条件，而上游则有可能凭借地理上的先天优势充分利用水资源，并向水体排放和输送污染物。近年来跨行政区的水污染冲突加剧，比如淮河流域、晋陕蒙交界地区以及太湖流域的污染问题尽管有中央政府的协调，却长期难以得到有效的解决。仅仅以 2005 年松花江水污染事故之后的一年左右时间为例，几乎可以说我国平均每两三天就发生一起与水有关的污染事件，经济的快速发展却伴随着污染事故的多发，如果不能把点源污染的治理从全流域的视角来进行考虑，后果是非常严重的。

在珠江流域，问题和矛盾同样也是突出的。水功能区划制定出来以后，在跨省的行政区的断面的管理上，流域机构珠江委员会 2007 年初给 7 个省份的政府办公厅发了函，告知他们在其省份的范围内，入境河段和出境河段的水质保护目标，到了 7 月，根据这半年的监测数据，结果发现有七八个监测点连续超标，其中有两个省的省界是劣五类水，可以说水已经不能用了，是严重污染。

这就导致了省际矛盾和纠纷。贵州和广西就多年来因为北盘江红水河的污染问题而发生矛盾。××环保厅的干部说：

> ……广西是一个副省级领导带着环保局长十多个人来贵州协调，1998年搞南北盘江调查就是广西投诉，他们告到省人大，省人大下了通知让我们环保局负责调查这个事情。[①]

由于广西是贵州的下游地区，而流域受影响的地区多为贫困县，当地人的饮水经常受到上游地区煤灰泄漏事故的影响，为此广西方面意见非常大，多次向珠江水利委员会投诉，也多次要求贵州省的政府相关机构协调解决。同样，我们在贵州省环保局也了解到，他们对上游的云南省对北盘江的污染意见很大。但是相对来说，云贵之间的矛盾不是特别多，因为云贵的河流比较小，不像进入广西的红水河那么宽。但是问题还是存在的，比如南盘江也是界河，发源地也在云南。另外，云贵之间矛盾的一个案例是赤水河事件，上游云南境内提出要建水泥厂，而赤水河在贵州要生产茅台酒，贵州方面就认为跨界协调机制云南也应加入。云南的磷肥工业十分发达，磷的浓度很高，流入贵州的水超标十多倍。万峰湖湖区涉及云南省罗平县，广西壮族自治区隆林县、西林县，贵州省兴义市、安龙县，湖区生态环境的恶化，除对周边县市有直接影响外，还将对红水河电站梯级开发、珠江流域生态屏障构成严重威胁，目前万峰湖水体富营养化问题十分严重，藻类泛滥。

同样其他的省也有类似的问题。比如江西省流往广东省的出境水也是非常敏感的问题。从江西出境到湖南的水，2005年以前经常污染，一般是由两个省的环保局去协商。2005年湖南省环保局将情况报告给省政府后省政府把解决水质问题作为办实事的十大工程，报告给了国家环保局。

广西壮族自治区在这方面的情况可以说是最复杂的，因为它与周边省区有20多条边界河流，还存在国际河流（和越南的界河），所以它往往陷

---

① 访谈记录：GZHB. 8. 8。

于各种矛盾的旋涡之中。

水污染问题造成的纠纷实际上不仅仅是各省份之间的，在同省份的不同地区也同样存在。比如柳州是广西最大的工业城市，它正在遭受着来自上游河池市的威胁。河池的锌矿、锡矿等有色金属相当丰富，采矿业是当地最主要的税收来源之一。在挖矿—洗矿—选矿—冶炼这么一整条生产链中，每个环节都会生产出含有重金属物质的废水废渣。在柳江的局部河面，已经偶尔检测出重金属物质超标。

广东的淡水河的问题也是一个典型的案例。全长95公里的淡水河，发源于深圳梧桐山北麓，蜿蜒流经深圳龙岗区，进入惠州市内。受到污染的淡水河，一直牵动着惠州人敏感的神经。位于惠州市惠阳区的水厂由于淡水河的污染被迫搬迁至西枝江。下游的东莞老抱怨惠州水质差，惠州认为问题的根源不在惠州，是在深圳，因此多年来惠州一直跟深圳在交涉，也向省里提意见，但是问题一直没有解决。深圳方面的确已经花力气治理了，但是惠州交界断面的水质并没有改善。淡水河是东江的二级支流，汇入西枝江，西枝江再汇入东江，所以龙岗河污染了，就导致淡水河污染了，淡水河被污染又导致西枝江被污染，西枝江被污染就会影响到东江的水质。惠州人大代表每年都会在人大会上提这个问题，但没能从根本解决。

（2）上下游由取水和排水关系不顺等造成的用水矛盾

在水量的问题上，取水问题往往是上下游地区产生用水矛盾的最大原因。在排水方面，除了上文所涉及的下游地区爱抱怨上游的入境水不达标外，也有在泄洪等问题上意见不一致的时候。实际上这就牵涉到河流的能力及一杯水怎么分的问题。此外上下游之间还会因为通航、采沙等问题而产生纠纷。比如，针对河道管理是分段管理还是统一管理的问题，云南贵州都对广西有很大的意见，特别是贵州，他们希望打通红水河来实现通航，但广西方面不同意，双方僵持不下。另外，建坝和污染的问题也是一个非常容易引起上下游矛盾的牵涉到水质和水量的综合性问题。在珠江流域，广西和贵州、广西和广东这方面的矛盾都是比较多的。

这类矛盾，相对来说省份内的比较容易协调，省份之间就麻烦一些。而广西因为还涉及国与国的问题，很多问题都是长期得不到解决的。

调研中发现，在省份内这类矛盾中，深圳和惠州的取水和排水的问题就是一个非常典型和突出的例子。深圳在惠州有两个取水口，一个在西枝江，另一个在东江，东部供水工程一年要取水差不多7.2亿立方米，枯水期时接近十分之一的流量都被取走，但是他们也很无奈，深圳在惠州取水，惠州是不同意也要同意，要以大局为重。由于惠州要承担几个供水任务，包括惠州本市的、南海石化大亚湾的壳牌石油等大型企业的用水，还有深圳的用水，加上东江枯水期流量本身就小，深圳就取走了10%的流量，并且由于深圳在惠州取水，惠州水位下降，惠州自己的取水动力成本也增加了。这影响了惠州的下游供水，甚至城市景观也受到影响。所以惠州在下游建了一个水利枢纽（剑潭大坝），虽然使水位回升，水量有保障了，但是建坝后水的流动性减缓，水质又没了保证。建坝后还有湖泊富营养化的问题。广东省的增城、东莞以及香港取水都在惠州下游，所以惠州的压力是很大的，要保护好水质水量，供水非常紧张。2005年就出现了取不到水的问题，省三防办通过让上游水库放水才解决了这个问题。

令惠州方面感到比较头疼的是，不少人认为深圳一方面从东江上游把优质水取走了，另一方面又把惠州的水污染了，这就是上文提及的淡水河的污染问题，排下来的五类水增加了惠州的负担，导致淡水河的环境容量都没了，许多项目就上不了，进而影响了惠州的经济发展。××水利局的一位官员的话反映出了惠州方面的无奈：

> 深圳污染了淡水，应该要赔偿；深圳在惠州取水是流域外取水，应该要补偿。但是深圳没有补偿也没有赔偿，还要求惠州保证水质水量，维护取水管道，对惠州的义务要求很多，变成了惠州还要先保证深圳的用水了。①

3. 流域管理机构当前在管理上存在局限性

我国的流域机构的定位导致很难在具体的工作中根据流域和生态系统的整体性进行综合管理，在承担跨部门、跨区域的流域性问题的综合协调和管理任务方面更是步履维艰。加上职能单一、作用有限、管理手段不完

---

① 访谈记录：HZSL10.10。

善、与相关机构协调不力等原因，流域机构在流域水资源管理中仅有有限的监控权和执行权，可以说控制水资源分配的实际权力也十分有限，很难直接介入地方水资源开发利用和保护的具体问题。其几乎没有财政权，“流域治理”薄弱。目前，我国的流域机构仅在流域防洪事务中发挥着较为明显的指挥协调作用，这主要源于20世纪50年代以来中央政府对大江大河防洪工作的重视，以及长期以来水利部门的重要作用。

调研中发现，目前的流域管理与地方行政管理也不能很好地衔接，从根本上看，这与流域机构的职责和权威是自上而下授予的有关，设计上缺乏对区域利益的兼容，导致了区域对其权威的认同问题。另外，改革开放以来的分权化过程也客观上强化了区域的水管理职能，相关的水管理职权几乎被区域划分完毕，流域机构自然难以避免在夹缝中求生存的状况。一位官员的话就解释了这个问题：

> 流域机构职责有限，国家很多权力没有给我们，……即使有这个权力，在行使这个权力的过程中也会有各种困难，涉及部门地方利益的协调都是比较困难的。珠江委是国务院水行政主管部门的一个派出机构，是一个有部分行政职能的事业单位，在我们管辖的范围内，行使水行政主管职能。珠江委代表中央，是正厅级的单位，珠江委与各地方水利厅是指导与被指导的关系。我们水资源管理遇到的问题和障碍是不大一样的，既涉及部门也涉及地方，主要是部门间的一些问题，其中最主要的是电力部门，因为从总体上来说，它的电调和水调是有矛盾的。①

矛盾主要集中在枯水期，比如春节以后，正值枯水期，为了保证下游通航和农业水灌溉，流域机构希望多放水，但是这个时期对于电力部门来说是不发电的时期，这只是一个典型矛盾。每年的9~10月，那时对水调来说正是枯水期，希望多蓄水保证年底需要，但对电力部门来说却是高峰期，希望多发电。根据1986年的珠江流域综合规划，所有电力部门管的大型电

① 访谈记录：ZWWX. 7. 16。

站都是以发电为主，没有水资源配置的任务。航运、养殖也有矛盾，因为大坝的建设会阻断整个航道，而珠江流域的航道比较长，有两万多公里，航道管理部门、交通部门、电力部门各自都希望统一航道管理。此外珠江水产养殖部门也成立了，总部设在珠海，提倡上下游淡水养殖，这都涉及一些部门间的利益问题。

具体来说，例如电调水调的冲突问题，各省都有自己的发电计划，如果稍有变动的话，要经过省政府的批准，如果它的计划和流域的用水计划出现了冲突，为了保护下游用水，流域机构会要求放水，必须与相关省政府进行协调，怎么协调就是个大问题。

> 流域机构只是司局级（正厅级）的单位，它是省级单位，不好协调，结果只有通过水利部门协调，水利部门也往往不能协调，龙滩就是例子，这个只有国家发改委出面才能解决，国务院总理说话才行。另外，在洪水期，动用蓄滞洪区，这要中央首长才能做决定，因为它涉及的利益和纠纷太多了，不是流域机构所能解决的。[①]

虽然协调是流域机构的一项重要职能，但是也是非常难以实施的，因为对于省区矛盾和大的水事纠纷，《水法》划定很明确，即个人和个人、个人与组织、个人和地方之间，发生的省际矛盾最终的裁判是法院，流域机构只是起到建议的作用，最后还是由法院裁决。地方和地方间的矛盾则要上级人民政府来裁决，法律也没有授予流域机构权力。当然，由于对这些用水矛盾和地方间矛盾，最了解熟悉情况的是流域管理机构，它可以提出一些中肯的建议和意见，如果双方觉得可以，就签订合同，如果不行就上报水利部，如果都不能解决只有上报国务院才能最终裁决，必须执行。对此，流域机构深刻感到很多东西管不了，因为地方性具体涉水事务涉及的面是非常多的，甚至远远超过水行政主管部门的职责范围。

另外，流域机构和环保部门的不衔接处也是很明显的。在水质监测问题上，许多工作是不衔接的，特别是在省界断面、涉及上下游的方面。虽

---

① 访谈记录：ZWWX. 7. 16。

然流域机构发布数据是慎重而真实的，但其不是实时的，所以和环保部门监测的可能有差距，这会带来可信度和权威性的问题。

这就是珠江委在水资源统一调度方面的主要困难。最大的矛盾是，珠江流域的现有工程分别由不同的行政和行业部门主管。多头和分散的“婆婆”使得很多时候水资源调度极为不便，客观上形成了分散、无序的管理体制。例如骨干水库调度管理就涉及水利、环保、电力、交通、气象等各个部门，已经很令人棘手了，再加上不同区域间、行业间利益冲突和矛盾的影响，导致调度工作容易产生责任不清、管理不规范的问题，还造成了调度管理运行机制的运行不畅。比如 2006～2007 年骨干水库调度中，长洲水利枢纽对珠江骨干水库调度的重要性认识不够，加上航运部门在管理截流事宜时未与珠江防总沟通协调，以致发生了在调度关键期违规截流事件，对保障澳门、珠海供水安全工作带来了较大影响。

4. 区域性流域机构未能较好地实现建立的初衷

例如，在广东省内成立的广东省流域管理委员会，作为议事协调机构，负责全省各大流域的水资源保护、管理的协调和决策工作。为便利工作，在委员会下按流域分设若干工作小组，对涉及单个流域的事项，由小组召开会议，委员会主任由省政府分管领导担任，成员包括：省政府办公厅、省水利厅、发改委、财政厅、环保局、国土资源厅、航道局、海洋渔业局、粤电集团公司、流域内各地级以上市政府，粤港供水公司、新丰江、枫树坝水库等单位及航运企业代表等。委员会的日常工作由水利厅承担，不增加编制。水利厅直属事业单位下设东江流域管理局、北江流域管理局和韩江流域管理局。

区域内的流域机构的建立初衷，主要是为流域内上下游、左右岸，不同的行政区域之间、用水户之间、涉水部门之间存在缺乏有效的协商机制的问题提供一种解决办法，是针对以行政区域为主及部门分割的水资源管理体制的一种解决思路。其主要职能是：第一，协助省水行政主管部门制定本流域内的综合规划，专业规划并实施有效的监督；第二，协助制定本省内、域内和行业间的水事关系并保证水资源的调度；第三，完成流域管理委员会交代的其他事项，并保证水资源的协调。其运作效果目前看来似乎并不令人满意。例如××省水利厅的一位官员也承认这样的现实：

我们这些委员会、小组和流域局在该怎么管、到底做什么工作、内部机构怎么设置和地方的关系等方面，都有问题。我们原来也向编办提出过我们流域局成立后和地方上有无交叉，甚至冲突的问题，这些问题都在不断探讨，当然在工作中也有一些问题。[①]

比如，最早的韩江流域管理局有很多年了，也没有真正把自己的职能转变到流域的水资源管理上来，运作上似乎没有脱离工程管理的模式。而且，这层机构自身还有一些其他的问题尚待解决：首先，流域管理的范围和事权的划分缺乏明确的法律规定；其次，省行政主管部门、省流域机构以及地级市水行政主管部门的关系不够清楚。运行中一些事项是属于省水利厅管还是流域管理机构管显得不够清晰。而且，这个管理层次又面临着怎样融入现有的水管理体制的困境，使得传统行政程序开始面临一些新问题，增加了管理成本。调研中我们也听到了一些反对的意见，认为有这层机构显得多余。理由是广东省的流域管理从国家层面就只是河段的管理，依然是区域下的流域管理，必然会和国家层面的流域管理有冲突。在这个问题上，流域管理局也承认其社会认同度较低，现在几个流域机构都没有完全按照批准的职能来运行。当然，这样的格局很大程度上也与水利部门的思想观念有很大的关系。在水利部门，长期重建设轻管理这个思路一时很难转变，但是流域机构的建设则必须转变这个观点，应该将着力点放在管理上，诸如建设过程中的安全等方面是否存在问题，以及取水和工程的运行是否符合流域的分水方案等。

5. 区域内水务一体化各地进程不一，实际效果存在问题

水务一体化的目的，就是针对涉水部门多而引发的矛盾难以协调的现象，将涉水职能整合在一起，从而解决部门间矛盾的。

水务一体化在一定程度上可以较大地改善多龙管水带来的问题，通过将供水、排水、污水处理回用等职能调整划入水利部门，实现了涉水事务统一管理，解决了原有水资源管理体制的政出多门、部门分割、城乡脱节

① 访谈记录：GDSL. 7. 17。

问题。但实际运行中，由于水务一体化主要调整的是水利部门和城市管理及建设部门的关系，且各地的发展是很不一样的，有些地方就是换汤不换药，没有什么实质性的改变。有些地方改了，又无法解决各部门的矛盾。例如，2006年初，××建设厅召开了部分市县供水行业归口管理会议，会后印发会议纪要，要求各市、县重新理顺供水行业管理职能，在此影响下，自治区个别县、区将水利部门统一管理的供水公司又划回建设部门管理，事实上，在自治区政府“三定”方案中，建设部门和水利部门都明确有供水、节水等方面的行政职能，国土资源部门与水利部门均有地下水管理职责，环保部门负责排污监控，水利部门对防治水污染也有不可推卸的责任。职能的交叉重复，实践中往往容易出现管理真空、多头管理的情况，对全区水资源统一调配管理极为不利。个别已成立的水务局，要么还没有真正实现涉水事务统一管理，要么统一管理的程度还有待提高，本级政府还没有真正理顺与有关部门的关系。比如，笔者访谈的××省水利厅的一位官员就很坦率地说：

> 水利部门转水务局是2000年底机构改革时部里提出的，不太成熟。厅里专门开会研究，提方案，敦促各地、县建水务局，我们做了大量的工作。做了半天工作，县长书记刚答应，我们前脚一走，建设厅后脚来，不让转，说不能拿给水利部门，否则不给建设资金。我们也相信这个是发展趋势，但目前有问题，省里有七八个县挂水利水务两个牌子，但没有真正按一体化管起来，省里县级只有20个自来水归水利部门管，不到××省的25%。上海做得较好，××水务局就很尴尬，很多涉水事务（如污水处理）从环保部门收来，污水厂的建设从建设部门收来，收过来后却没有专项的经费来源，技术业务也有问题，还不好问这些部门，就怕人家说你不懂你还拿去管什么，本来归口管理在建设部门，水务不好向建设要钱。我们看到了发展趋势，但在这方面不太宣传。[①]

① 访谈记录：GZSL. 8. 7。

总之，我国流域公共治理的碎片化就体现在“多龙管水”导致的系列弊端上，在流域管理上条块分割，在区域管理上城乡分割，在功能管理上部门分割。

（三）政策制定和执行的碎片化

1. 统一和协调流域内各个行政区之间的开发和利用很难落到实处

在我国的现行体制下各地均以地方利益为重。各个行政区内的水资源管理部门直接受地方政府的领导，在各个行政区内保持管理和决策的相对独立性，这实际上割断了流域水资源之间的相互关联性，也打破了流域管理的完整性和统一性。流域所辖地区最大限度地利用区内水资源均是从本地区利益出发，导致了上下游、省界内水资源开发和利用以及部门间的许多冲突。

比如，流域治理中一个非常普遍的问题就是开发水电站的无序，导致在河段能开发多少水流量、各个水电站是什么关系、大坝需要往前建还是往后建、蓄水位多高、对下游有何影响等问题上不统一，这些都应该是流域整体考虑的问题。但实践中往往不是从流域的角度考虑的。因为建电站会给地方财政带来收益，在制定规划的时候也往往从地方利益的角度考虑相关的建设问题。这样就带来了上下游、左右岸的问题。特别是跨省界河流上，大坝建的位置和从流域考虑建的位置往往是截然不同的，很可能这样就淹没了别的省份的地方，对这类问题流域机构参与协调一般都协调不下来。

在我国，国家的行政主管部门有时还尝试让地方先自己推行一些管理制度，这造成各个省各行其是，带来的问题很多。因为各个省做的标准、方式、途径不一样，但大家都在同一个流域内。比如流域内开发水电站的问题，应该从全流域的角度考虑，现在却是地方自己考虑。比如××省出台的水能资源转让的通知，就是从当地最高效益出发，允许地方政府拍卖水能资源。但这样就带来了上下游之间的问题，流域机构也无法协调，因为淹没、补偿等问题都涉及地方税收，都是地方政府才能决定的事情，流域机构处理这些问题确实捉襟见肘。例如，×××一级水电站就抱怨向××省交水能资源费，因为本来已经交了水资源费，他们认为交水能资源费没有法律依据。不管怎么样，这确实造成了同一流域内不同的水电站之间事实上的不公平，同样在上游的其他电站就不交这个费用。

应该说，地方强势是我国当前流域管理的总体现状。调研还发现，一个突出的问题表现在珠江流域的上游，七大江河的上游都是绿色的一二类水，唯独在曲靖水质是五类。一个重要原因就是有关部门对保护区和开发区的认识不一样。曲靖在当地的经济比较发达，属开发区，流域机构和地方政府在这个问题的认识上的差别是显而易见的，而最终流域机构和地方妥协的结果是干流是保护区，支流是开发区。但其实大家都知道，支流污染了是不可能保住干流的。所以，最终报上去的流域水功能区划事实上是流域机构向地方利益妥协的结果。另外就是许可权的问题。上游的许可（取水口和排污口设置）从流域机构的角度来看应该由地方严格管住。但实际上是一些地方省里没有统管，这样就导致了当地根据自己的经济发展需要来进行管理，进而导致了珠江流域上游污染严重。

2. 政策制定和执行过程中缺乏利益相关方共同参与的机制和平台，部门合作缺乏主动性

流域公共治理涉及非常复杂的公共事务。由于水问题涉及的利益相关方众多，其管理体制的问题可以说是世界级的难题。流域治理中需要考虑到利益相关方的观点，给流域利益相关方提供一个政府、企业和公众共同参与的管理和决策的机制和平台，从而使决策得到利益相关方的支持，也便于决策的实施。在治理的过程中，涉及流域资源开发利用和环境保护的部门很多，各个部门往往从自己的需要和利益出发，这会导致资源利用的冲突和部门之间的矛盾加剧。因此需要协调好各个部门之间的关系，形成一种各相关部门积极参与的合作机制。缺乏这样一种机制和平台，各部门在很多问题上各自为政，缺乏合作的主动性。这也使得流域管理机构协调的难度加大。例如，流域机构在调水压咸时开协调工作会议就遇到关系不顺的尴尬。有的部门派领导来开会，有的部门则派出没有决策权的调度管理室的一般工作人员。又如，针对贵州和广西之间的一段河道的污染和水土流失问题，流域机构召开的协调会最后也是不欢而散。再如，在水土保持问题上，有些大型建设项目造成了水土流失，还有上游的森林砍伐严重，也需要开协调会。实际工作中负责协调的流域机构常面临相关部门不积极

或不配合的尴尬情形。流域机构深感在协调过程中参与各方的代表的重要性。代表的资格认定、派出代表的程序等问题都应有一整套管理模式。

3. 管理决策的数据信息平台的破碎，部门间和区域间信息共享平台缺失

缺乏畅通的信息交流渠道，这使得流域公共治理在部门之间和不同的行政区之间没有实现真正的信息共享，也导致了管理成本的提高和管理效率的低下。流域治理涉及的信息是多方面的，这些信息依赖于完整的流域监测体系和信息共享机制，任何一个独立的部门都很难掌握全面的情况和信息。流域公共治理在这方面的问题主要表现在：第一，在数据库及其共享建设上缺乏全盘的考虑；第二，基础数据的部门垄断又造成了信息集成运用的困难，相互封闭和重复建设造成了极大的浪费；第三，在一些必要的信息沟通的通报制度方面，还存在制度漏洞。

例如，2006 年 6 月贵州盘县柏果镇的盘南电厂发生了一起 30 多万立方米水煤灰的泄漏事故，污染物顺着拖长江、北盘江进入了红水河，再进入广西，形成了跨行政区污染。分析这个事件我们会发现，当时的法律法规都不适用，因为现有的法律法规是区域性的。事件发生后柏果镇很重视，从盘县、六盘水市的各个环保部门，到贵州省和环保总局，一系列报告和制度都形成了，但是解决问题的思路还是区域管理的思路，从地方镇政府，到县政府，到市政府，再到中央都是这样。但是事件的影响并不是区域性的，而是跨两个省级行政区的问题。事故直接影响了广西，却没人通报。及时向下游通报的报告制度不够健全，这恰恰是流域管理的基本要求，因此现有的法律法规是有缺陷的，亟待拓展流域管理的视角。

信息流是决策的重要基础和执行的关键。水资源管理过程由一系列的决策过程组成，水资源管理决策的基本平台是各种水资源信息，而部门分割管理客观上造成了管理决策的数据信息平台的破碎化。例如，自然水系统性状信息和用水信息是水资源管理决策依据的最主要信息，而目前涉及水资源管理的水利、环保和建设等部门各自主导着一部分信息的采集工作：自然水系统方面，地表水量信息主要由水利部门掌握、地下水量信息主要由国土部门掌握、水质信息主要由环保部门掌握；用水信息方面，农业用水主要由水利部门掌握、城市用水主要由建设部门掌握、工业回水（即工业污水排放）主要由环保部门掌握；由于部门利益驱使，各部门把其所掌

握的数据信息视为“私有财产”，不同程度地存在封锁数据信息的现象，使得涉及水资源管理决策的各项数据信息难以形成一个有机整体。另外，部门分割管理还造成相关数据信息采集体系的重复建设，浪费了有限的管理经费。[①] 有关水质监测，××省水利厅的一位干部告诉我们：

> 关于水质监测这一块，我们和环保局是一样的，都是根据 GB 3838-2002 地表水环境质量标准，对我们的江河水库进行监测，但是在监测的过程中，我们总是和环保部门的数据不一样，我们以断面为主，他们以陆源污染为主。我们水文局跟环保局目前合作发布水质质量月报，两家对饮用水源地进行监测，对比结果得出一个平均值，然后对外公布，这是合作得比较好的一个项目。[②]

4. 相关规划缺乏融合，规划审批时间过长

环境管理以及自然资源的管理、环境问题的外溢性，导致国民经济与社会发展规划、基础产业专项发展规划、环境保护规划、城市总体规划和城镇体系规划等与水资源开发利用规划、水资源节约规划和水资源保护规划之间在客观上要求体现相互融合的关系。但现实中这些规划常常表现出各自的单向性和明显的分割倾向，相互之间缺乏融合，使得一些问题在资源开发利用、环境保护与城市规划之间都有不同程度的脱节。比如缺乏全面系统的水环境规划是水资源管理存在的一个严重问题，具体表现为：林业局制定和实施林业规划，农业部则制定农业发展规划，但是在实施过程中，存在环境要素的相关性作用，林业规划的一些内容必然会涉及水环境的发展，比如，生物措施导致的植被变化会引起水土流失的变化，这会导致水环境的变化。同样，农业规划方面涉及化肥的使用、农药的喷洒等面源污染变化，这对水环境的影响更是非常直接的。在管理实践中，恰恰由于部门的分割，本应紧密联系的规划未能进行统一协调，结果是尽管国家投入了大量人力、物力从事规划的工作，其实施效果却不能令人满意。另

---

① 陈庆秋：《试论水资源部门分割管理体制的弊端与改革》，《人民黄河》2004 年第 9 期。

② 访谈记录：GDSL7. 17。

外规划审批时间过长也是一个突出的问题，也会导致制定和执行方面的时滞。××省水利厅的一位官员对这一点剖析得十分生动：

> 在实际工作中的问题是，规划滞后，不是规划工作滞后，而是在审批到实施有很长的时间，情况会发生变化，审批的时间太长，我们的很多规划一批就是五年，国务院批下来的珠江流域保护规划就用了六年，我们一般到省政府批得最快的就是采砂规划，也批了两年。规划批得时间太长，这期间会出现很多问题，审批了之后我们还要落实，这会影响到规划的效果。我们省的情况比较特殊，打开这地图看，三角洲的河网密密麻麻，可以说是全世界最复杂的，有多少泄流泄洪的通道，一百多平方公里，几千条河流，今天这样流，明天那样流，双向流，还有负流量的，海水倒灌，非常复杂。水系网系工程都复杂，河道演变也复杂，做规划一定要有一个周期，这不像其他省份，像新疆内蒙古一百多平方公里只有一条河流，非常简单，我们做起规划来特别费周折。再就是规划也与全球的大气候有关系，如气候变暖对降雨的影响，还有受水界面发生很大变化，比如城市化、排涝问题，其实与水的下陷有关系。还有我刚刚讲的河道，水势水型、弓形流态，变化很大。比如采砂，情况就很复杂，很多地方无砂可采，下游河道的砂就采得七七八八了，上游河道的砂没人愿意取，因为成本太高了，这就导致了下陷很严重，下游一下陷，就会有海水的咸水上溯，从而对供水工程水质有影响。种种情况交织在一块就使规划的复杂性和难度加大了，这怎么办？审批周期没办法把握。①

另外，流域综合规划、流域内各区域国民经济和社会发展规划以及生产力布局等关系的处理也存在问题，缺乏总体规划的制约作用。事实上，流域机构很难介入行政区域内的和水资源开发利用相关的国民经济和社会发展规划以及重大建设项目的布局。

① 访谈记录：GDSL. 7. 17。

小 结

看上去完整统一的管理体制背后的流域公共治理内在地存在碎裂的现象。在对这种内在的碎裂现象进行透视的时候，笔者采用了研究碎片化威权模型的代表学者利伯索尔在研究分权和集权时使用的三个维度，那就是价值的整合、资源和权力的结构性分布以及政策制定和执行的过程来分析流域公共治理中的内在的碎片化，这种分析具体是在珠江流域的背景中展开的。价值整合方面的碎片化表现在：区域管理仍然是当前流域公共治理的主导思想，部门利益和地方利益成为部门和地方行为的出发点以及上下游对水资源保护和生态补偿问题的认识存在分歧。资源和权力分配的碎片化表现在流域涉水机构分割管理，造成部门间的矛盾不断；不同的行政区由水污染而造成的纠纷，上下游由取水和排水关系不顺等造成的用水矛盾以及流域管理机构当前在管理上存在局限性，还体现在区域内水务一体化各地进程不一、实际效果存在问题等方面。政策制定和执行的碎片化表现为统一和协调流域内各个行政区之间的开发和利用很难落到实处；政策制定和执行过程中缺乏利益相关方共同参与的机制和平台，部门合作缺乏主动性；管理信息的交流存在障碍，管理决策的数据信息平台破碎以及相关规划缺乏融合。

为什么在流域公共治理中出现了上章分析的碎片化现象，下面本书拟从两个角度来看待这个问题：一是从地区和部门分割的管理体制上寻找原因，这些是碎片化现象的现实原因；二是对这些碎片化现象的原因进行理论上的解释，这实际是揭示碎片化现象的深层原因。

四 流域治理的碎片化现状的主要原因

（一）流域规则和区域规则的不兼容

目前我国水资源利用、水环境保护和水污染防治在现实中以行政区域管理为主，而河流特别是大的流域，流经的省份往往有多个。《水法》虽然明确了我国实行流域与区域相结合的体制，但目前流域弱势、区域强势的特征非常明显，加上流域管理机构作用的局限性，这种行政区域的治理模式意味着地方行政区域内的强势管理，地方政府在流域公共治理中扮演了主要的角色。重地方利益、轻流域生态环境保护，真正在流域公共治理中发挥作用的是区域规则，而不是以全流域的水资源、水环境承载能力作为治理的实际约束条件的流域规则，加上地方政府的经济发展和人口就业等利益驱动的影响，在水资源开发和利用以及水环境保护等工作中具有矛盾的心理，流域开发和保护工作常常处于两难的境地。① 在我国，地方政府对经济发展高度重视，对本地区的环境保护工作比较重视，对本地区较大的水污染治理项目相对重视，对关系流域生态和河流水质的保护和治理问题则能拖就拖，甚至变相掩护的现象也不少见。行政区域各自为政，追求局部利益最大化，最大限度地开发区内水资源。

这造成了事实上的区域化的分割管理和区域规则对流域规则的侵蚀，割断了流域水资源间的相互关联性。流域上下游、左右岸、干支流的协调及水量调度、防汛抗旱、排涝治污以及水土保护、河道航运等方面，往往因为地区之间利害关系或意见不一致而相互扯皮，行政区域各自为政。但是流域治理的一个重要特点就是在共同的流域内由于流域公共问题的存在，各地区、各方必须联合解决一些公共问题，例如跨域问题。流域通过水这个强大的自然力量将不同的区域锁定成为彼此相依的整体，彼此之间存在极强的依赖关系，区域规则下的区域化流域公共治理的模式不能满足流域公共治理的内在需要。② 这是当前流域公共治理碎片化的主要原因之一。

（二）涉水机构的内在复杂性以及相互之间的"领域"争斗

后文将提及的唐斯的领域理论可以被看成是公共组织的部门分割的内在解释。在流域公共治理中，各涉水机构实际上很多职能边界是模糊的，或者说，其行为很有可能成为其他机构的内部领域的"入侵者"，在这样的

---

① 任敏：《我国流域公共治理的碎片化现象及成因分析》，《武汉大学学报》（哲学社会科学版）2008 年第 7 期。

② 任敏：《我国流域公共治理的碎片化现象及成因分析》，《武汉大学学报》（哲学社会科学版）2008 年第 7 期。

情况下，各涉水机构就有了拒绝这种入侵同时尽量向外扩张的强烈的主观动因，这加剧了部门分割导致的碎片化。这些争斗表现在以下几点。

1. 涉水部门分割管理，缺乏统筹

现有的水管理制度框架导致了流域公共治理的主体实行的是多部门分割管理的体制，统一的水资源，在统一区域内，按照不同的功能和用途，被水利、城建、环保、地矿等部门分别管理，形成管水量的部门不管排水、管水源的部门不管供水、管供水的部门不管排水、管排水的部门不管治污的尴尬局面。在具体的规划、管理工作中，往往采取由某个部门牵头，其他部门参与的方式来开展具体工作。比如，已经取得共识的是，在水量管理上以水利部门为主，在水质管理上以环保部门为主，在饮用水管理上以建设、水利部门为主，在水生生物资源管理上以农业、林业部门为主。这种体制很大程度上模糊了责权利的边界，导致职责不明。比如，根据《水法》和《水污染防治法》，水利部门和环保部门都有水源地管理职责，但跨行政区的饮用水水源地就不知道管理主体是谁了。多龙治水在跨界问题上也显得力不从心，难以做到协调管理，责任难以认定，互相推诿和扯皮的现象时有发生。又如，现有体制人为地把水管理分割成水量和水质两大块，把行政主管权力分别授予水利部门和环保部门，那么水质性缺水的责任部门难以确定。再如，涉及制定水环境的国家和行业标准的部门除了环保部门外，还有水利、卫生、建设、国土资源、林业、农业、海洋、电力等部门。由于监测标准和规范的不统一，各部门的数据矛盾和相互纠纷的问题就难以避免，治理和评价的结果也缺乏统一的标准，加剧了部门间的扯皮和摩擦。

2. 现行法规体系存在严重的部门立法的倾向

我国现行的有关水资源保护的法律除《水法》外，还包括《环境保护法》、《水污染防治法》、《水土保持法》、《防洪法》5部基本法。除此之外，还有相继出台的一系列专项法律、行政法规和地方性法规。但总体看来，这些法律法规还是不够健全和完善，部分法律之间存在不协调，甚至存在矛盾和冲突的情况。

我国对于水资源的管理至今还没有一部完整、系统的法律，对管理体制包括流域管理机构的规定也缺乏统一的法律，内容都是散见于《水法》、

《水污染防治法》、《水土保持法》、《防洪法》等相关法律法规中，这种状况不能从体制上根本保障水资源的优化配置。例如，一方面，存在“统一管理与分级、分部门管理相结合”的《水污染防治法》管理体制，也同时存在“统一管理和流域管理与行政区域管理相结合”的《水法》管理体制，两者明显存在矛盾。另一方面，配套法律法规不够健全，比如《水法》确立了流域机构的管理地位，但是在密切相关的法律法规如《水土保持法》中甚至没有提及流域管理机构；又如 1997 年颁布的《防洪法》中有 12 个条款规定了流域机构具体在防洪和河道管理方面的职责，但是，《防洪法》只是涉及综合治理江河、湖泊和河道，减轻水患灾害的专门法律，并没有针对水资源的开发、利用、保护和管理等方面的问题出台规定。这种格局导致了不利于从整体上确立流域管理机构在水环境管理体系中的地位和作用。更为紧迫的是，对客观实践中存在的许多突出问题没有明确，如流域管理与区域管理如何结合、流域管理机构与地方水行政主管部门管理权限如何划分等，这些问题都难以保证《水法》的贯彻实施，甚至会导致这种体制的重大变革流于形式。

比较突出的是《水法》和《水污染防治法》的不协调问题，两者在功能区、总量控制、规划等方面的制度规定存在一些差异。例如，《水法》规定保护区不允许设置排污口，但《水污染防治法》则规定一级保护区才不允许设置排污口，二级保护区要达标排放；另外，在环保行政主管部门和水行政主管部门之间的职责划分也是不清楚的，加剧了两个部门在实践中的冲突。从《水污染防治法》及其实施细则来看，国家环保部门没有按流域设置水环境保护的管理机构，所以我国目前的水环境保护和水污染防治实行的是以区域为主、多部门交叉的管理体制。而《水法》虽然加强了水资源的统一管理，并确立了流域水资源保护机构的法律地位，但没有解决行政区域水环境管理机构和流域管理机构的关系问题，也没有解决环保部门和水利部门间的水质监测机构的重叠和不同机构的建筑资料共享的问题。对部门间的配合也没有作出明确的规定，造成流域管理上权力边界模糊，流域机构难以协调上下游的各种关系，以及流域水污染问题特别是跨界水污染问题处理的困难。

关于这一点，××省水利厅一位官员的话很能够说明问题：

从水资源管理的角度来看，九龙治水是不利于水资源治理的，水资源管理有自身的特性。两个法律（《水法》和《水污染防治法》）存在问题是我们现在最大的障碍。主管和相关部门，虽然在法律里面没有明确，也就是说存在这种现象，与我们国家的立法体制有很大的关系，因为目前来讲，我们国家的立法相当程度上都是部门立法。就像水法要立，水法谁来起草。大多是由水利部的人来起草。虽然由全国人大通过，但它仍然带有很大程度的部门倾向在里面，像水污染防治法，由谁来起草，肯定由环保部门来起草，但他可以咨询社会的机构，像我们水法在修改的时候，还请了国际上的知名专家来参与。但它始终脱离不了部门立法，像我们水法。它涉及环保部门，应该主要是环保部门来起草，如果说有什么体制不顺的话，可能就是和环保部门的关系上，环保部门的角度讲也觉得不顺。①

对此，××省环保局的一位官员认为：

法律都是部门法律，水法和水污染防治法有很多不一样的地方。水法说保护区不允许设置排污口，但防治法说一级保护区才不允许设置排污口，二级保护区要达标排放。

法律方面的不协调也同样出现在省一级：

××省以前搞了个××江流域管理条例，后来厅领导说出个条例不容易，为什么不搞一个全省统一的水资源管理条例，现在有××省江河流域水资源管理条例，也是争取尽快出台。我们 2004 年就有××省水资源管理条例，后来，准备搞××省××江流域管理条例，已经弄出来了，到了法制办，问题出来了，为什么不搞全省性的流域管理条例呢。现在我们省就已经有一个水资源管理条例了，现在又来搞一个江河流域水资

① 访谈记录：GDSL. 7. 17。

源管理条例。这两个水资源管理条例矛盾该怎么办？这个在法制办内部争论得很激烈，干脆修改××省水资源管理条例，不要单独搞个别江河的。但是，省人大，它的立法是计划向社会公开的，这是我们省今年必须完成的立法项目，如果这个时候你把它废掉的话，还要做一系列的工作在里面，就要解释为什么不能完成这个立法计划。[①]

相关法律之间的衔接不紧密也会导致水污染治理工作脱节。比如，按照《水法》的规定，在实行水污染限排总量制度的江河湖泊，由水利部门向环保部门提出限排意见，由环保部门根据水利部门提出的限排意见来控制进入江河湖泊的水污染总量。但是，没有相应的环保法律和法规来与之衔接。也就是说，环保部门并不一定要执行水利部门提出的限排总量指标。

3. 水质和水量的关系不明确

作为水资源的两个方面，在水资源管理中我国将水量和水质主要分割给水利部门和环保部门进行分别管理，难免给两个部门的工作造成一定的困难。事实上，由于水质和水量在水资源管理中相互制约、相互影响，缺乏协调机制的分割管理是很困难的，特别是在流域管理中。

比如，水利部门在审查企业设置排污口的时候，也会考虑到一些涉及水质的问题。在珠江河口有许多火电厂，每天排出的热水使下游的水温上升。这种温排水看似不是污染这样的水质问题，但是对水环境却有很大的影响。水温上升，鱼虾水草等生态环境会受到破坏，虽然水质没有变，环保部门不把它作为污染问题来处理，但水利部门认为就要实行限排。部门切入的角度不同会给实际工作中带来一些问题，面临着火电厂和许多相关部门的压力。

而针对水质性缺水，珠江委调水就要考虑靠水量来稀释水，比如整个珠江流域的水，原来调水到广东不需要那么多水量，现在由于污染的问题，一吨的污水要配六吨的水来稀释，用水量要增加。这又是一个水量和水质不能分开的例子。

---

① 访谈记录：GDSL. 7. 17。

4. 功能区划分不协调

在《水法》和“三定”方案对水利部门的授权中，水功能区是由水利部门划分的，即水利部门具有“组织水功能区的划分和向饮用水区等水域排污的控制，监测江河湖库的水质，审核水域纳污能力，提出限制排污总量的意见等”职责。而环保局根据环保法和“三定”方案，则负责“组织编制环境功能区域；组织拟定和监督实施国家重点流域、重点区域污染防治规划”，水环境作为环境的重要组成因素，环保局自然也应该编制相应的“水环境功能”区划和流域污染防治规划。可惜在法律条款中没有对水功能区划和水环境区划进行较为明确的定义。这造成了水功能与水环境功能区划两者的关系不清、水域纳污和流域污染防治的关系不明的现状，环保的环境功能和水利的水功能应该是什么关系，双方应该共同论证。能满足环境功能的不一定能满足水源功能，否则同一断面大家的标准不一样，现在的不衔接。这导致环保部门在实施水污染控制工作中和水利部门的水资源开发管理工作中产生了相互交叉的现象。正出于这个原因，在很多省份，水功能区划和水环境区划就出现了不同的情况，有的协调得比较好的省份就合二为一了，有的省份就是两张皮，有的就批不下来，江西两个区划就合一了，现在就叫《江西省水（环境）功能区划》。

××水利厅的一位官员的话形象地描述了这种不协调的状况：

> 我们进行水功能区划，他们进行水环境功能区划，从水利部和环保总局就争得一塌糊涂。现在对水源保护区的划定，水法规定的，他们有他们的标准，国家环保总局有他们制定的标准。水利部也下达了任务，有划定的标准，两个标准有重叠的地方，也有不重叠的。那最后对省政府来说，两家应该坐下来，讨论怎么在两个标准上形成一个比较一致的东西，但往往是各做各的，都强调自己牵头，希望对方配合。[①]

以上法律法规的出台程序一般是先由全国人大委托政府行政主管部门进行条款的制定修订，也包括进行预先的司法实践，再提交人大立法委员

① 访谈记录：GXSL. 8. 1。

会讨论，在听取各方面意见的基础上进行审定，并向法律制定部门提出修改意见。实际操作过程中行政主管部门在起草法律法规条款时往往很难不受部门视角和部门利益的影响，结果是使法律带有部门利益的色彩。这也是部门治理或多龙治水弊端的根本原因之一。例如，水体的纳污总体能力和限制排放总量是由水利部门提出的，而由环保部门负责实施，但是在实际工作中，环保部门采用的主要是以企业个体是否达标排放为准则的管理方式，缺乏考虑整体的纳污能力的动机。

5. 现有的水务一体化管理改革缺乏坚实的制度基础

这些困难主要有：一是缺乏相应的法律法规保障，有些地方变成了只是简单地将供水、排水等国有企业从这个部门管理划给另一个部门管理，还有的地方根本推行不下去，只是换了牌子。水务一体化应该是把政府工作部门中所有涉水的部门真正重新整合，做到一龙管水。这也是目前我国水利部门没解决好的问题。二是上下关系不能理顺，从中央政府看，我们就没有做到水资源统一管理，现有的水务一体化都是自下而上的，所以带来上下体制不配套的问题。以上导致了这样的改革缺乏全面铺开的相应的法律法规的保障和坚实的制度基础，形成了在不同的地区、地方政府部门之间的博弈。因为各地的情况是不一样的，所以博弈的结果也就不同。从这个意义上看，水务部门统管目前的确是很困难的，但这并不意味着一些地方，特别是比较发达的地方不可以先去尝试着做。广东省水利部门就认为这是当务之急，因为广东的水资源比较缺乏，水和电的矛盾比较突出，因为每年枯水期，上游的水库不放水，下游船只过闸成本比较高。另外，珠三角的城市化程度高，也具备加强水务管理一体化的基础。

6. 缺乏有效的协商决策和协调议事机制

在水资源管理的各个方面，我国各级政府、水利部门、七大流域管理机构建立了各种各样的委员会，与水资源管理有关的机构、行政区域之间进行了一定的沟通与协商的努力，并建立了“行政首长负责制”等一系列的制度与相关机制来保障这种沟通与协商的实施。但是，由于我国各级政府与水资源管理有关的机构较多，信息沟通一直没有达到预期的目的，这些机构依然各自为政，彼此之间缺乏沟通和协调的弊端常常受到来自各方面的批评。非常突出的是，在国家一级缺乏协调机构，部门之间协调机制的缺乏使得各部门不能统一行动，造成了一些重大建设项目因没有环境论证，建成后对环境造成极大负面影响，而消除污染和修复环境花费巨大，有时破坏甚至是不可逆的。

可以说，缺乏协调是我国当前政府管理体制中一个普遍存在的现象。它不仅存在于同级的政府和部门中，也同样存在于同样职能部门的不同层级的组织机构中。也就是说，水平协调和垂直协调都存在缺失。例如，水价就涉及不同的部门，而去协调这些部门是非常困难的，比如，数据收集就是分散化的，城建部门负责采集城市需求的信息，水利部门负责灌溉需求的信息，供给方面的信息则划分给水利部门（地表水）和地矿部门（地下水），在不同的单位只有非常有限的信息沟通，在这些行动者之间贫乏的信息分享和协调意味着官员们通常只是对其各自的部门内信息非常熟悉，而对其他机构的相关信息常常是不清楚的。

7. 流域治理中的正式规则还不能完全成为重塑系统的重要力量①

中国的改革并不只是产生了官僚体系的分权化，而且有着一些其他复杂的影响。可以发现一些改革的措施造成了经济部门的决策分散化，增强了地方对财政资源的控制权；另外，一段时间内意识形态方面控制的放松也促进了这种碎片化状态的产生，形成了新的讨价还价的关系和动态化的决策体制。官僚体系的碎片化现象在部委之间和各省份之间尤其突出，但是在部委以上和省以下则略有不同，权力相对比较集中。这一点在流域公共治理中表现得非常典型：部门矛盾往往是自上而下来自中央的一些部委；同一流域的省与省的协调往往是难上加难，在这样的背景下流域机构自然很难担当此任。

另外，“流域综合规划”和“流域污染防治规划”存在定位不明确的问题，也造成了流域公共治理的困难。环保部拥有“组织和监督实施国家重点流域、重点区域污染防治规划”、“组织和协调国家重点流域水污染防治工作”和“拟定并组织实施水体污染防治法规和规章”的权力，而水利部拥有“组织编制流域综合规划和专项规划”的职能，其流域管理机构拥有

① 任敏：《我国流域公共治理的碎片化现象及成因分析》，《武汉大学学报》（哲学社会科学版）2008 年第 7 期。

在其所管辖的流域内统一管理水资源的权力。就流域综合规划和流域污染防治规划的关系来说，流域污染防治规划应该是流域综合规划的一个方面，但是从法律和行政授权上都没有明确这两个规划的关系，造成两者难以协调，进而难以明确各自的流域管理职责。

当前总体来看，政治系统尚不能很好地在稳定的基础上通过制度化的途径来分配权力，法律和规则不能完全对一些权力的再分配和承诺的违背构成制约，正式的规则还不能形成重塑系统的重要力量。这使得基层的官员会对一些模糊或不一致的高层的决策采取忽视或规避的做法，也使得大量的政策目标往往要求高层领导给其他层级留下相当大的回旋余地，否则会阻碍信息的流动，挫伤下层的积极性和创造性。[①] 这种状况使得流域公共治理的统一和完整性受到影响并加大了部门之间和地区之间讨价还价的空间。以上原因使当前中国的流域公共治理的碎片化程度进一步加深。

五　碎片化成因的其他理论解释

零碎化的威权体制是碎片化流域治理的根本原因。这与我国过去长期以来的计划经济体制和改革开放以来逐渐分权的实践密切相关。另外，碎片化的流域公共治理也并非是我国的独特现象，笔者认为，这是政府的公共性以外的自利性和部门之间的领域争斗的禀性造成的。本节试图从这些视角开拓对碎片化成因的其他解释。

（一）政府自利说

官僚行为理论以詹姆斯·Q. 威尔逊（James Q. Wilson）的“地盘”（turf）以及安东尼·唐斯（Anthony Downs）所提出的“领域”（territoriality）为基本概念，认为在官僚体系中，每一个社会机构（social agent）都是“各自领域内的霸主”[②]，主要是基于：①自私的忠诚；②公共议题范畴的不确

① 任敏：《我国流域公共治理的碎片化现象及成因分析》，《武汉大学学报》（哲学社会科学版）2008 年第 7 期。

② Downs, Anthony, *Inside Bureaucracy* (Boston: Scott, Foresman and Company, 1967), pp. 211 - 222.

定；③政策领域的高度敏感性等因素[①]，具体表现是除了使内部员工对组织展现“盲目的忠诚”外，更会使各组织一方面采取保守的防御措施，墨守成规；而另一方面又与外部组织相互争权夺利，谋求组织利益的最大化。因此，传统官僚体系就在其内部组织各自谋求生态位（Ecological Niche）的情况下，往往行为保守，反对打破常规地与其他组织合作。这些对政府行为进行解释的理论可以解释在流域公共治理中的碎片化现象，比如，在区域合作的问题上，具体涉及合作的业务机构，在实际的治理过程中往往出于以上各种心态而对跨部门的合作持保守的、谨慎的态度，或者即使参与了也往往抱着一些投机的心态。

以上理论实际都反映了政府的自利性的理论假设。政府自利性的问题近年来不断受到关注，有的学者从政府的公共性出发，认为政府自利性是指政府并非总是为着公共目的而存在，政府在公共目的的背后隐藏着对自身利益的追求，[②] 这一特性被称为政府的自利性，根据卢梭的观点：“我们可以从行政官个人身上区分三种本质上不同的意志：一是个人固有的意志，这种意志仅只倾向于个人的特殊利益；二是全体行政官的意志，就其对政府的关系而言则是公共的团体的意志，对国家——政府构成国家的一部分的关系而言则是个别的团体的意志；三是人民的意志或主权者的意志，这一意志无论对被看作是全体的国家而言，还是对被看作是全体的一部分的政府而言，都是公意”，“按照自然的次序，则这些不同的意志越是能集中，就变得越活跃，于是公意总是最弱的，团体的意志占第二位，而个别意志则占一切之中的第一位；因此政府中的每个成员都首先是他自己本人，其次才是行政官，最后才是公民；而这种级差是与社会秩序所要求的级差直接相反的”；在此基础上我们可以区分出政府自利性的三个来源：第一个是来自政府中官员及工作人员对个人利益的追求，当公共目标与私人目标发生冲突的时候官员或者工作人员往往会放弃公共利益；第二个是团体意志，也就是小集团的利益，如政府具体的机关或部门的利益，当部门意志与民

① 陈敦源：《跨域管理：部际与府际关系》，载黄荣护编《公共管理》，台北：商鼎文化出版社，1998，第232页。

② 祝灵君、聂进：《公共性与自利性：一种政府分析视角的再思考》，《社会科学研究》2002年第2期。

意产生冲突的时候政府官员可能会选择放弃民意；第三个是某些阶级的意志，统治阶级的意志因为其和全社会的意志的差别从而导致政府的自利性；[①] 公共选择理论的“经济人”假设也解释了政府的自利性，认为政府自利体现了政府组织或它的官僚的经济人属性，即追求自身利益最大化。其主要表现为官僚的自利性和政府组织的自利性两大类。[②]

政府的自利性使政府有可能成为发展主义的实际执行者，或者成为市场中竞争主体的一员，从而使政府所承担的代表社会公共利益的职能不能很好地实现。当前，在发展与环境资源保护之间我们往往可以看到政府对发展的格外偏好，它是政府忽略了部分社会利益的后果，它高于公众利益要求的合力。这时地方政府所追求的自我利益可能就是地方经济利益，甚至以损害整体利益为代价。它可以表现为保护自己地域内的污染问题，纵容或支持耗用当地资源，向更大的公共场所或其他地区排污，而不顾由此造成更大范围的环境与资源危害，在这个时候地方政府已经作为博弈的一方而存在，而不再是公共利益的代表者了，它成为自己利益的代理人，而不是为实现公共利益的最大化，这也正是公共选择理论所描述的政府自利性。

（二）唐斯的官僚组织领域的理论[③]

在分析官僚组织的领域的概念时，唐斯先引入了政策空间的概念，用以分析官僚机构和其他的官僚机构以及社会机构之间的复杂的关系。在官僚组织的相互关系中，官僚组织所履行的每一项社会职能都在政策空间中有一个确定的区位，具有许多职能的官僚组织在政策空间中就具有很多区位，整套区位就可以被看成是官僚组织的整体区位。而领域的概念是在对动物行为的研究中得到扩展的，如鸟类，个体以及有凝聚力的群体会监视和保卫它们的巢穴或者“家庭”周围的明显的领域。这些概念和官僚组织的行为密切相关，根据官僚组织的特定职能区域，政策空间可以被分割为

---

① 祝灵君、聂进：《公共性与自利性：一种政府分析视角的再思考》，《社会科学研究》2002年第2期。

② 彭宗超：《试论政府的自利性及其与政府能力的相互关系》，《新视野》1999年第3期。

③ 参见〔美〕安东尼·唐斯：《官僚制内幕》，郭小聪译，中国人民大学出版社，2006。此处观点从全书多处提炼。

各个领域带，具体包括以下几部分。

官僚组织的内部领域，就是其在社会政策方面扮演支配角色的地方，它包括两个次级地带：重心领域，官僚组织在这里是唯一的社会政策的决定者；内部边缘领域，在这里它虽然也是支配性的，但是其他社会机构也具有某种影响。

无人地带，没有单独的官僚组织是支配性的，但许多官僚组织具有某种影响。

官僚组织的外部领域，就是其他的官僚组织支配社会政策的地方，包括的两个次级地带是：外围领域，它在那里虽然也具有某种影响，但其他的官僚组织起支配作用；外界领域，它在那里不具有任何影响。可以说任何官僚组织的重心领域，对于其他官僚组织来说，都是异己领域。

在界定以上概念的基础上，唐斯为领域关系做了精辟的分析。他认为，每一个官僚组织领域的最重要的特性之一，就是其组织的界限模糊，这种模糊性来自现代社会本身的复杂的相互依赖性。受官僚组织政策强烈影响的机构，经常会尽力去影响其决定，以保护其自身的利益。一旦获得了成功，它们将变成官僚组织内部领域甚至是重心领域的“入侵者”，官僚组织将拒绝这样的侵犯。因为这样的侵犯往往会减少它的权力。与此同时，官僚组织也会试图影响对其运作有影响的社会机构的决策，借此来推动现有的领域的边界向外扩展。唐斯认为，争夺这种政策空间的位置的斗争是一种从来就没有停止过的常态行为，官僚组织政策空间的每一个“边界冲突事件”也十分微妙，虽然并不对其生存构成威胁，但是，导致了弥漫在政策空间的不确定性，从而使每一个官僚组织对于内部地带的“入侵”和发生在无人地带和外围领域及附近的事件会特别敏感。当另外的社会机构的行动将影响到官僚组织内部领域的行动时，它对官僚组织可能是个严重的威胁，为了避免类似的事件发生，大多数的官僚组织对管辖权表现得极端敏感。每个官僚组织从各自的立场出发，对官僚领域这个问题保持高度的警惕性。这可以被看成是公共组织的部门化利益的内在解释。在流域公共治理中，各涉水机构实际上很多职能边界也是模糊的，换句话说，很多行政行为极有可能构成了对其他机构的内部领域的“入侵性”，在这样的情况下，各涉水机构就彼此戒备，保持着拒绝这种入侵的强烈的主观动因，这是一个很好的对于部门分割导致的碎片化现象的解释。

非常有价值的是，唐斯还进而指出了领域敏感性产生的一般影响，其中一个影响就是所谓的组织间冲突的定律，即每个大型组织都会与那些与它打交道的其他社会机构之间产生或多或少的冲突。即使几个机构联合生产，各个机构的活动也免不了要与其他机构的领域发生关系，每个社会机构都是一定程度的领域帝国主义者，在政策空间上，它寻求扩展各个领域的边界，或者至少增加在每一个地带内的影响程度，特别是在它的内部，尽力维持现状意味着在其中心领域的内部和周围防止发生重大的变化，也反过来意味着对其内部边缘领域尽力增加影响。

本书认为，官僚组织领域理论很好地解释了大量存在的涉水机构的冲突或不和谐的现象，是流域公共治理中的部门碎片化现象的绝佳解释。而流域公共治理中的政府间关系的实证研究也为官僚组织领域理论提供了很好的佐证。

（三）流域公共治理的地区分割的博弈论分析

省级水行政主管部门直接隶属于省政府，其主要职责之一就是尽可能地供给水资源，以满足地方经济发展的需求。对各自区域利益最大化的追求以及由此派生的选择，产生了区域间水资源利用的非合作博弈。从管理学范畴来理解，区域间的博弈可表述如下。

假定博弈的参与者为区域甲和区域乙，忽略流域具有的区段性和差异性所导致的各区域在水资源的占有量、取用优先程度及需水程度上存在的差异，将区域之间的水利用关系简化为合作和不合作，建立以下博弈模型。

假定区域甲和区域乙都合作各获得效应为 5 个单位。两者都不合作因对水资源可持续利用所造成的负面影响而各损失 10 个单位。一方合作一方不合作，合作方不仅要承担提供合作的成本，还要分担因对方不合作所引起的损失，从而需要支付 -15 个单位；不合作方因不合作而得到独立发展，获得 10 个单位，同时要分担不合作所造成的损失 2 个单位，净效益为 8 个单位。区域水资源管理博弈的支付矩阵见表 2-2。

在这一博弈中，每个参与者都有自己的优势策略。

对于区域甲而言，当区域乙选择合作时，区域甲选择合作的支付是 5 个

表 2－2　区域水资源管理博弈的支付矩阵

净效益		区域乙	
		合作	不合作
区域甲	合作	A（5，5）	B（－15，8）
	不合作	C（8，－15）	D（－10，－10）

单位，选择不合作的支付是 8 个单位，所以区域甲的最优选择是不合作；当区域乙选择不合作时，区域甲选择合作的支付是－15 个单位，选择不合作的支付是－10 个单位，所以区域甲的最优选择是不合作。同理分析可知区域乙的优势策略也同样为不合作。因此博弈的优势策略均衡为（不合作，不合作），均衡支付为（－10，－10），策略组 D 处于纳什均衡。这个均衡点在现实意义上意味着区域合作无效，水资源过度使用最终将导致公用地悲剧的发生。

小　结

在分析上述碎片化现象的成因时，笔者选择从两个角度来看待这个问题，一是从地区和部门分割的管理体制上寻找原因，这些是碎片化现象的现实原因，笔者认为，流域规则和区域规则的不兼容引发了流域公共治理的碎片化，涉水机构的内在复杂性以及相互之间的“领域”争斗加剧了流域公共治理的碎片化，再加上流域公共治理中的正式规则还不能完全成为重塑系统的重要力量，这使得流域公共治理的统一性难度加大，这些是流域公共治理的碎片化现状的基本成因；① 二是从理论分析的角度对这些碎片化的成因进行解释，这实际是碎片化现象的深层原因。笔者主要从政府自利性的理论、唐斯的官僚组织领域的理论以及博弈论中获得解释。

① 任敏：《我国流域公共治理的碎片化现象及成因分析》，《武汉大学学报》（哲学社会科学版）2008 年第 7 期。

第三章

基于协作性治理的科层式政府间协调的探索

整个20世纪，公共行政发生的最大变化就是公共组织中日趋增加的相互依赖性，这改变了公共管理人员的传统工作方式，使得公共组织间必须建立更加紧密的联系。

——唐纳德·F. 凯特尔（Donald F. Kettle）①

尽管协调是一个被人们广泛使用的词语，但是在流域治理中目前已发表的相关文献对于政府间协调的研究还是不足的。事实上，更好的协调可以帮助我们解决所面临的很多基本的困境。普里斯曼（Pressman）和怀尔德威斯基（Wildavsky）说，“没有比对国家的官僚体系‘缺乏协调’更频繁的抱怨了，也没有比‘我们所需要的是更多的协调’更普遍的改革建议了”。② 在流域公共治理中最困扰我们的是碎片化的问题。所以，本研究的中心问题就是为整合流域公共治理中的碎片化，在让组织更好地一起工作这样的加强协作的思路指导下，分析政府部门间和地区间是如何加强协调

① Donald F. Kettle. ,“Governing at the Millennium,” in James L. Perry, eds. , *Handbook of Public Administration* (San Francisco: Jossey-Bass, 1996).

② Pressman, J. L. and A. Wildavsky, *Implementation* (Berkeley: Universtiy of California Press, 1984), p. 133.

的，以及效果如何。

一 本章的理论工具：协作性治理

（一）协作性治理：解决碎片化问题的尝试

尤金·巴达赫（Eugene Bardach）认为："协作是两个或者两个以上机构，为了增进公共价值，而共同工作的任何联合性活动。"[①]首先，20世纪后半期以来，政府公共管理正在接受越来越多的新问题的考量，特别是在跨区域、跨边界、跨组织的公共问题方面，例如自然资源开发利用和环境保护的议题上，追求组织间如何更好地一起工作的协作治理安排成为各国政府的共同选择；其次，发端于20世纪80年代的新公共管理运动和民营化浪潮，其重要标志是在政府提供公共服务的过程中强调竞争和引入市场以及官僚组织结构方面的分权化和小型化，这带来了政府各相关主体间缺乏有效合作和协调而引发的政府组织管理的"碎片化"问题。实践证明，以协作为特征的制度安排不断涌现，从而在不知不觉中改造着传统的基于科层的制度安排。对于这种新的制度安排，人们给予了不同的名称，例如，协作性公共管理（Collaborative Public Management）、协作治理（Collaborative Governance）、协作性政府（Collaborative Government）以及协同政府（Joined-up Government）等。其中，"协作性公共管理"最近几年较为流行。

根据目前的研究，人们认为协作性公共管理的逻辑起点之一是解决跨边界的问题，这是传统科层制所面临的最大的困惑之一。因为在科层制的权力和责任的分配体系背后，组织的分工和各自的职责清晰的边界是完成工作的重要基础。但是随着社会的发展，针对工业社会时期特征相对简单化的公共事务而建立起来官僚制这艘豪华"巨轮"在应对复杂性、跨边界问题上日趋吃力而且成本高昂，于是寻求各方合作的协作性治理逐渐进入主流的视野，协作性公共管理也成为解决冲突问题、达到一种共享的愿景

---

① Bardach, Eugene, *Getting Agencies to Work Together: The Practice and Theory of Managerial Craftsmanship* (Washington, D. C.: Brookings, 1998).

的新的公共管理范式。许多学者都相信，协作性公共管理完全不同于传统的公共管理，相对于传统等级制的自上而下的管理，协作性公共管理是一种由内而外的管理，它的产生是基于组织之间的相互信任、共同的依赖性、相互之间存在共同的价值理念。[①]

罗伯特·阿格拉诺夫（Robert Agranoff）和迈克尔·迈奎将（Michael McGuire）是这样界定协作性公共管理的：它是通过特定的管理方式来协助多组织安排，从而解决单个组织难以轻松完成的难题（wicked problems）和边界性议题（boundary issues）的过程。[②]

从目前国内外的研究看，协作性公共管理和协作性治理的概念非常接近，常在不同的语境下混同使用。本书采用协作性治理的提法，也仅仅是因为本书讨论的是流域治理的具体的公共管理问题，为了将问题简明化而直接采用了协作性治理这一名称。

（二）协作性治理的理论基础和理论关注

协作性治理主要关注的是组织层面的问题，因此，从理论来源上看，其发展是建立在交易成本理论、资源依赖理论、府际管理理论、治理理论、政策网络理论基础之上的。资源依赖理论将视角从组织内部转移到组织与其周围的环境之间的关系，政府间管理理论则将注意力聚焦于不同的辖区政府，而网络理论则致力于分析不同组织之间相互关联构成的各种关系，它们都为协作性公共管理的产生提供了丰富的理论资源。[③] 协作动机、协作结构和协作机制是协作性治理研究的主要内容。本书就是以协作性治理的交易成本理论、资源依赖理论、政策网络理论为主要分析工具，对流域的政府间协调问题进行深入的讨论。这些理论的具体内容和应用我们放在具体的分析中展开。

---

① 刘亚平：《协作性公共管理：现状与前景》，《武汉大学学报》（哲学社会科学版）2010 年第 4 期。

② Agranoff, Robert, and Michael McGuire, *Collaborative Public Management: New Strategies for Local Governments* (Washington, D. C.: Georgetown University Press, 2003), p. 23.

③ 刘亚平：《协作性公共管理：现状与前景》，《武汉大学学报》（哲学社会科学版）2010 年第 4 期。

二　流域公共治理科层式政府间协调的动机分析

科层式政府间协调的动机可以笼统地归结为消解或克服流域公共治理的碎片化。具体来说，各种协调机制的建立可能也有着不同的考虑和着眼点。本节在讨论科层式政府间协调动机的一般理论的基础上，从几个方面对流域公共治理的政府间协调的动机进行了具体的剖析。

（一）组织间协调的动机理论

有关组织需要协调的原因的探讨散见于对组织行为进行研究的各种文献之中，本书认为，一个最基本的原因就是为了促进组织的合作。从这个意义上说，促进合作是化解矛盾和协调的基本出发点，这样，组织合作的动因就是组织需要协调的深层原因。在这些原因的探讨中，资源依赖理论和交易成本理论将组织个体置于分析的中心，这样，保持资源的获取、独立性和交易的效率等都成为组织进行合作的主要原因。另外，制度分析的一些理论和网络的概念框架会考虑到更多的社会和组织的背景因素，比如，集体的价值和期望等，协调可以帮助组织个体更好地获得合法性并在相关的组织领域内获得更多参与的权利。①

1. 资源的稀缺性和效率

资源的稀缺性是指当组织和其他组织结成联盟的时候可以获得或者提高在它们的领域内对稀缺资源的控制能力。交易成本视角是说组织通过联盟可以提高在其领域内的交易效率。这两个视角的分析前提都是合作的动机是可以内生的，竞争和组织绩效是隐藏在其中的极为重要的因素。②

资源依赖理论的起点是为了应对混乱的环境对其效率的威胁，组织个体通过与其他组织建立联系从而获得信息，提高专业知识、技术以及财政上的储备的稳定性并减少不确定性。相应地，改变组织间关系的一个重要

---

① 任敏：《国外政府间协调研究述评》，载马骏、侯一麟主编《公共管理研究》第 8 卷，格致出版社、上海人民出版社，2010。

② 任敏：《国外政府间协调研究述评》，载马骏、侯一麟主编《公共管理研究》第 8 卷，格致出版社、上海人民出版社，2010。

的动机就是资源的共享，即通过获取其他途径不可获得的资源、减少内部资源消耗或者对现有资源进行更加有效的利用。服务、设施和信息等资源的稀缺性就是加强组织协作的重要因素。[①] 资源依赖理论假定组织是理性的个体，在管理现有的需求方面缺乏足够的能力，但是可以通过其他的组织来控制它们所需要的重要资源从而克服现有的局限性。当然，资源依赖说还强调最终合作和协调是为了自利的组织目标的实现，组织这样做的目的是生存和效率。当然，组织进入这样的组织间关系中也意味着为了未来行为的共同决策的承诺而失去一定的自主权。当然，出于组织竞争的考虑，资源依赖说也认为组织会尽量保有其自主权，去避免或者减少对其他组织的依赖。这样，独立性也会对组织形成一种向着协作的相反的方向发展的潜在影响，会对不论是合作行为还是竞争行为都构成一定层面的压力，解决的办法要么是对依赖的资源的共同选择，要么是使用第三方来平衡相关的组织，要么是使依赖性更加对称。

资源依赖说关注组织个体，强调组织是如何在一定的环境下减少威胁和捕捉机会的，从理论上看，组织不只是分析的中心，也是主要的行动者，其利益是分析中最主要的变量，其决策和行动在组织间关系中占据主要的地位。这样，资源依赖说为组织间协作理论的发展所提供的空间是有限的，既没有讨论联合的类型，也不能解释协同行为、权力的分享等其他现象。

基于类似的有关组织间资源依赖的观念，交易成本理论类似地对组织间关系进行了解释。根据交易成本理论，出于竞争中对效率的紧迫需要，组织在最终做出是依靠自己还是依赖于其他的组织的决策时会衡量这个交易的成本和风险，如果风险和成本太高的话，组织会做出不越雷池的选择。威廉姆森说交易成本是指建立一个合同关系所需要的成本，也包括产生的在后续协调、监督和合同执行中产生的成本。另外，威廉姆森还界定了不确定性、资产专用性、出现频率等可能直接影响组织中出现的交易的特性的一些要素。不确定性与相关方不能准确地预期运行的结果相关，当相关方试图去收集和处理更多的信息的时候，交易成本也会增加。资产专用性

---

① Pffefer, J. M. and Salancik, G. R., *The External Control of Organizations: A Resourse Dependence Perspective* (New York: Harper & Row, 1978).

与一方去收回承诺用于交易的相关资源的能力相关，即如果一个制度安排最终失败的话，价值上的损失有多大。资产专用性趋向于增加交易成本，当制度安排对于合作是必要的时候，是否会阻碍这种安排则有着矛盾的影响，可能会因为在这样的伙伴关系发展中各方会对其他人更加依赖而强化这种制度安排。最后，出现频率是指交易的重复发生性，因为不确定性和缺乏信息，频繁的交易会为了使决策常规化和避免不期望的结果而要求采用正式的机制做保障，这样更正式的制度安排又会推动交易成本的增加。①

像资源依赖理论一样，交易成本理论也假定组织是理性的实体，是为了自身利益最大化而行动的。另一个重要的假定是作为自我逐利的实体，其他的组织也会出于机会主义的考虑而可能有潜在的伙伴。这样，焦点组织自我逐利的能力就会受其决策所获得的信息的数量所限，特别是那些有关潜在伙伴的信息，就又形成了有限理性的情形。机会主义的风险就是与组织间关系相联系的主要的成本资源，只能够通过潜在伙伴以往的行为的信息来获取和平衡。然而，收集和处理重要的信息也会产生相关的成本，这就是为什么在因为机会主义而减少的风险和交易成本之间要进行权衡。朗德里（Landry）等人认为对于这个挑战的集体反应就形成了构成规则、传统、社会规范和默许行为的制度结构，用于限制个体组织的选择，减少不确定性，进而减少交易成本。在这样的背景下，组织会优先选择那些在特定资产分配、交易的频率和不确定性的程度相协调的制度安排。一些对交易成本理论进行分析的研究都认为建立在新的安排结构中的等级控制取决于交互作用的组织所预测的潜在“道德风险”的水平。②

资源依赖理论和交易成本理论的差别是细微的，都植根于市场理性，交易成本理论将组织个体的逐利目标置于理论的中心，机会主义成为该理论的一个关键概念，还有个体组织用于自我获利的策略手段等。这样，也是假定资源的依赖性，交易成本理论提出基于不确定性，组织个体的选择是受到相关权力制约的，资源依赖理论和交易成本理论的主要不同在于前

---

① 参见 Williamson，O.，*The Economic Institutions of Capitalism*：*Firm*，*Market*，*Relational Contracting*（Boston. MA：The Free Press，1985）.

② Landry，Rejean and Amara，Nabil，“The Impact of Transaction Costs on the Institutional Structuration of Collaborative Academic Research，” *Research Policy* 27（1998）：901－913.

者首先关注组织间关系，而后者则更多地关注结构。

2. 合法性机制和组织间网络

制度学派大量使用合法性（Legitimacy）的概念。这个概念主要是指权威关系建立的基础即社会认可的程度。周雪光将合法性机制定义为诱使或迫使组织采纳在外部环境中具有合法性的组织结构或做法这样的一种制度力量。[①]

劳曼、格拉斯库维茨和马斯登在解释组织间关系的形成和动态发展的时候，注意到组织个体的环境中最重要的部分是组织在它们自己的领域内，特别是对于那些保持着规律的联系的组织，这种在一个特定的领域内互动着的组织的集合就构成了组织间网络，它可以被定义为一连串的通过一些特定类型的社会关系联系起来的组织。组织是否属于网络取决于组织的跨度和潜在的关系，反过来它们又受到组织的职能和地理边界的限制。组织之间的关系的频率、密度和持久性构成了网络的约束性要素，组织间的关系也界定了作为整体的组织的基本特点以及各个组成部分的特点。当然，劳曼和他的同事们根据相似性和互补性两个基本原则，也认识到组织的特点会影响互动的模式。相似性的原则可以解释有着共同的目标和职能的组织的联合，它们把混乱和不稳定性看成是威胁其存在的因素；基于互补性的分析则更加普遍地用于解释组织完成一个共同的目标的联合是出于对资源的稀缺性的考虑。相似性和互补性也是两个相互联系的维度，可以解释组织的规模、声望、权力、资产等特点，并且也可以帮助理解组织间的结构。

在图克把组织看作具有“竞争和合作的双重性”之后，[②] 劳曼等人观察到这种组织间关系并不总是保证相似的组织间的联系，特别是当组织间的联合仅仅是出于交易的需要的时候。这些学者观察到，即使组织间行为是由功利性需要而激发的，组织边界的渗透关系也有着巩固这些组织间关系的可能，可以提高相关的参与组织在共享观念方面的意识。总的来说，组

---

① 周雪光：《组织社会学十讲》，社会科学文献出版社，2003，第 78 页。

② Turk, Herman, “Comparative Urban Structure from an Interorganizational Perspective,” *Administrative Science Quarterly* 1 (1973): 37 – 55.

织间关系可以被看成是由资金、原材料、资产、人事、信息、影响、权力和建议等组成的资源流，这些也用于区分明显不同的组织间网络。他们比较了两个网络形成的不同形态：竞争和合作。竞争型网络的集体程度较低，对组成单元组织的环境控制水平也较低，在这个形态里，组织行为受到自我服务、短期动机和对参与组织的机会主义和策略性行为的怀疑的影响。相反，合作网络则是建立在对有着部分分离目标的组织去有意识地携手合作会得到集体的目标的时候社会福利水平会得到提高的看法之上的。这种形态中，组织被期望可以和其他的相关参与组织平衡其需要和利益，将其他的组织和它们的职能看成是合法的和一致的，在这样的情形下共同行动更容易达成。

资源依赖理论被劳曼和其同事用于解释网络形成的主要的分析框架，他们也强调了规范和其他制度要素的作用，进而，他们还宣称一旦建立起来，网络功能就好像一个不完全的市场，通过交换的机制，网络可以产生限制新的组织准入的制度性约束，激励参与者提高绩效。所以，在现存的网络内有着交错的次级网络，这些网络也趋向于逐渐常规化和具有协同效应，从而形成一种在合适的组织中保持协作关系的“机会的结构”，机会的结构可以帮助组织解除组织间关系领域的束缚，以及形成这种领域内相分离的部门单位之间的联系。这些结构也被组织个体用于应对网络变动的威胁和机会，从而达成一种更加广泛的共识，将一些排他性的利益转化为集体的关注，甚至是公共利益。不同的分析层面包括组织间的层面和网络的密度，具体都是根据行动者和交互行为进行的。

环境的不确定性也被看成是另外的刺激组织去追寻和领导者有着相似的背景的组织间的伙伴关系。格拉斯库维茨等人的研究表明，在更加混乱复杂的环境下，合作更容易发生在和领导者有着相似的种族和教育背景的组织之间。相反，在比较平静的环境下，领导者的种族和教育则对联盟的形成没有什么影响。因为在混乱的环境下，组织会准备牺牲一些可能的获取所需资源的更好的机会，以换得与那些享有同样的规范和价值的组织的协同工作而获取最大的稳定性。作为组织所嵌入的环境一般说或多或少都具有不可预测的特征，这样组织个体可以选择的方案也是可以变动的。

协调问题是组织间政治的重要工作的核心。[①] 分析公共部门的协调的时候要考虑的不是单个的组织，而是组织在网络中是如何相互影响、相互作用的。可以说网络结构构成了组织的背景或领域，可能是更加合适的分析对象。不过，在公共部门中，占据主导地位的协调依然是在各个部门中通过传统的方式来进行，比如，中央控制组织的讨价还价和谈判的方式。最典型的政府组织的协调方式还是来自科层体系的自上而下的层级节制的依赖关系。这种方式的协调在组织协调理论中已经被讨论和发展得很成熟了。但是当组织结构变得松散时，或者处于一些情景下，从而要求多方的信息交换和互动，这时传统科层纵向协调方式的效率就会大大降低。[②]

市场是对科层制协调的最常见的替代方式。其基本的假设就是在政策过程中协调可以通过相关参与者的追求自身利益最大化的“看不见的手”来实现。这种类型的协调主要涉及参与者为了获得更高的集体福利水平而交换资源的意愿。

但是，在公共部门的领域，类似市场的协调机制实际上是不容易应用的。市场协调可能在一些地方可以被接受，但是在有着很强的法制化的行政文化的国家则不那么容易操作。当然，科层制的协调方式也常常面临着低效的困境，很多关于官僚政治的研究都指出了这个问题。

从协调的视角看，网络的联系构成了主要的个体公共组织的政治优势，也是当前研究如何提高组织整体的合作效率的主要问题。在网络系统中，组织之间的联系也可能会形成组织间关系问题的“公地的悲剧”，也会面临单个的组织理性和集体理性的冲突问题。组织可能也会追求从网络中得到好处而抑制其与更多的组织的协调。

当然，在分析家们推崇市场和网络而贬抑了科层的协调效果的时候，必须认识到传统的科层方式的优越性，科斯 1937 年就认识到了和其他替代方法比较，科层方式可能使交易成本最小化，正式的结构可以使讨价还价等带来的不确定性大大减少。

---

① Hanf, K. and F. W. Scharf, *Interoganizational Policy Making: Limits to Coordination and Central Control* (Beverly Hills: Sage, 1978).

② Chisholm, Donald, *Coordination without Hierarchy* (Berkeley: University of California Press, 1989).

(二)流域公共治理科层式政府间协调的动机

1. 资源稀缺性导致的政府间的资源依赖

在前文我们已经从理论上认识到，组织可以从与其他组织联盟的过程中来获得或提高其在相关事务领域内的对于稀缺资源的控制能力。也就是说，为了应对混乱的环境对其效率的威胁，组织个体通过与其他组织建立联系从而获得信息、专业知识、技术以及财政上的储备的稳定性并减少不确定性。

在对流域公共治理的组织间关系的分析中，我们可以发现碎片化的一个重要的原因就是组织间没有很好地实现资源共享而是各行其是，但是流域的一个重要特点就是必须要求各组织进行资源共享，联合解决一些公共问题，例如，跨域问题。河流这个天然的纽带将不同的组织联系在一起，它导致的一些水问题使得单个的组织在很多时候是无法解决其组织领域内的问题的，这是流域公共治理的政府间协调和合作的一个最基本、最常见的动机。流域通过水这个强大的自然力量将不同的区域锁定成为彼此互相依赖的整体，上下游、左右岸的地理位置的关系使得区域之间的社会经济和自然联系是非常紧密的，对于单个区域或政府来说，它们去控制影响其福利水平的所有要素的能力是极为有限的，除了一些突发事件之外，一些区域也可以通过有意实施一些政策或者促成一些事件使得其他区域的福利程度受到影响。这种依赖关系可以被看成是双方互补或者协作的机会资源。

具体来说，在珠江流域，资源依赖型政府间协调动机有如下表现。

(1)流域内水污染严重加上重大水污染事件频发使得跨域公共问题需要区域政府间协调

随着城市化和工业化进程的加速，流域水污染可能是其造成环境问题的一个主要的副产品了。珠江干流年径流量达3360亿立方千米，水量较为丰富，而且水体自净能力较强，总体来看流域河流水质较好。综合近年统计数据，总体上来看其在七大水系中的污染程度较轻。不过当干流经过广西、广东两个省份时，污染则变得明显较重了。珠江流经的广西段，由于经济欠发达，污染相对较轻，到了下游广东段，则水质明显变差，基本以V

类或劣V类水质为主，主要污染因子为COD、氨氮和石油类。[①] 在贵州、广西、云南和广东等省区珠江沿线，从源头到入海口，水质已呈全线恶化态势。总体看珠江流域水污染随着经济的发展而不断加剧。上游的南、北盘江径流量小，自净能力差，而且正好流经了云南、贵州两省的工业和能源基地，污染较为严重；下游又是珠江三角洲地区高度发达的工业地区，环境治理能力尚未跟上工业发展的脚步，污染严重，不少河道发黑发臭；中游的情况也不乐观，由于中游位于广西境内，中小河流污染也比较严重。例如，桂江中下游在枯水期就常年河水发黑，造成梧州市守着大江却没清洁的水喝；刁江的情况也不乐观，水体常年呈现灰黑色，总砷和铅严重超标；柳江支流龙江的氨氮、挥发酚和总砷也严重超标；柳江支流洛清江也因为水体持续泛黑而令当地百姓不满。其他的支流如左江、郁江、南流江也未能幸免。有的地方甚至在水源地也是污染企业云集，饮用水质恶劣，令人担忧。其中北江就是一个典型。它起源于韶关，是沿江清远、佛山、广州等市的饮用水源，河流涉及人口约千万人。但是在这么重要的河流的水源地韶关地区，不仅有韶关钢铁厂、韶关冶炼厂、凡口铅锌矿、大宝山矿、曲仁煤矿等骨干工业企业，还有一批小钢铁厂、小冶炼厂沿北江而建。结果污水全部排入北江并形成一个污染企业带。根据珠江水利委员会的数据，不仅珠江担负主要供水功能的部分江河水质呈下降趋势，而且城市饮用水水源地水质达标率也偏低。比如在流域综合规划制定中调查的79个水源地的合格率只有69.5%。以广东省为例，城市饮用水水源地水质达标率只有67.8%。农村饮用水安全问题也十分严峻，珠江沿岸广大农村地区都存在生活污染控制设施建设滞后的状况，大量生活污水和生活垃圾未经处理就直接排放，加上农药、化肥的不科学使用，面源污染也带来隐患。

跨界污染日益严重是一个突出的问题。云南交给贵州的南盘江和北盘江部分界面的水质是劣五类水。贵州交给广西、广西交给广东分界河面的水质普遍是三、四类水，近几年水质有继续恶化的趋势。各省区内部城市也是如此，取水口都设在市区上游，排污口都安排在下游。珠江流域上游各省区都规划兴建工业园区，并纷纷向珠江靠拢，取水方便，排污容易。

---

① 钱易、刘昌明：《中国江河湖海防污减灾对策》，中国水利水电出版社，2002，第30~38页。

根据云南省的发展规划，云南南部和东部主要发展工业，这个区域恰好是珠江的源头部分。广西占珠江流域约40%的面积，用水和排水几乎都在珠江流域。[①]

跨界水污染（Transboundary Pollution）会产生超越国家、省或其他行政区辖管理边界的物理外部性，流域越界水污染分为双向污染和单向污染两类，比如，湖泊污染就可能是双向污染，河流的污染则多是单向污染。对于流域来说，由于上游、中游、下游之间存在天然的社会、经济和生态联系，对于地方政府来说也形成了“我中有你，你中有我”的相互依赖的状态，单个地方政府缺乏解决跨域水污染问题的能力。

珠江流域每年都有重大水污染事件发生，以2004年为例，珠江流域发生的多起水污染事件就包括“2004·1”钦江灵山河段水污染事件、“2004·1”洛清江二甲苯泄漏水污染事件、“2004·3”国界河流水口河水污染事件、“2004·5”红水河水污染事件、“2004·5”鉴江支流罗江上游苯泄漏重大水污染事件等，[②] 这些都是典型的越界水污染事件。珠江沿岸，尤其是西江大藤峡以下，北江、东江下游地区及珠江三角洲区域经济快速发展、人口密集。时有发生的水污染事件给社会造成了较大的影响。如2004年5月19日，广东省粤西鉴江支流罗江上游发生了苯泄漏污染事件，导致了罗江下游化州市城区20万人口停水5天，这起事件产生了跨省区（广东、广西）的影响；另外一起重大的事件是2005年12月16日，韶关冶炼厂违规生产造成的大量含镉工业废水排入北江而导致的重大镉污染事件，也使得下游英德市停水数天。事实上包括韶关冶炼厂在内的多家企业长期向北江排放污水，已持续多年污染水源和农田，当地人都不敢饮用北江水而改饮水库水或山泉水。企业排污引发的城市停水事件也时有发生。2006年4月，广西钦州的一些企业趁暴雨大量偷排含有氨氮的工业废水，这导致整个钦州市停水18个小时。2006年5月，广西龙州县一家糖厂偷排工业废水，致使整个县城停水6个小时。广西对全区入河排污口的普查结果显示，超标排放的废水占70%。[③]

---

① 秦亚洲、徐清扬：《珠江水危机日益严重》，《瞭望新闻周刊》2006年第48期。

② 《珠江流域水资源保护局在深圳召开的珠江流域水资源保护工作座谈会上的报告》，2005年9月。

③ 秦亚洲、徐清扬：《珠江水危机日益严重》，《瞭望新闻周刊》2006年第48期。

最近的一起影响较大的珠江流域重大水污染事是2013年贺江重大水污染事件。

因此，尽管珠江流域的污染状况在官方公布的数据中，相对于中国七大水系污染状况还不算严重，但实际情形可能没那么理想。比如，2010年6月云南省环保厅发布的“环境状况公报”就说“云南六大水系中，珠江水系水质是重度污染，排在首位”。

在珠江流域，这个原因而引发的政府间协调的事件层出不穷，例如，贵州和广西纠缠多年的跨界污染问题。[①] 红水河位于珠江流域西江水系中上游，是珠江流域北盘江和南盘江汇合后的主干河流。红水河跨黔、桂两省（区），河长107.5公里，是黔桂两省（区）的界河，左岸是贵州省的望谟县和罗甸县，右岸是广西的乐业县和天峨县。北盘江流域和红水河流域流经地区都是国家级或省级贫困县，经济比较落后。比如，贵州境内属于北盘江和红水河流域范围内的8个县市面积占据了贵州省总面积的25%，人口也占贵州省总人口的21%，但是工业产值1996年仅占全省工业产值的13%，50%的县人均收入不到1000元。但值得注意的是，该区域地下矿产丰富，煤的储量最大，还有铅、锌、锑、汞、硫及黄金矿。而广西境内的乐业、天峨两县，属于广西的偏远山区，交通落后，除少量农、林加工业外，基本没有工业企业，因此红水河广西段基本没有水体污染源。20世纪90年代初期以前，红水河水体水质非常好，从90年代中期以来，河水水体就逐渐变黑，1997年上半年水体污染达到非常严重的地步，其在广西天峨县境内的110公里河段水体呈灰黑色，凡是被河水淹过的地方，石头变成灰黑色或留下灰黑色的痕迹。河水的严重污染给天峨县带来了极大的损失。一座投资320万元在红水河岸边建设的日产1万吨的县自来水厂被迫于1997年2月关闭，造成天峨县数万居民的恐慌，县城3万余人饮水困难，沿河6个乡镇的人畜饮水安全受到严重威胁。另外，红水河天峨段本来由于滩多塘多，是鱼类理想的洄游繁衍场所，鱼藏丰富，其中芝麻剑、角鱼等名贵经济鱼类占总量的50%以上。自红水河受到污染以来，天峨县城以上

① 由珠江流域水资源保护局牵头组成的联合调查组1998年的《红水河水污染问题初步调查报告》。

河段曾多次发生大量的鱼类死亡的事件，芝麻剑、角鱼等名贵经济鱼也越来越少，部分名贵经济鱼面临绝迹的危险。根据联合调查组的调查报告，红水河的污染除了面源污染突出和其他自然背景因素以外，主要有两个方面的原因。一是北盘江上游地区煤矿开采业的大量洗煤废水排放。越往北盘江上游走，水环境质量状况越差，拖长江沿岸洗煤废水的大量排放是北盘江水污染的主要根源，而北盘江的废水总量大大超过红水河的纳污能力，由此导致了天峨段的污染。二是人为水土流失严重，生态环境恶化。红水河上游地区、北盘江流域属于严重的贫困地区，沿途地区基本上是国家级或省级贫困县。人口、土地、粮食关系的紧张使得毁地开荒面积逐年增加，陡坡耕地剧增。例如贵州六盘水 10 度以上的坡地占耕地面积的 82%，旱地占总耕地面积的 89%，水土流失面积占 62%。水土大量流失直接造成了北盘江、红水河水体悬浮物含量极高，这也加剧了红水河的污染。

雪上加霜的是，红水河还不断遭受突发性水污染事故的影响。例如，2006 年 6 月 2 日黔桂发电有限责任公司电厂大沙坝灰场灰水泄漏进入拖长江，并在北盘江干流形成了较长的污染带。污水团顺流而下，于 6 月 5 日进入广西境内，对红水河水质造成严重污染，污水团中心于 6 月 6 日 00:00 通过天峨水文站断面，污水团中心高锰酸盐指数浓度超过 131mg/L，超标 20.8 倍，为劣五类水质。污染团于 6 月 8 日晚到达大化县城，水体中的污染物经过红水河及岩滩、大化两大水库的稀释降解后，水体水质为三类，接近正常水平，事故影响基本消除。以上问题导致黔桂两省（区）之间为跨界水污染问题而形成了一定的矛盾，珠江水利委员会进行了多次的调查和协调。

（2）水资源供需矛盾尖锐导致的对水资源的争夺需要政府间协调

珠江三角洲是我国经济发展最快的区域之一，总人口规模近 5000 万人（含暂住人口和香港、澳门人口），城镇化率达到 70%。1980～2000 年，城镇供水量增加了 10 倍以上。珠三角总用水量接近每年 200 亿立方米。珠江流域水资源供需矛盾，主要表现在枯水期上游来水量严重不足和珠江局部流域水资源争夺激烈，估计未来几年内，珠江流域可利用淡水资源更加短缺，上下游关于水资源的争夺将不断加剧。

“1988～2005 年，珠海用水量从平均每天 9 万立方米增长到 70 万立方米。”珠海市供水总公司办公室副主任陈祝煌说，“澳门每年的用水量和珠海一样，都呈快速增长态势。澳门 98% 的用水量都是依靠珠海供给的，澳门回归前，平均每天用水约 12 万立方米，目前每天的用水量大约 18 万立方米。珠海用水量的增加速度比澳门还要快，去年珠海全年用水量已经超过 2.5 亿立方米。”①

珠江上游的云南、贵州和广西都是少数民族集中、经济欠发达的地区。地方政府对发展经济、实现跨越式发展的诉求是很强烈的，尤其是发展可以快速增加财政收入的工业经济，包括一些高耗水的钢铁、化工和电力行业。由于受到地形地貌的限制，加上要考虑取排水方便，这些省区的城市群和工业园区几乎都规划在珠江沿岸。贵州省水利厅原厅长朱开茗说：“按照贵州省‘十一五’规划，以节约用水为前提，未来几年内贵州省 60% 的县城将面临缺水。贵州省现在的用水压力已经十分突出，全省每年用水增长幅度约为 12%。”② 珠江水利委员会西江局原局长颜玉麟认为：“从广西的政府规划来看，南宁、柳州、桂林和梧州等城市群和防城港、北海等经济带的建设和发展，对淡水的需求会直线上升。广西已经着手从西江长途引水，解决钦州工业园区的供水不足。”③ 水电开发缺乏统一规划，加剧了上下游用水矛盾。珠江流域内的水库多数分布在上游，主要功能已经确定为发电、灌溉，而且都有自身的供水对象。上游以发电为主要功能的水库在枯水期主要按照电网的需要进行调度，难以兼顾下游用水需求。珠江上游天生桥水库、南盘江平班、红水河乐滩等电站都在枯水期蓄水，加上近几年连续干旱，上游水库下泄量越来越少。大唐岩滩水力发电厂总工程师陈湘宁说，整个红水河流域规划建设 10 个梯级电站，目前已经有 8 个开始发电。彼此之间缺乏协调，上游电厂蓄水、放水，基本上不和下游打招呼。饱受咸潮之苦的珠江下游地区，对上游日益增多的水电站不断减少的来水十分担忧。珠海市水务局原局长梁社新说：“我们听说龙滩电站今年要下闸截水后，立即派人到广西了解情况，以便及时采取措施，保证供水安全。

① 转引自秦亚洲、徐清扬《珠江水危机日益严重》，《瞭望新闻周刊》第 48 期。

② 转引自秦亚洲、徐清扬《珠江水危机日益严重》，《瞭望新闻周刊》第 48 期。

③ 转引自秦亚洲、徐清扬《珠江水危机日益严重》，《瞭望新闻周刊》第 48 期。

珠江今年是枯水年，如果上游再大量截水的话，下游枯水期的供水形势就更加严峻了。”①

（3）近些年已成常态的咸潮倒灌反映出的珠江流域水量和水质的深刻危机要求全流域政府参与共同协调

珠三角地区曾多次发生严重咸潮，特别是连续三次发生在2004年、2005年、2006年的冬春季节，咸潮影响时间和范围不断扩大，对珠三角地区的实际影响已经从农业、工业等单纯的行业延伸到城市供水、生态环境等社会经济的各个领域，成为威胁珠三角地区用水安全的一件大事。从香港、澳门、广州，到珠海、中山和东莞等珠三角城市，近年来受到珠江口咸潮上溯的影响，冬春季节用水频频告急，曾经一度有1500万人用水紧张。最严重的时候澳门、珠海两地不能正常取水日达170多天，只得采取低压供水，并将供水含氯度标准降低到400mg/L（国家饮用水含氯度标准≤250mg/L），居民饮水“苦”不堪言，春节期间面临严峻的断水威胁。咸潮上溯导致珠三角部分企业停产，城市不同程度停水，居民被迫饮用氯严重超标的自来水。广州市部分地区也实行间歇供水。这一时期珠三角地区不但生活、生产受到严重困扰，城市形象和投资环境等方面也受到一定影响。咸潮所及地区的一些工业企业因用水含氯度过高而被迫处于半停产状态，大片农田被咸水浸渍，沿海及河网地区生态环境受到不同程度的破坏。②

虽然咸潮倒溯是一种自然现象，但人为因素也加剧了咸潮危害。由于珠江口非法采砂行为频繁，加上大规模航道整治工程的影响，珠江河床普遍下切。如西江主河道磨刀门水道下切了1.2米，顺德水道下段下切达3.39米，珠三角其他河口下切普遍超过1米。河道下切更使得河口与浅海区深槽加深，这导致了珠江河口及珠三角地区的潮汐通道更加畅通，从而更方便咸潮向上游推进，咸潮上溯也越来越远，使得危害日益加剧。另外一些人为因素的影响，如珠江流域上下游水资源调度不合理更加大了咸潮上溯的危害程度。

---

① 转引自秦亚洲、徐清扬《珠江水危机日益严重》，《瞭望新闻周刊》第48期。

② 鄂竟平：《在国家防总2005年珠江压咸补淡应急调水工作总结会议上的讲话》，《人民珠江》2005年第4期。

正是在以上背景下，为确保珠三角城市供水安全，国务院批准分别于2005年1月、2006年1月和10月，珠江流域连续三次实施从珠江上游的贵州、广西远程应急调水，通过补淡压咸来缓解珠三角供水紧张的压力。当然，对于珠三角咸潮倒灌这种常态，目前尚无科学有效的治本之策，当前的长距离调水只是应急之举。但即便咸潮倒灌的应急调水也是一个系统工程，发生时间往往和上游电站蓄水、发电和农业灌溉的高峰期相重合，类似的每一次调水都会给上游区域的百姓和企业带来损失，长此以往一直悬而未决的补偿问题必然留下隐患。比如，2005年1月17日启动并历时20多天的第一次压咸补淡任务共从珠江上游增调水量8.43亿立方米，下游各地直接取用淡水5411万立方米，利用河道储蓄淡水4500万立方米，使珠三角及澳门特区1500万人近两个月的饮用水困难得以解决，同时，受咸潮影响的企业生产也迅速得到恢复，经济秩序进入正常状态。另外，珠三角河网地区2.3亿立方米水体得以置换，水环境明显改善，水质从调水前的Ⅳ~Ⅴ类水提高到Ⅱ~Ⅲ类水。[①] 据珠江委统计，此次调水共从上游水库增调水量5.5亿立方米，1月15日至22日下游直接从河道抽取淡水2230万立方米，三角洲主要出海河道和围内河涌置换水体1.8亿立方米，水质明显好转，达到Ⅱ~Ⅲ类。[②]

2. 出于合法性机制的考虑而加强政府间合作和协调

前文已经论述，制度学派使用合法性的概念主要是强调在社会认可的基础上建立的一种权威关系。梅耶尔等学者认为取代效率的是组织对合法性的追求，主张组织行为是被嵌入组织的构成制度环境的要素所决定，这种制度环境包括政治、社会和文化实践等内容，制度构成使组织处于一定的压力和期望之中。在组织环境的维度上，制度学派的理论在解释组织间关系方面是有一定的潜力的。现在非常流行的社会规范对组织间关系的支持，组织间合作变得更加可能了，组织可能会受到外部环境的影响，它们之间的协作关系被激励或者合法化。同样的，在一些国际问题领域内协作

① 鄂竟平：《在国家防总2005年珠江压咸补淡应急调水工作总结会议上的讲话》，《人民珠江》2005年第4期。

② 《珠江流域2005~2006年干旱及压咸补淡应急调水》，《人民珠江》2006年第5期。

和联合的发展也取决于正式的和非正式的机构，由当前的原则和规范所塑造的规则、决策的程序也传递了什么样的行为是该领域内可以普遍接受的信号。

如果说，组织出于资源依赖而进行的协调是一种技术需要的话，那么组织的另外一个生存和发展的重要因素就是制度环境的需要。组织的制度化过程就是组织不断地接受和采纳外界公认、赞许的形式、做法或“社会事实”的过程，如果相反，组织的行为得不到这种认可和赞许，就会出现合法性的危机，当合法性危机积累到一定的程度就可能引起公众的反感甚至厌恶，这对组织的可持续发展会形成极大的障碍。合法性机制成为人们广为接受的社会事实时，就会形成强有力的约束力量，从而对组织的行为形成制约。也就是说，组织生存在制度环境里，它必须得到社会的承认，为大家所接受，这种因果关系下产生的行为和做法是受到社会承认的逻辑或合乎情理的逻辑的制约的。

本书认为，在流域公共治理中，水危机和碎片化的现象已经引起了人们的广泛关注和对相关组织的合法性的质疑，这个问题已经引起了流域公共治理主体的警觉和注意，因此，许多组织间的合作和协调就是出于对组织合法性的追求而发生的。

认识的一致成为流域公共治理的政府间协调的重要基石。玛丽·道格拉斯（Mary Douglas）提出了和曼瑟·奥尔森（Mancur Olson）不同的观点。奥尔森提出集体行动有一个深刻的困难，就是搭便车的问题，而只有小的群体能够解决搭便车的问题，因为小的群体便于观察到成员的不同的贡献，另外小的群体可以有一个监督机制。道格拉斯则认为，小的群体之所以更容易成功，是因为有一个共享的思维或共享的观念。涂尔干认为传统社会中人和人能够和谐相处的重要原因就是人们有着共享的思维，这和博弈论所讲的共享知识（common knowledge）有些类似，道格拉斯则坚持认为在现代社会中，共享观念和共享思维仍然存在并约束着人们的行为，这也是稳定的制度存在的基石，构成了合法性机制的基础，它使得制度成为合乎情理和社会期待的东西。

具体到流域公共治理中，一些认识上的一致或者共享的观念和思维的确成为政府间加强合作和协调、解决碎片化问题的动因。

第一，建设生态文明和资源节约型及环境友好型社会成为人们共同接受的价值准则。

进入21世纪以来，随着全面建设小康社会进程的开始，我国的经济规模进一步扩大，工业化和城市化进程全面加速，资源的供需矛盾和环境压力也变得越来越大，资源利用效率低、瓶颈制约矛盾突出、环境污染严重成为越来越严峻的社会现实。统计数据显示，2006年主要污染物排放不降反升，平均每两天发生一起突发性环境事故，群众环境投诉增加了三成，中央领导对环境问题的批示比上一年增加52%。党的十六大报告将可持续发展列入全面建设小康社会的基本奋斗目标，即“可持续发展能力不断增强，生态环境得到改善，资源利用效率显著提高，促进人与自然的和谐，推动整个社会走上生产发展、生活富裕、生态良好的文明发展道路”。党的十六届三中全会又提出了以“五个统筹”为具体内容的科学发展观，要求“坚持以人为本，树立全面、协调、可持续的发展观，促进经济社会和人的全面发展”。十六届五中全会则明确提出要发展循环经济，保护生态环境，加快建设节约型社会，促进经济社会和人口、资源、环境相协调，并首次把建设资源节约型和环境友好型社会确定为国民经济和社会发展中长期规划的一项战略任务。党的十七大报告中则第一次将“生态文明”纳入原有的三大文明的理论体系。党的十八大报告中更是把生态文明建设纳入中国特色社会主义事业“五位一体”的总体布局，从四位一体上升到五位一体，进一步拓展了中国特色社会主义事业的发展领域和范围，丰富了科学发展观的深刻内涵。

这表明，生态问题已经不是一个简单的环境保护问题，而是一个重大的政治问题。国际上，主流政治的“绿化”大趋势已不可阻挡。今天全球范围内，无论是左翼还是右翼政党，都不愿站在环保的对立面。环境问题正在被逐渐道德化，环保技术问题在国外已上升到善恶是非的问题，成为政治正确的问题，我国在以牺牲生态环境为代价发展了几十年之后发现，当生态系统失去了提供资源、能源和清洁的空气、水等功能时，人类的物质文明发展也就失去了生生不息的载体，那精神文明就更谈不上全面发展了。生态文明的新提法进入党的十七大报告，可以理解成对国内某些区域片面追求不利于可持续发展的错误执政理念的纠正。而党的十八大报告则明确指出：建设生态文明，是关系人民福祉、关乎民族未来的长远大计。面对资源约束趋紧、环境污染严重、生态系统退化的严峻形势，必须树立尊重自然、顺应自然、保护自然的生态文明理念，把生态文明建设放在突出地位，融入经济建设、政治建设、文化建设、社会建设各方面和全过程，努力建设美丽中国，实现中华民族永续发展。

这些新观点实际上已经能够凸显共产党推进环保和可持续发展执政理念的变化。这些正在培育和发展的新的理念成为流域公共治理中人们认识上达成一致的基础。

第二，人水和谐，维持河流生命的基本理念逐渐深入人心。

流域包括上游、中游、下游、河口等地理单元，涵盖淡水生态系统、陆地生态系统、海洋和海岸带生态系统，水是流域不同地理单元与生态系统之间联系的最重要纽带。大河流域往往是文明的发源地，人类文明史在一定程度上也是人与河流相互作用的历史，流域是自然与人文相互融合的整体。流域内健康的湿地、森林与河口等生态系统不仅为人们提供了淡水、水能、原木、矿产、中药等资源，还有调蓄洪水、净化水质、保护生物多样性等生态服务功能。长期以来，人们注重开发利用河流的经济功能，忽视河流的生态功能，极大地改变河流的自然状态。对河流的管理也通常表现为单一部门对单一要素的管理，行政干预常常是解决水冲突的主要手段。这种流域管理方式现在已经越来越不适应社会经济发展的需要。为此，流域综合管理所倡导的除了行政手段外，还要注重通过流域规划、公众参与、信息共享等方式，促进利益相关方的交流与沟通，并把它作为解决流域内上下游、左右岸、不同部门与地区间冲突的综合手段的观念已经得到了越来越多人们的认同。这也反映了人类历史发展的不同阶段流域管理的内容和重点的不同。比如，在农业社会，河流或流域管理主要集中在洪水控制、河道整治、航运和灌溉等方面。进入工业社会，流域水资源等的综合开发成为流域管理的重要内容（如渔业、发电等），之后污染控制变成流域管理的优先领域。20 世纪末到 21 世纪初，河流健康、生物多样性保护、湿地保护等领域越来越受重视，流域管理的内容和方法更加丰富和完善。人水和谐的观念已经被人们所接受，人们认识到河流是有生命的，这种理念正被越来越多的国家所接受，并进一步由理念转变为实际行动。欧洲莱茵河流域、澳大利亚墨累－达令河流域、加拿大弗雷泽河流域等均在流域综合管理和重建生命之河方面，为我们提供了可以借鉴的经验和做法。水利部原部长汪恕诚有一个非常重要的观点，那就是强调由工程水利向资源水利的转变，他多次谈到在水利工作中一定要树立人与自然和谐相处的理念。

正是基于这样一种理念，2011 年，中共中央、国务院发布《关于加快水利改革发展的决定》，把严格水资源管理作为加快转变经济发展方式的战略举措，要求确立水资源开发利用控制、用水效率控制、水功能区限制纳污控制“三条红线”，建立用水总量控制、用水效率控制、水功能区限制纳污、水资源管理责任与考核四项制度。2012 年 1 月 12 日，国务院发布了《关于实行最严格水资源管理制度的意见》，从国家层面对水资源管理制度进行了全面部署和具体安排。水利部及各级主管部门高度重视，积极落实最严格水资源管理制度，开展了大量工作。一是建立了最严格水资源管理的目标体系。综合考虑流域水资源承载能力和环境承载能力、现状用水规模和未来经济社会发展需求，确定了流域 2015 年、2020 年和 2030 年水资源管理“三条红线”控制指标。二是开展最严格水资源管理制度试点工作。选择具备工作基础的省、市、流域开展试点工作。三是全面加强各项水资源管理工作：启动了重要江河水量分配工作，成立了水利部水量分配工作领导小组，强化用水效率管理；编制完成《节水型社会建设“十二五”规划》；强化水功能区限制纳污管理，开展了省界缓冲区监测断面复核及确认工作，进一步加强入河排污口监督管理和分阶段限排总量控制方案制定工作。四是加强水资源监控能力建设，制定了《国家水资源监控能力建设项目实施方案》，全面加强取水、水功能区和省界断面水资源监控能力建设。

第三，频繁爆发的水危机等公共危机给流域公共治理主体带来了一定程度的合法性危机。

中国面临的水危机已经成为经济和社会发展的严峻挑战，洪涝灾害每年给中国造成的较大损失，也为我们敲响了一记警钟，即防洪工程做得再好，管理体制不革除弊端，洪水造成的威胁就不易解除。另外，我国还是世界上 13 个贫水国家之一，我国有 18 个省（自治区、直辖市）人均水资源量低于联合国可持续发展委员会审议的人均占有水资源 2000 立方米的标准，其中有10个省（自治区、直辖市）人均低于1000立方米的最低限。全国灌区每年缺水300亿立方米左右，668个城市有400多个城市供水不足（其中100多个城市严重缺水），2000多万人口饮用水困难，年缺水量约60亿立方米。[①] 但与此同时，我国还存在严重的水浪费现象，在水资源利用效率方面，农业灌溉平均每亩用水488立方米，农灌用水利用系数仅0.43，而许多国家已达0.7~0.8，工业用水的重复利用率平均仅为40%左右，而发达国家平均为75%~85%。[②] 值得注意的还有，国际公认的流域水资源利用率警戒线为30%~40%，而我国大部分河流的水资源利用率超过该警戒线，如淮河为60%，黄河为62%，辽河为65%。[③]

在严峻的水危机中，突发的重大水污染事件更是以松花江重大事件为代表，引发了国内和国际社会的广泛关注。

2005年发生的中国石油吉林石化公司双苯厂爆炸事故，造成5人死亡，1人失踪，近30人受伤。松花江被严重污染，挟带多达100吨的苯类污染物的松花江水顺流而下，灾后哈尔滨市因此停水4天，并造成对松花江下游俄罗斯城市的污染。从11月13日爆炸发生，到11月23日国家环保总局首次公布污染消息，其间经历了扑朔迷离的10天，国家环保总局称没有接到吉林市环保部门任何关于这起重特大污染事故的信息，错过了解除污染隐患的最好时机。错过最好时机的还有黑龙江省。11月21日，哈尔滨市出现市民抢购矿泉水风潮。市政府发出的第一份通告，却称从11月22日中午12时起因"管网设施检修停水4天"。全市人心恐慌，甚至出现地震传闻，人们涌向机场、火车站，出城的道路一度发生拥堵。21日晚，哈尔滨市政府紧急下发了第26号文，正式公布停水的真实原因。11月30日，因处置松花江污染事件不当，时任国家环保总局局长解振华引咎辞职，时任国家林业局局长周生贤接任国家环保总局局长。12月26日，国家环保总局发布了最后一期关于松花江污染的公告，称松花江中国境内所有监测断面硝基

---

① 《我国水资源面临的挑战及对策》，http://www.macrochina.com.cn/gov/zlgh/20001027016332.shtml，最后访问日期：2017年9月30日。

② 中华人民共和国水利部：《我国水环境问题及对策》，《水利简报》第21~23期。

③ 胡鞍钢、王亚华：《国情与发展》，清华大学出版社，2005。

苯浓度达标。[①]

这起重大水污染事件整个事件链条至今还有很多问题，无法求证，包括吉林市有关环保部门与原国家环保总局的说法也有分歧，但是，可以肯定的是，事件在国际和国内引起的社会反响是巨大的。从国际上看，仅从污染事件后俄罗斯方面的反应就可以看到事件对俄中关系的影响，就污染问题，从原国家环保总局到外交部再到当时的总书记胡锦涛都与俄方有过不同程度的接触和对话。这一污染事件也以“松花江水源污染事件敲响公告安全的警钟”为题被列入 2005 年度十大法制新闻。自 2005 年 11 月松花江水污染事件以来的一年左右时间里，中国平均两三天发生一起与水有关的污染事件，累计已达 150 多起。[②] 国家环保总局发布的 2006 年全国十大环境事件，有 7 起与水环境污染有关，其中有 4 起直接影响到附近居民的饮水安全。水污染酿成的事故或社会事件在增多。据监察部统计，近几年全国每年水污染事故都在 1700 起以上，群众上访呈 30% 速度增长。

2007 年太湖蓝藻的爆发再次触及了人们敏感的神经，引发了人们关于太湖问题是天灾还是人祸的讨论，在这些讨论中，人们已经充分认识到太湖治理涉及多个区域和部门，条块分割造成了“多头治水”的体制性问题。突出的矛盾就是，监督水环境是环保部门的主要职责，但是由于城市污水和江河往往不在其管理范围内，大量城市污水被直接排入江河而无法得到管理；河道虽理应属水行政主管部门管理，但执法过程中河道水行政主管部门对于水污染管理也拿不出法律依据；渔业养殖显然对水环境有重大影响，但是无论是环保部门还是水利部门都没有法律依据对此进行管理。在治理太湖的具体措施上，相关部门之间的步调不一致造成了大量问题，甚至出现扯皮现象。从流域机构来看，太湖流域的管理组织无论是太湖流域管理局，还是太湖渔业管理委员会等组织都无法打通区域隔阂，真正起到协调好太湖流域各行政区域的湖泊治理资源的作用。流域与区域不兼容，区域规划与太湖流域综合规划不兼容，“规划打架”并不稀奇。日前大家都

---

① 梁从诫主编《2005 年：中国的环境危局与突围》，社会科学文献出版社，2006，第 3 ~4 页。

② 《环境保护局副局长：中国平均两三天一起水污染事件》，新华网，http://news.xinhuanet.com/politics/2006-11/10/content_5314885.htm，最后访问日期：2016 年 11 月 10 日。

有的一个共识是，“就水论水”显然治不好太湖。怎样才能把流域治理和区域治理结合起来，打破行政区划，进行区域统筹是治水的关键，“多头治水”亟待统筹行动。专家们建议，应尽快建立跨部门、跨地区的负责太湖综合治理的行政管理部门，统一协调治理步骤，全面、科学、长期地对太湖生态环境进行综合治理。①

珠江流域在我国七大水系中虽然属于问题不是很突出的，但是对于流域公共治理的主体来说，压力也是不容忽视的。2006 年 2 月 6 日国家环保总局有关负责人向新闻界集中通报发生的 6 起重大环境事件，要求各地环保部门充分认识环境安全工作的重要性，加强环境监管，建立公共环境信息披露制度，特别是突发环境事件信息披露制度，坚决维护人民群众的环境知情权。这位负责人指出，最近一段时间，全国接连发生重大环境事件。自 2005 年 11 月 13 日松花江水污染事件发生到 2006 年 2 月 1 日的两个半月时间，国家环保总局已接到各类突发环境事件报告 45 起。其中较为重大的典型事件为广东北江镉污染事件、辽宁浑河抚顺段水质酚浓度超标事件、广西红水河天峨段水质污染事件、湖南湘江株洲和长沙段镉污染事件、河南巩义二电厂柴油泄漏污染黄河事件和江西赣江水域油轮起火事故污染事件。②

在通报的这 6 起重大的典型事件中，广西红水河天峨段水质污染事件再次被提及，而北江的镉污染事件在全国引起的反响很大。2005 年末，一场重大的水污染事件——镉污染袭击了北江。12 月 16 日，韶关市环保局向省环保局紧急报告，12 月 15 日北江高桥断面监测显示，镉浓度超标 12 倍。镉污染属于重金属污染，20 世纪“世界七大环境公害”之一的日本富山县神通川污染事故便是镉污染所致。上游韶关发生污染，必将直接影响到下游清远、佛山、广州等城市上千万人的饮水安全。经省、市环保局联合调查组确认，此次北江韶关段镉严重超标是韶关冶炼厂设备检修期间超标排放含镉废水所致，是一次企业违法超标排放导致的严重环境污染事故。北江镉污染事故是广东省环保史上最大的环境污染事件，根据广东省的统一

① 《太湖“蓝藻之祸”追踪　“就水论水”治不好太湖》，新华网，http://news.xinhuanet.com/politics/2007-06/03/content_6190516.htm，最后访问日期：2017 年 4 月 23 日。

② 《环保总局通报北江镉污染等 6 起重大环境事件》，http://news.sina.com.cn/c/2006-02-06/13118135675s.shtml，最后访问日期：2016 年 6 月 30 日。

部署，韶关、清远和英德市紧急启动了应急预案，增设水质监测点，加强协调运作，严密监控污染水体，采取应急除镉净水技术，白石窑水电站削污降镉工程7天内向白石窑水电站共投放加聚铁药剂3200吨，12月23日到28日，省防总总工四次下达北江流域水库电站调度令，五天时间从锦江、南水、长湖、飞来峡4大清洁水库调水4097万立方米，实施联合调水稀释。[①] 国家环保总局副局长张力军也于2005年12月20日赶到英德指导事故处理工作。2006年1月27日，经过一个多月的努力，北江事故调查小组宣布北江镉污染事故应急状态终止，事故10名责任人也受到了党纪政纪处分，3名直接责任人员移交公安机关调查处理。尽管如此，社会各界有关此次事件并非偶然的质疑依然存在，有的媒体记者接着查看了广东省环保局发布的环境监测季报，结果发现在2003年第三季度北江韶关段和清远段水质尚好，但随后就逆转而下。在2004年第二季度的环境监测报告中，广东省环保局指出，韶关是全省21个城市饮用水源未完全达标的三个城市之一，广东省环保局在2004年第四季度的环境监测报告中指出，北江韶关段等7个江段水质恶化。在2005年第一季度的环境监测季报中，广东省环保局又明确指出北江韶关段受到镉污染；2005年第二季度，广东省环保局仍然指出北江韶关段受到镉污染；2005年第三季度，广东省环保局指出北江韶关段的白沙断面受到镉污染。连续的警报似乎没有发挥应有的作用，有关人士分析说，韶关市除了韶关冶炼厂这家大型冶炼企业之外，还有很多小型冶炼企业。由于排污企业众多，在此次事件发生之前，北江韶关段水质恶化、受到镉污染的案件很难认定为是哪些企业的具体责任，有的是达标排污，有的是超标排污。此次北江污染事件让人不得不质疑韶关冶炼厂向北江超标排污并非“偶然事件”。[②] 《中国青年报》也发表了《水污染肇事者为何多是大型国企》的文章。[③] 媒体质疑肇事的韶关冶炼厂为何多次被评为“全国治理污染先进单位”。近年来，伴随着珠江流域产业转移，不仅是云南境内，整个珠江流域——广东、广西、贵州等地都呈现出一种经济发展伴随

---

① 《关注北江镉污染，无一人误饮污染水中毒》，《南方日报》2005年12月30日。

② 《广东韶关冶炼厂水污染事件并非偶然事故》，《中国证券报》2005年12月26日。

③ 尹卫国：《水污染肇事者为何多是大型国企》，《中国青年报》2005年12月23日。

着污染同时向上游扩散的趋势，尤其是珠三角近年来实施的“双转移”战略，更是将其“污染的水盆”从脚底搬到了头顶，形成一种积重难返的系统性水危机。①

3. 对政府间协调的网络化效应的追求

前文论及，在组织间关系的研究领域内，当前非常流行的一个视角是网络化的视角，这个路径充分重视相互依赖的关系和合作的组织间层面上的动因。在这些解释中，本书认为劳曼和其同事用于解释网络形成的主要的分析框架是比较有用的，他们宣称网络一旦建立起来，网络功能就好像一个不完全的市场，通过交换的机制，网络可以产生一定的制度性约束并激励参与者提高绩效。而且，在现存的网络中存在的交错的次级网络也趋向于常规化和具有协同效应，从而形成一种在合适的组织中保持协作关系的“机会的结构”，从而帮助组织解除组织间关系领域的束缚，以及形成这种领域内相分离的部门单位之间的联系。这些结构也被组织个体用于应对网络变动的威胁和机会，从而达成一种更加广泛的共识，将一些排他性的利益转化为集体的关注，甚至是公共利益。本书还认为，网络视角强调组织是典型的在和环境互相作用的背景中运作的观点也是很有用的，组织的持久和成功就是它和其他组织进行多元互动的直接的效果，这种互动也是解释组织间协调形成的变量，网络成员间的持续互动和它们至少对一些价值的共享可能产生一种足够的信任来更有效地解决问题并消除一些潜在的冲突。正因为如此，组织间网络是一种可以帮助建立合作的潜在的结构，对于组织间的协作的发展和保持是十分重要的。

从当前水利管理体制上看，珠江流域公共治理各个主体之间本身就存在复杂的多主体的关系。在这些复杂关系中又存在两种比较主要的关系，第一种是行政隶属关系，第二种是业务关系。在水利系统内部，珠江水利委员会直属于水利部，即由水利部垂直领导，导致一个综合性的网络关键建构的困难。另外，仅从业务关系的角度来看，在水利系统内部，水利管理机构的内部业务又涉及水利管理的多个方面，在工作中要与多家涉水单位进行业务往来，而并不局限于水利系统内的机构。涉及水利管理的机构

① 《珠江流域重大污染接二连三　环境已不堪重负》，《华夏时报》2013 年 7 月 18 日。

较多，水利管理本身又细分为很多专业，因此，各机构之间的业务关系也构成了一张错综复杂的关系网络。

由流域治理主体构成的复杂的关系网络的结构特征如下。

（1）纵向的等级制权威关系是网络体系的主导型关系。虽然分析显示网络中有纵横两个层面的关系，但从目前的实际运行情形看，网络的横向系统的协调行动往往是出现问题的主要原因，而横向系统所产生的问题由于自身无法解决而不得不上移，交由上级权威领导或机构来处置，所以，从整体上看，网络的权威特征是正式的、纵向的政府权威。在我们的调研访谈中，几乎所有的受访者都毫无疑问地表示，当前最主要的政府间协调关系还是纵向协调关系。

（2）从关系强度上看，横向主体之间属于典型的弱关系。网络中的关系强度是指关系的密切程度。我们的访谈和调查以及其他分析均显示，流域治理主体间互动主要是政府指令导向的，这与科层制组织的自身结构有关，虽然不同层次的关系密切程度会有所不同，但总体来说，横向关系中明显可以看到行动主体花在处理横向关系上的时间非常有限，彼此之间联系也不够紧密。

（3）从关系密度上看，我们发现各个横向主体之间发生联系特别是主动联系的频率也大大低于网络中的其他的联系，基本可以认为这种横向联系为低密度网络。网络视角的理论认为网络密度的高低对凝聚力和集体行动的产生会有直接影响作用。因为网络高密度能使信息顺畅流通，也能够帮助在成员之间产生信任，使得他们能够更好地合作，以便能够解决集体行动的问题。

正因为如此，从网络的视角看，健全流域公共治理主体的政府间协调机制主要是加强主体间的横向协调，通过一定的协调机制的建立和提高横向协调的密度和强度，使之真正地帮助组织来解除组织间关系领域的束缚，重点是要通过机制的设计，使得一些排他性的利益关系变成共赢式的集体利益，甚至转变成公共利益。这样才能实现组织间的多主体互动，促进主体间价值的共享，促使它们相互间产生足够的信任来更有效地解决问题并消除一些潜在的冲突。

小 结

本节的研究是建立在对政府间协调的动机的理论分析的基础上的，从而细化了为消解流域公共治理的碎片化而建立的各种协调机制的具体的动因。首先，从流域公共治理的现实出发，分析了主体之间的资源依赖性依然是政府间合作和协调的最基本、最主要的原因。严重的水污染带来的跨界的问题加上各地区对水资源的争夺，以及流域这一天然纽带使得很多的流域公共事务的治理单靠任何一方的行动都难以取得良好的成效，这是区域和区域之间合作和协调的基本动因。当然，流域公共治理的相关部门也逐渐意识到相互之间的资源依赖关系，例如，事实上水质和水量的很多工作是不可能清晰地予以区分的，这也是一些部门之间开始尝试建立一些信息通报制度，或者加强某些方面的协作的一个原因。其次，近些年来，与流域相关的公共危机频发，在某种程度上给流域公共治理主体带来了一定程度的合法性危机，加上一些基本价值理念的变化所带来的认识上的调整，建设生态文明和资源节约型及环境友好型社会成为人们共同接受的价值准则，人水和谐，维持河流生命的基本理念逐渐深入人心，因此流域公共治理近些年来增加的一些政府间协调也正是出于合法性机制的考虑，政府间协调正是处于这种情势下的必然选择。最后，很多协调机制的平台的搭建可能出于更加长远的战略性考虑，具体来说，也就是希望通过创建更加紧密的网络结构从而形成一种“机会的结构”来增加组织间协作的可能。另外，对组织间协调的网络化效应的追求也促进了珠江流域公共治理中的政府间协调。网络可以产生一定的制度性约束并激励参与者提高绩效。其协同效应有助于形成一种在合适的组织中保持协作关系的“机会的结构”，从而帮助组织解除组织间关系领域的束缚，以及形成这种领域内相分离的部门单位之间的联系，达成一种更加广泛的共识，将一些排他性的利益转化为集体的关注，甚至是公共利益。正因为如此，组织间网络是一种可以帮助建立合作的潜在的结构，对于组织间的协作的发展和保持是十分重要的。

三 流域公共治理科层式政府间协调的模式

碎片化的流域公共治理确实是让管理者们困惑不已的一个难题。为解决这个难题，治理主体致力于发展出一些消解或整合这种碎片化的手段，其中，最为普遍的做法和思路是通过科层式协调机制的建立来缓解问题。通过调研笔者认为，在珠江流域，这些协调机制主要有三大类，下面分别进行阐述。

（一）传统的上级机关纵向协调机制

在需要协调的时候，传统的科层制的纵向协调模式依然是处理矛盾或者冲突的主要方式。即使是在一些国外的文献中，最典型的政府部门的协调方式还是自上而下的层级控制。针对流域公共治理中的部门和地区的矛盾与冲突，传统的科层体系中自上而下的垂直协调，主要依靠政府的等级权威来进行，是上级对下级的各类组织冲突的协调，它的优点是基于行政组织内部的层级制特点而进行，因此协调的效率较高，成本较低，缺点是对许多超越了上级仲裁能力的冲突无能为力。目前在珠江流域公共治理体系中，这种纵向协调主要是通过以下方式来进行。①

1. 通过总量控制和定额管理，试图从根本上解决水量矛盾

水量分配就是在统筹考虑生活、生产和生态与环境用水的基础上，将一定量的水资源作为分配对象，向行政区域进行逐级分配，确定行政区域生活、生产的水量份额的过程。1988 年《水法》确立了水量分配制度，2002 年颁布实施的《水法》进一步完善了水量分配制度，并明确规定国家对用水实行总量控制和定额管理相结合的制度。目前，我国在水资源管理上已经全面实施了取水许可制度，基本上实现了在取用水环节对社会用水的管理。② 但是，长期以来缺乏对行政区域用水总量的明确和监控，导致一些行政区域

① 任敏：《流域公共治理的政府间协调研究——以珠江流域为个案》，载《“21 世纪的公共管理：机遇与挑战”第三届国际学术研讨会文集》，格致出版社、上海人民出版社，2008。

② 任敏：《流域公共治理的政府间协调研究——以珠江流域为个案》，载《“21 世纪的公共管理：机遇与挑战”第三届国际学术研讨会文集》，格致出版社、上海人民出版社，2008。

之间对水资源进行竞争性开发利用，并由此造成了用水秩序混乱、用水浪费、地下水超采、区域间水事矛盾以及河道断流和水环境恶化等一系列问题。为解决这一问题，《取水许可和水资源费征收管理条例》第十五条明确规定：“批准的水量分配方案或者签订的协议是确定流域与行政区域取水许可总量控制的依据。”因此，水量分配在完善水资源管理制度、强化水资源管理方面作用重大。① 为此，2007 年 12 月 5 日水利部发布了《水量分配暂行办法》（水利部令第 32 号，以下简称《办法》），并于 2008 年 2 月 1 日起施行。②《办法》考虑到各流域和行政区域水资源的特点，规定了两种分配对象，即水资源可利用总量或者可分配的水量，对应的分配结果分别是确定行政区域的可消耗的水量份额或者取用水水量份额（统称水量份额），水量分配应当以水资源综合规划为基础；水利部已经在“十一五”期间基本完成国家确定的重要江河、湖泊和其他跨省、自治区、直辖市的江河、湖泊的水量分配方案，逐步完成其他江河、湖泊的水量分配方案；各省、自治区、直辖市要将流域分配的水量份额逐级分解，建立覆盖流域和省、市、县三级行政区域的取用水总量控制指标体系。③《办法》第四条规定，跨省、自治区、直辖市的水量分配方案由水利部所属流域管理机构（以下简称流域管理机构）商有关省、自治区、直辖市人民政府制订，报国务院或者其授权的部门批准；省、自治区、直辖市以下其他跨行政区域的水量分配方案由共同的上一级人民政府水行政主管部门商有关地方人民政府制订，报本级人民政府批准。《办法》第九条规定，水量分配应当建立科学论证、民主协商和行政决策相结合的分配机制；水量分配方案制订机关应当进行方案比选，广泛听取意见，在民主协商、综合平衡的基础上，确定各行政区域水量份额和相应的流量、水位、水质等控制性指标，提出水量分配方案，报批准机关审批。《办法》第十三条则规定，为预防省际水事纠纷的发生，

---

① 任敏：《流域公共治理的政府间协调研究——以珠江流域为个案》，载《“21 世纪的公共管理：机遇与挑战”第三届国际学术研讨会文集》，格致出版社、上海人民出版社，2008。

② 水利部副部长周英就《水量分配暂行办法》的贯彻实施接受《中国水利报》记者专访，http://www.mwr.gov.cn/xwpd/slyw/20071228112331 6a732c.aspx，最后访问日期：2016 年 11 月 30 日。

③ 任敏：《流域公共治理的政府间协调研究——以珠江流域为个案》，载《“21 世纪的公共管理：机遇与挑战”第三届国际学术研讨会文集》，格致出版社、上海人民出版社，2008。

在省际边界河流、湖泊和跨省、自治区、直辖市河段的取用水量，由流域管理机构会同有关省、自治区、直辖市人民政府水行政主管部门根据批准的水量分配方案和省际边界河流（河段、湖泊）水利规划确定，并落实调度计划、计量设施以及监控措施。跨省、自治区、直辖市地下水水源地的取用水量，由流域管理机构会同有关省、自治区、直辖市人民政府水行政主管部门根据批准的水量分配方案和省际边界地区地下水开发利用规划确定，并落实开采计划、计量设施以及监控措施。《办法》将要解决的是跨省、自治区、直辖市的水量分配及其他跨行政区域的水量分配问题，通过水量分配制度的实施，将使经济社会用水控制在一个合理的范围内，在使流域上下游、左右岸经济社会用水得到平衡的同时，生态与环境用水也得到保障。目前省际水量总量划分主要有协商和行政命令两种方式：富水地区，通常通过各省间的协商就能确定水量分配，而在贫水地区，则需要行政命令，即由上级部门下文明确规定各省的用水量。虽然南方富水地区的用水纠纷还不明显，但是《办法》的出台将会有效预防富水地区的用水纠纷，[①] 也可以解决当前贫水地区的用水纠纷。在确定水量分配的过程中，分水方案机制的确定应该避免暗箱操作和高度集权，本着“尊重历史，面对现实”的原则，要经过各地方的充分协商和民主参与，同时要有较好的监督机制，避免造成分水失控。

珠江流域虽然总体水资源比较丰富，水量矛盾不算太突出，但是也要居安思危，水利部在《办法》中对其流域管理机构进行了授权，在授权的范围进行了水量划分；在这方面，广东省的《东江水资源分配方案》就通过了专家组的评审，提交省政府批准；之后，广东四大流域即东江、北江、西江和韩江都将陆续进行水资源的配置和水量的分配；应该说，分水方案就是把蛋糕分好了，是解决争水矛盾走出的重要一步。[②]

2. 通过明确界定各行政区的水污染控制目标来进行利益协调

我国环境与发展的关系正在发生重大变化，环境保护成为现代化建设

---

① 任敏：《流域公共治理的政府间协调研究——以珠江流域为个案》，载《“21世纪的公共管理：机遇与挑战”第三届国际学术研讨会文集》，格致出版社、上海人民出版社，2008。

② 任敏：《流域公共治理的政府间协调研究——以珠江流域为个案》，载《“21世纪的公共管理：机遇与挑战”第三届国际学术研讨会文集》，格致出版社、上海人民出版社，2008。

的一项重大任务，环境容量成为区域布局的重要依据。环境管理的污染物总量控制制度，就是把主要污染物排放总量控制计划指标层层分解，落实到基层和排污单位；实施排污总量控制制度，是削减污染物，确保经济发展环境污染不失控的重要举措，是我国环境保护的一项重要法律制度。党中央、国务院高度重视环境保护工作，将其作为贯彻落实科学发展观的重要内容，作为转变经济发展方式的重要手段，作为推进生态文明建设的根本措施。例如，“十一五”期间，国家将主要污染物排放总量显著减少作为经济社会发展的约束性指标，着力解决突出环境问题，在认识、政策、体制和能力等方面取得重要进展，化学需氧量、二氧化硫排放总量比 2005 年分别下降 12.45%、14.29%，超额完成减排任务；明确各重点流域的优先控制单元，实行分区控制，比如，根据《重点流域水污染防治规划》，对淮河流域、海河流域、辽河流域、三峡库区及其上游、黄河流域、太湖流域、巢湖流域、滇池流域南水北调中线丹江口库区及上游等都明确提出了水污染的防治目标，对于其他流域的水污染防治，比如长江中下游、珠江流域的污染防治，也提出要加大力度，实现水质稳定并有所好转；同时也将西南诸河等作为保障和提升水生态安全的重点地区，提出了要探索建立水生态环境质量评价指标体系，开展水生态安全综合评估，落实水污染防治和水生态安全保障措施。规划还明确提出：地方人民政府是规划实施的责任主体，要把规划目标、任务、措施和重点工程纳入本地区国民经济和社会发展总体规划，把规划执行情况作为地方政府领导干部综合考核评价的重要内容。①

环保部还通过与地方和企业签署五年规划污染物总量减排责任书的方式，来进行目标控制。比如，在第七次全国环境保护大会（以下简称“环保大会”）上，环保部就与各地方的电力、石油领域央企签订“‘十二五’主要污染物总量减排目标责任书”，并对年度减排目标未完成或者重点减排项目未落实的地方和企业，实行问责和一票否决。同时，环保部也会对地方进行定量考核，定量考核内容包括对污染减排工作进行组织领导，减排规划编制和目标分解、政策措施落实、重点减排项目进展、资金投入、能

① 《国家环境保护“十一五”规划》。

力建设等工作开展情况。

在珠江流域，在规划的指导下，各省分别制定措施落实。例如广东省出台了粤府〔2007〕99号文件，要求各地级以上市人民政府对本行政区域内主要污染物总量减排任务负责，制订了主要污染物总量减排年度方案和年度实施计划，并要求各级政府确保落实责任，做到目标到位、任务到位、责任到位、措施到位、投入到位，切实完成省政府下达的工程项目建设任务和总量减排目标。省环保局负责牵头协调主要污染物总量减排工作，还要具体负责污染物排放总量控制指标的分配工作；同时也要把好环保准入关，对超过污染物总量控制指标、生态破坏严重或者区域环境质量未达到环境功能质量要求的，实行区域或行业限批；制订和实施减排考核办法。另外还要求省发展改革委、省经贸委、省财政厅、省国土资源厅、省建设厅、省水利厅、省农业厅、省物价局、省工商局、省海洋渔业局、省质监局各司其职，各负其责，密切配合，共同推进，确保全省主要污染物减排工作扎实有效开展。为落实"十一五"主要污染物总量控制目标，全面推进总量控制目标的贯彻实施，并定期向总局和省政府报送主要污染物排放总量执行情况，2006年8月17日成立了局"十一五"主要污染物排放总量控制协调小组，2007年2月12日成立了总量办公室。最终形成了总量协调小组领导，总量办牵头，环评处、水处、污控处、监察处、监测站、信息中心等部门分工负责、相互配合的工作机制，并提出要强化任务考核，把减排指标完成情况纳入各地经济社会发展综合评价体系。贵州省则在第六次环保大会上由时任副省长肖永安代表省政府与9个市州地政府签订了《"十一五"主要污染物总量削减目标责任书》，将化学需氧量总量指标分配到全省9个市州地，全面实施污染物总量控制，每年由省政府向各地下达污染物总量控制指标，各级政府逐级分解落实到排污单位，任何地方和单位都必须严格执行，不得突破。将排污总量控制作为项目审批、核准、备案的重要依据，实行环境容量"一票否决"，并提出要切实做到两个"不能突破"：一是即使一些地区经济增长速度超过预期目标，污染物减排的指标也不能突破；二是即使一些地区因环境容量使经济增长速度达不到主观目标，污染物减排的指标也不能突破。为了确保这次责任书目标落到实处，贵州省政府把责任书明确的任务纳入督办程序，进行重点督查。对超过污染物排放总量控制指标、生态破坏严重或尚未完成生态恢复任务的地区，暂停审批新增污染物排放总量较大和对生态有较大影响的建设项目；对发生重特大污染事故的地区，自污染事故发生之日起暂停新建项目的审批，待事故得到妥善处理后再恢复审批。对全省300公里及以上的河流、流经县城的河流、部分重点工业区（农业、渔业、风景名胜区）的河流、县以上集中式供水水源地及大中型水库划定了水功能区，计算相应功能区的纳污能力，确定功能区现状并规划年污染物排放量、入河量、控制量、削减量，根据污染物排放控制量或削减目标，拟定防治措施。2007年10月，贵州还出台了《"十一五"主要污染物总量控制台账制度（试行）》。其明确了主要污染物总量控制台账由各级环保部门牵头，统计、经贸、建设等相关行政主管部门配合建立，规定了工业主要污染物总量控制台账、生活及其他主要污染物总量控制台账、总量指标占用量控制台账的建立方法，明确了环保、统计、建设、经贸等部门在总量控制台账的收集与处理工作中的职能，对总量核查内容与形式以及总量数据发布方式等作了明确规定，并要求各地将此项工作纳入年度系统目标考核内容。

"十二五"期间，各省份又纷纷强化措施，例如，广东省印发《广东省"十二五"主要污染物总量控制规划》，通过加强组织领导，严格实行减排问责制。明确由省环保厅牵头做好污染减排工作，并具体负责工业领域污染减排工作，会同省公安厅、省交通运输厅、省经信委等部门做好机动车减排工作；省发展改革委负责将主要污染物总量减排目标和重点任务列入国民经济发展计划，推进全省能源消费总量控制工作；省经信委负责节能和淘汰落后产能工作；省住房和城乡建设厅负责组织实施城镇生活污水处理设施建设及运行管理；省农业厅会同省环保厅负责农业源减排工作。在省应对气候变化及节能减排工作领导小组下增设省减排工作办公室，减排工作办公室设在省环境保护厅，进一步加强部门统筹协调，负责领导小组涉及污染减排的日常工作，根据制定实施的《广东省"十二五"主要污染物总量减排考核办法》，省政府每年组织对地级以上市政府和省直各有关部门的任务完成情况进行考核并公布考核结果，将考核结果纳入广东省市厅级党政领导班子和领导干部落实科学发展观评价体系。贵州省则根据《国务院关于印发"十二五"节能减排综合性工作方案的通知》（国发〔2011〕

26 号)、《国务院关于加强环境保护重点工作的意见》（国发〔2011〕35 号）和《贵州省主要污染物总量减排管理办法》(省政府令第 134 号)、《省人民政府关于印发贵州省“十二五”节能减排综合性工作方案的通知》(黔府发〔2011〕38 号)、《省人民政府关于加强“十二五”期间主要污染物总量减排工作的意见》（黔府发〔2011〕44 号）以及省人民政府与各市（州）人民政府签订的《“十二五”主要污染物总量削减目标责任书》（以下简称《责任书》）的有关规定，制定了贵州省“十二五”主要污染物总量减排考核办法，对各市（州）人民政府以及纳入率先建设全面小康的 30 个县（市、区）人民政府“十二五”期间主要污染物总量减排完成情况进行考核。

3. 通过政府间财政转移支付进行流域公共治理的纵向协调

广义上的政府间财政转移支付是各级政府之间的财政资金、资产或服务由一个政府向另一个政府的无偿转移。科学合理的转移支付是上级政府调控下级政府财政行为的重要手段，也是促进资源在地区之间的配置、财政再分配能力提高以及公共服务均等化的必要条件。我国分税制财政体制改革以来，已经在中央和省级政府分别建立起了对下级政府的财政转移支付体制，有的地方还建立了地级市对县及县对乡镇的转移支付体制。流域公共治理中，转移支付的主要目的是消除流域治理中的外部性，另外也有促进地区间协调发展的政治动机。在流域生态环境保护中，河流的上游保护、下游受益是一种正的外部性，这个正外部性特点容易导致流域生态环境保护主体缺乏责、权、利统一的内在激励。为此，必须通过一定的市场和政府融合的激励机制，实现正外部性的内部化，政府间转移支付就是一种激励手段。上级政府对下级政府的纵向财政转移支付是目前最常见的生态补偿机制，它是由上级政府通过财政转移支付的方式给予受补偿地区和民众资金补偿，在珠江流域，目前这种政府间转移支付包括中央政府和地方政府两类。[①] 例如，中央政府转移支付包括以下几部分。

珠防林工程。珠防林工程是珠江流域防护林体系建设工程的简称。林业部于 1993 年编制完成《珠江流域综合治理防护林体系建设工程总体规

---

① 任敏：《流域公共治理的政府间协调研究——以珠江流域为个案》，载《“21 世纪的公共管理：机遇与挑战”第三届国际学术研讨会文集》，格致出版社、上海人民出版社，2008。

划》，国家计委于1995年11月正式批复，将珠防林工程建设列入国家“九五”建设计划，1996年珠防林一期工程正式启动。但在1998年以前，珠防林工程没有真正以项目形式进行投资建设，每年仅对下达任务的项目县按每亩10元左右补助，从1998年开始，国家将珠防林工程建设纳入国债投资项目，投资大幅增加，一般人工造林按100~150元/亩、封山育林按10元/亩进行补助。[①]

重点公益林补偿。对那些生态区位极为重要，对生态安全、生物多样性保护和经济社会可持续发展具有重要作用，以提供森林生态和社会服务产品为主要经营目的的重点的防护林和特种用途林进行补偿，其中包括水源涵养林、水土保持林、防风固沙林和护岸林，自然保护区的森林和国防林等从2004年开始，国家实施补偿，由中央财政专项支付，每亩每年补偿5元。[②]

退耕还林补助。退耕还林是治理水土流失、涵养水源、改善流域生态环境的关键措施。1999年，国务院开始启动退耕还林工程。国家无偿向退耕户提供粮食、现金补助，补助标准为：长江流域及南方地区每亩退耕地每年补助现金105元；黄河流域及北方地区每亩退耕地每年补助现金70元；原每亩退耕地每年20元生活补助费，继续直接补助给退耕农户，并与管护任务挂钩。

水库移民扶持。2006年5月，国务院出台了《关于完善大中型水库移民后期扶持政策的意见》，规定国家对水库移民的扶持标准为每人每年补助600元，扶持期限为20年。[③]

地方政府的转移支付的情况在珠江流域的差别很大，主要取决于地方政府的财政能力。在财政能力比较强的地方，比如广东省，地方政府除了严格执行中央政府的有关政策外，还会制定本地方的补偿政策。例如广东省在全国率先实行森林生态效益补偿，还对上游地区进行流域保护的各项

---

① 任敏：《流域公共治理的政府间协调研究——以珠江流域为个案》，载《“21世纪的公共管理：机遇与挑战”第三届国际学术研讨会文集》，格致出版社、上海人民出版社，2008。

② 任敏：《流域公共治理的政府间协调研究——以珠江流域为个案》，载《“21世纪的公共管理：机遇与挑战”第三届国际学术研讨会文集》，格致出版社、上海人民出版社，2008。

③ 任敏：《流域公共治理的政府间协调研究——以珠江流域为个案》，载《“21世纪的公共管理：机遇与挑战”第三届国际学术研讨会文集》，格致出版社、上海人民出版社，2008。

工程给予专项转移支付。但在广西、贵州等财力比较弱的地区，则没有能力实施省级政府的补偿，即使有也是杯水车薪，[①] 比如，贵州省有地方公益林 830 万亩，从 2007 年开始，省政府才启动补偿项目，共投入 500 万元，平均一亩地连 1 元钱都补不到。[②] 近年来，贵州省也加大了补偿力度，根据 2009 年印发的《贵州省地方财政森林生态效益补偿基金管理暂行办法》，地方财政森林生态效益补偿标准暂定为每年每亩 5 元，由省、市（州、地）、县（市、区）按 4∶3∶3 的比例分级安排资金，依据全国统一式样林权证所载面积全额兑现给林权所有者。

4. 通过上级机关对治理过程中的具体事务进行纵向协调

这种纵向协调可以由上级机关召集具体事务涉及的各个部门举行协调会议的方式进行，很多流域公共治理中的专项行动的开展常常采用这种方式。例如，2006 年 6 月 8 日，贵州省毕节地区召开 2006 年环保专项行动协调会议，会议由毕节地区行署办主持，地区环保局、发改局、经贸局、监察局、安监局、工商局、司法局、国土资源局、煤炭局、质监局、供电局 11 个单位围绕着 2006 年毕节地区开展“整治违法排污企业，保障群众健康环保”专项行动工作方案来落实各部门的工作职责，这种专项行动协调会议可以由上级部门发动，形成部门联动优势，形成政府统一领导、部门联合共同解决问题的工作格局。[③]

更多的这类纵向协调往往是针对跨界水事纠纷和跨界水污染而进行的。例如，2007 年广东省新丰县大席镇引资兴建电站（电站装机 400 千瓦），通过筑陂、修建明渠（3 公里）、开凿隧洞（750 米）引水，改变了原有水体的自然流向，截留连平县油溪镇小水河上游的上洞水，在未与油溪镇达成协议的情况下，单方面施工，以致出现油溪镇群众破坏大席镇修筑的水陂，从而产生水事纠纷。广东省水政监察总队牵头进行了调解，具体首先促请河源、韶关两市水利部门调查了解了有关情况，然后在河源市水务局、连

---

① 任敏：《流域公共治理的政府间协调研究——以珠江流域为个案》，载《“21 世纪的公共管理：机遇与挑战”第三届国际学术研讨会文集》，格致出版社、上海人民出版社，2008。

② 访谈记录：GZLY. 8. 7。

③ 任敏：《流域公共治理的政府间协调研究——以珠江流域为个案》，载《“21 世纪的公共管理：机遇与挑战”第三届国际学术研讨会文集》，格致出版社、上海人民出版社，2008。

平县水利局和韶关市水务局、新丰县水利局相关人员陪同下，分别到连平县油溪镇和新丰县大席镇，与当地干部、群众座谈，查看地形图与现场，并提出如下意见：①开发利用水资源，应该兼顾上下游、左右岸和地区之间的利益，通过地区之间和行业之间的协商同意，按照分级管理的原则，办理必要的手续；②在工程基建审批程序未办妥、地区之间未达成协议之前，工程暂停施工；③大席镇不能单方面强调上洞水属管辖范围，从而擅自改变水的自然流向，对油溪提出的问题，请连平县水利局进行科学论证，为是否对下游地区的工农业和生活用水造成影响提供依据，应根据影响程度，给予受到不利影响一方适当的经济补偿；④要求大席镇主动前往油溪镇，通过协商形成一个书面协议，共同遵守。调解后双方对上述意见基本上能接受，表示待研究后继续协商。现场调解后，为使纠纷尽快有结果，水政监察总队多次通过电话要求两地水利部门抓落实。新丰县大席镇在新丰县水利局的带领下，主动到连平县油溪镇协商，在互谅互让的原则下，两地政府最终签署了协议。至此，新丰大席与连平油溪的水事纠纷获得了较好的解决。

一些突发性水污染事件也往往需要上级部门的协调解决。例如 2007 年 12 月 28 日 17:30 左右，一辆有粗酚化学品的罐车在距云南富宁县城 4 公里的安岗坡路段翻车，罐体破裂粗酚外泄，泄漏部分粗酚流入约 70 米外的富宁县新华镇那洛村附近小溪中，溪水携带污染物下泄，在距那洛村约 300 米处汇入洪门河（普厅河支流）。12 月 29 日上午 9:00，富宁县水文站在测流时发现河中有大量死鱼，经调查了解基本情况后，确定洪门河及普厅河河水已被污染后便及时把情况向文山州水文分局汇报，分局立即将情况报告富宁县政府并逐级上报至省水利厅。同时，在当地迅速组成“12·28”突发性水污染事故调查监测组，赶赴现场调查收集相关资料、监测和处理。富宁县政府也及时组织了水利、环保等相关部门，积极对污染源采取了封堵、疏散、挖深坑填埋等措施，并在洪门河中投放大量生石灰以降解粗酚，最大限度地控制污染物流入普厅河，从而使得此次突发性水污染事件得到有效控制，被污染土壤的处置工作得以有序进行。水质监测结果也表明本次事件未对普厅河下游未造成重大污染。

还有一类协调主要是通过上级机关立项的方式由上级机关直接解决地

区之间的矛盾。上级机关立项意味着矛盾的解决实际的上移，上级机关立项也意味着上级机关愿意为解决矛盾而“买单”，当然，通常问题就彻底解决了。这种解决途径高效彻底，但是受制于财力，上级机关也不会轻易为所有的这类冲突“买单”。[①] 东江流域的龙淡河整治工程就非常典型。在这种情况下，上级部门的纵向协调往往被期望为解决问题的重要手段。龙淡河是“龙岗河”及“淡水河”的俗称，发源于深圳市梧桐山，流域面积1128平方公里，干流长95公里，河道流经深圳市、惠州市，在惠州市惠阳区紫溪注入西枝江，是东江二级支流。其中深圳境内流域面积372平方公里，河长37公里，深圳称之为“龙岗河”；惠阳境内流域面积746平方公里，河长58公里，惠阳称之为“淡水河”。龙淡河左右两岸历史上就曾是水灾频发的“洪泛区”。近年来，随着两岸经济的不断发展，龙淡河沿岸河道人为淤积和河道改向日益严重，泄洪能力被大大削弱，经济发展受到极大制约，严重的洪灾频频发生。仅2001年6～9月，坑梓镇遭受3次水浸，8个自然村受灾，水浸面积超过2平方公里，最深水浸达1.8米，造成直接经济损失上千万元。据当地统计，2001年洪水灾害造成深圳市龙岗区经济损失共3亿多元，惠阳市经济损失3000多万元。[②] 为此，早在2001年下半年全省“三个代表”学习教育活动期间，坑梓、淡水两地的人大代表及当地群众就联名向省委、省人大及省政府强烈反应坑梓、淡水两镇的洪涝问题。在广东省委、省政府高度重视下，由省委农学办、省水利厅牵头组织，2001年底以来，在深圳市、惠阳市先后召开解决协调会议，比如，在12月28～29日广东省水利厅就组织有关单位在惠阳、深圳市召开解决治理龙淡河问题协调会。协调会议明确了治理龙淡河的重要性和关键问题，关于解决龙淡河问题的关键是资金问题，达成的意见是按照“分级管理、分级负责”的原则，对惠阳市境内河段进行治理。惠阳市要积极筹集好整治资金，并争取省给予立项支持；惠阳市、深圳市各级强烈要求省给予协调支持，惠阳市还希望深圳市给予资金帮扶。[③] 2001年深圳协调会后，惠阳市方面立

---

① 任敏：《流域公共治理的政府间协调研究——以珠江流域为个案》，载《“21世纪的公共管理：机遇与挑战”第三届国际学术研讨会文集》，格致出版社、上海人民出版社，2008。

② 广东省水利厅：《关于协调解决治理龙淡河问题情况的报告》（粤水农〔2001〕111号）。

③ 《关于协调解决治理龙淡河问题会议纪要》，2001年12月29日。

即召集了水利局、国土局、规划局、统计局、公安局、建设局、农委、环保局、财政局、计划局以及与龙淡河有关的淡水镇、秋长镇等单位的主要领导于2002年1月20日召开协调会，成立了以市委魏志业副书记为总指挥，人大常委会副主任董应区、副市长林秋来为副指挥，上述单位一把手为成员的龙淡河治理工程指挥部。指挥部成立后，惠阳市政府已有计划安排龙淡河治理的配套资金，上述有关单位全力协调配合水利局做好规划设计工作。为此，惠阳市水利局多次召开班子会议研究有关工作，惠阳市水利水电勘测设计室于2001年5月底完成了《龙淡河（惠阳段）整治工程可行性研究报告书》（初步方案），6月中旬编制了《龙淡河（惠阳段）整治应急处理工程初步设计报告书》。2002年4月16日，省委农学办在龙岗区政府又召开了现场协调会议，省水利厅副厅长和水保农水处副处长等人也参加了会议。根据这次会议精神，加强协调工作，省水利厅于7月正式成立了由省水利厅牵头，深圳市水务局、龙岗区水务局、惠阳市水务局等有关部门组成的解决龙淡河问题联合工作组。为进一步做好龙淡河治理问题的协调工作，省水利厅又于2002年9月16~17日组织召开了解决龙淡河问题联合工作组成员会议，确立了龙淡河整治工程的下阶段工作即完成龙淡河整治工程可行性研究报告的编制工作的设计单位的资质，明确了龙淡河整治工程的标准，并提出为尽快缓解该地区的洪涝灾害，要实施龙淡河整治应急处理工程，同时提出要争取把龙淡河整治应急工程列入2003年省重点农水工程。① 在联合工作组的多次协调下，深惠两地共同完成了龙淡河跨境瓶颈段河道整治应急工程设计方案，并于2002年底将应急工程方案上报省有关部门。但是其后，省水利厅经商省计委，并请示省委农村基层建设联席会议办公室，提出不同意该项目按应急工程立项，龙淡河（惠阳段）整治工程项目省不再组织实施。要求惠阳按基本建设程序报批。② 由于龙淡河（惠阳段）整治工程项目重新定位为惠阳市区防洪工程，广东省水利厅2003年8月20日发文决定撤销由水利厅牵头组织的解决龙淡河问题联合工作组。至此，龙淡河整治的纵向协调基本结束，出于种种原因没有达到预期的目的。

---

① 《关于解决治理龙淡河问题联合工作组会议纪要》，2002年9月17日。

② 广东省水利厅：《关于惠阳市淡水河整治工程有关问题的函》（粤水规〔2003〕73号）。

（二）由流域管理机构进行的专门协调

1. 在水利工程建设方面为发挥防洪、调水、发电等综合效益，并综合考虑对上下游的影响，流域管理机构进行的协调工作

例如，龙滩水电站工程位于珠江干流红水河上游的广西天峨县境内，是国内在建的仅次于长江三峡电站，以及位于金沙江上的溪洛渡电站的第三大水电工程；工程以发电为主，兼顾防洪、航运、生态等，是一座综合性水电工程；工程原计划于 2006 年 11 月中旬下闸蓄水，考虑到下闸蓄水对下游的巨大影响，珠江水利委员会积极与龙滩水电站协调沟通，并根据工程建设实际情况和流域水情，科学制定下闸蓄水方案，使得龙滩水电站提前于 9 月 30 日成功下闸蓄水，既保证了工程的进展，又最大限度地减轻了对下游供水、航运的影响。①

2. 在组织实施珠江压咸补淡应急调水和珠江骨干水库统一调度方面的协调

《水法》第十二条第三款规定："国务院水行政主管部门在国家确定的重要江河、湖泊设立的流域管理机构，在所管辖的范围内行使法律、行政法规规定的和国务院水行政主管部门授予的水资源管理和监督职责"；《水法》第四十六条规定："县级以上地方人民政府水行政主管部门或者流域管理机构应当根据批准的水量分配方案和年度预测来水量，制定年度水量分配方案和调度计划，实施水量统一调度；有关地方人民政府必须服从"。贯彻实施水量统一调度，可以正确处理上下游、左右岸和不同行政区域的用水矛盾，有利于厉行节约用水，预防和减少水事纠纷的发生，维护社会稳定，促进社会经济的持续发展。②

为确保珠三角城市供水安全，经国务院批准，珠江流域分别于 2005 年 1 月、2006 年 1 月和 10 月连续三次实施从珠江上游的贵州、广西远程应急调水补淡压咸，有效缓解了珠三角供水紧张。应急调水毕竟是被动的，是迫不得

---

① 任敏：《流域公共治理的政府间协调研究——以珠江流域为个案》，《"21 世纪的公共管理：机遇与挑战"第三届国际学术研讨会文集》，格致出版社、上海人民出版社，2008。

② 任敏：《流域公共治理的政府间协调研究——以珠江流域为个案》，《"21 世纪的公共管理：机遇与挑战"第三届国际学术研讨会文集》，格致出版社、上海人民出版社，2008。

已采取的措施。珠江骨干水库统一调度在总结前两次应急调水经验的基础上，转变思路，主动研究应对咸潮入侵的办法和措施。由于已建水库属于各部门管理，部门分割、条块分割、多龙管水的格局仍未改变，这些水库采用原有的调度与管理模式，仅按水库各自的任务进行调度运用，片面追求发电效益，难以顾及国家利益和公共利益，从而影响了流域梯级水库整体的综合利用效益。珠江委在总结前两次调水经验的基础上，建议对珠江骨干水库进行统一调度，经国务院同意，国家防总于2006年9月6日批准实施珠江骨干水库统一调度。这次骨干水库调度对于珠江委来说是一次挑战：作为河流的代言人，在很长一段时间内，珠江委对珠三角地区的情况比较熟悉，而对上游就存在信息不灵、情况不清的现象。通过前两次压咸补淡应急调水工作，这种情况得到了很大改善。[①] 调水工作历时长、涉及面广、协调难度大，整个工作调度时段从2006年9月初开始，至2007年2月底结束，经过了6个多月的努力；调度1300多公里行程，相关省份有贵州、广西、广东，特别是由于水库调度不仅是水的问题，还要考虑到电力生产和电网调度，涉及的部门多，必须由多省区、多部门协调配合才能顺利完成。可以说，珠江骨干水库统一调度工作的运行对珠江委提出了更高的要求，在工作理念上实现了由被动应急到主动调控的根本转变。这种调度不仅要提前考虑到澳门及珠江三角洲地区面临的严峻供水局面，还要考虑我国当时在建的第二大水电工程西江上游红水河龙滩水电站下闸后断流、减流对下游的供水、发电、航运可能产生的严重影响。调水方案既要保证珠三角的用水安全，还要尽量兼顾各方面的利益，具体说包括流域内水力发电、龙滩的下闸蓄水以及其他省区的用水需求，调水涉及多部门、多省市之间的协调，基于如此大的协调难度，基于在机制上确保这种协调工作的顺利进行的考虑，国家防总决定在2006年成立了珠江防汛抗旱总指挥部，这是我国在长江、黄河、淮河、松花江防汛总指挥部之后成立的第五个流域性防汛指挥机构，而且增加了其他流域防总不具备的抗旱职能。这是我国第一个防汛抗旱集成统一的流域总指挥部。珠江防总这个工作平台的成立对珠江委更好地协调有关省份、

---

① 任敏：《流域公共治理的政府间协调研究——以珠江流域为个案》，载《“21世纪的公共管理：机遇与挑战”第三届国际学术研讨会文集》，格致出版社、上海人民出版社，2008。

有关部门的利益关系，顺利开展工作以及解决一些突出的防汛抗旱问题作用突出。2011 年 12 月，上游来水少和潮周期再次影响珠海、中山境内主要取水口，西江航道长洲航段的长洲船闸因水位低出现船只滞航，珠江防总从 17 日起再次启动珠江流域补水工作。可以说，自 2005 年第一次实施珠江压咸补淡应急调水，多年来珠江防总、珠江委积累了丰富的水量调度经验，形成了“避涨压退”、“打头压尾”等技术手段，也在协调政府及相关部门和相关企业的工作中积累了丰富的工作经验。

3. 通过牵头组织各省签署《珠江流域片跨省河流水事工作规约》，建立协调机制解决跨省水事纠纷①

为了满足经济社会的发展对能源的巨大需求，我国逐步加大了对水电事业的投资力度，跨省河流各相邻地区逐渐形成了小水电开发的热潮。此外，国家行政审批制度的改革使得水电项目的审批权限逐步下放，这样珠江流域片内本身发展不平衡的各省区就对跨省河流水电资源的开发采取了不同的审批政策，这种差异化政策导致跨省河流的管理产生了不少潜在的问题。一是跨省河流综合规划滞后、不适应开发利用的需要。二是水能资源的开发利用缺乏统一管理，极易酿成行政区域间水事纠纷。三是《防洪法》、《水法》的配套法规未能及时出台，对水电站建设过程中的有效监督难以到位。四是跨省河流水土保持方案由相邻一方政府有关部门负责监督实施，不易落实。越来越频繁的珠江流域跨省（自治区）河流（河段）采挖砂石和兴建项目等建设活动影响了水流自然状况，加上一些跨省（自治区）的水污染问题日益严重，跨省河流水事纠纷明显增加。为解决这些问题，珠江委和多个部门经过多年努力，最终达成共识，出台《珠江流域片跨省河流水事工作规约》规范流域跨省河流的水事活动。

1998 年，珠江委针对跨省河流的水事纠纷现状，着手编制珠江流域片的水事工作规约，经调查研究后形成《珠江流域片跨省河流水事工作规约（初稿）》。经过 2002 年 10 月在长沙召开的流域片水政工作会议对其初稿进行的讨论后，珠江委水政处对代表们提出的意见进行了认真的研究，并对

① 任敏：《流域公共治理的政府间协调研究——以珠江流域为个案》，载《“21 世纪的公共管理：机遇与挑战”第三届国际学术研讨会文集》，格致出版社、上海人民出版社，2008。

初稿作出了修改，形成《珠江流域片跨省河流水事工作规约》（征求意见稿）。2004 年，水利部对跨省水事纠纷十分重视，出台了《省际水事纠纷预防和处理办法》，赋予了各流域机构一定的管理职责，以便参与水事纠纷的调解、处理。2005 年水利部组织各流域机构加大对跨省河流水事秩序的检查力度，把积极预防水事纠纷作为建设和谐、平安边界的重要措施来抓。结合珠江流域片的实际情况，为使省际水事纠纷的解决更具预见性和针对性，珠江委水政处重新修改了《珠江流域片跨省河流水事工作规约》（征求意见稿），增加了相关内容，并于 2006 年在南昌召开的流域片水政工作会议上对其进行了讨论。2007 年经 3 次征求各省（区）水行政主管部门的意见并作了大篇幅修改后定稿。2007 年 10 月珠江委联合云南、贵州、广东、广西、福建、湖南以及江西等省（区）在"泛珠三角"区域水利发展协作会议上正式签署《珠江流域片跨省河流水事工作规约》（以下简称《规约》）。《规约》的落实，为今后维护珠江流域片省际边界地区正常的水事秩序提供了重要的依据。通过遵守和落实《规约》能够有效地约束各省（区）相邻各方的开发冲动，这使得珠江流域跨省河流的水事活动有据可依，有利于稳定省际边界地区的水事秩序，保障水资源安全，同时也可以减小发生水事纠纷的概率。《规约》也建立了水事活动协商的框架，希望以此来缓解流域内跨省河流水事纠纷。一旦跨省河流（河段）的一方需要在省际边界地区进行水事活动，在前期工作阶段必须以书面告之和征求相邻省意见；《规约》还规定在跨省河流（河段）上进行航道整治时必须与相邻省、自治区进行协商。另外，对于跨省河流上的水库、电站及其他蓄水工程的洪水调度方案也必须征求上下游地区同级防汛指挥机构的意见，而且兴建水工程也要在流域水资源统一管理的宗旨下进行，编制建设项目水资源论证报告也要由流域管理机构组织进行审查。一旦跨省河流边界各方在管理、开发、利用水资源和水能资源等过程中出现了冲突，用水权益受到损害的一方应及时与对方协商。由流域主管部门牵头成立的水事纠纷协调小组通过设立联合调查组的方式进行调查处理。[①]

---

① 《珠江流域建立协商机制解决跨省水事纠纷》，新华网，http://news. xinhuanet. com/newscenter/2007 - 10/23/content_6929293. htm，最后访问日期：2016 年 7 月 24 日。

4. 对跨省水污染事件进行调查和协调

前文提及的珠江委对黔桂跨界污染的红水河事件的调查和协调就是非常典型的案例。类似的案例还有珠江委水源局等单位对东江赣粤省界缓冲区水污染情况的联合调查。

2007 年 2 月 27 日，珠江委收到的广东省水利厅《关于加强东江赣粤省界缓冲区水资源保护力度确保东江水质安全的报告》中称：东江安远水赣粤省界缓冲区水质受到污染，水质达不到水功能区的要求。为此，珠江委水源局牵头组织江西和广东两省水利部门联合调查东江安远水赣粤省界缓冲区水污染情况。3 月 13 日至 15 日，以珠江委水源局黄建强局长为组长的联合调查组前往江西省定南县开展水污染情况实地调查，并召开了水质污染联合调查现场座谈会。调查发现，位于东江源头之一的九曲河支流桃溪河下游的江西省五丰牧业公司是一家大型集约化养猪场，于 1995 年建成投产，是定南县的龙头企业之一。养猪场设有排污口一个，猪场排泄物经过处理后排入桃溪河。该企业的资质完备，但在 2006 年珠江流域片开展的入河排污口普查登记工作中没有依照有关的规定登记入河排污口。调查组责令该企业立即补办入河排污口登记的有关手续，并要求该企业做好对猪场入河排污量的控制，进一步加强排污处理，要切实做到猪场排污量达标后再排放，不污染桃溪河。通过这次调查，江西省、广东省水利厅有关方面的负责人也交流了如何加强两省协作、共同保护东江水源的体会。[①]

5. 启动突发性水污染事件应急预案编制工作，促进各省携手应对突发性水污染

2007 年 5 月，珠江流域水污染事件应急预案编制工作会议在广州召开标志着应急预案编制工作正式启动。水污染事件具有突发性，编制应急预案的主要目标就是提高相关机构应对各种突发性水污染事件的能力、保障供水安全和维护河流健康生命。另外预案也规定了当流域发生重大水污染事件时的报告和处理程序。在珠江委牵头组织下，各个流域内地方政府的

① 《珠江委水源局等单位联合调查东江赣粤省界缓冲区水污染情况》，珠江水利网，http://www.pearlwater.gov.cn/pub/newpearl/tszl/tpsp/ldgh/t20070319_20109.htm，最后访问日期：2017 年 2 月 16 日。

相关水行政主管部门均参加了辖区内的应急预案编制工作。珠江委还成立了应对突发性水污染事件工作领导小组，主要负责应对突发性水污染事件的协调组织工作。

6. 通过召开协调会议对具体事务进行协调

协调会议是流域机构的工作常态，根据珠江委的工作网站信息，2015年珠江委召开的协调会议就有十余次。2007年9月17日珠江委在广州市组织召开了珠江流域取水许可总量控制指标研究工作协调会，主要目的是进一步完善取水许可制度，实现水资源的优化配置，提高水资源的利用效率和效益，建立节水型社会，实现水资源可持续利用。出席会议的有珠江委副主任、珠江委有关部门负责人以及流域内涉及珠江流域取水许可总量控制的云南、贵州、广西、广东、湖南、江西等省（自治区）水利厅水资源管理部门的领导和代表。会议对编制单位关于《珠江流域取水许可总量控制指标研究报告（初稿）》（以下简称《报告》）的介绍进行了讨论。《报告》将省界缓冲区水功能区水质目标、主要污染物限排总量控制指标纳入珠江流域取水许可总量控制指标体系，选择了天峨、迁江、柳州等11个水文站作为流域主要控制断面，并将这些断面控制流量作为珠江流域取水许可总量控制指标。①

7. 跨界污染协调机制——“黔桂协作机制”

广西和贵州红水河的跨界污染问题是黔桂协作机制产生的直接原因，这个协调机制是珠江委水资源保护局的大量推动工作的直接产物。珠江流域内的北盘江及北盘江汇入红水河河段是跨越贵州、广西两省（自治区）的重要省际河流，一直是两省（自治区）沿岸人民赖以生存和发展的重要水源。前文已经提及，自20世纪90年代以来，北盘江已多次发生水污染事件，并漫延到下游红水河，对广西境内红水河两岸人民用水安全构成严重威胁。为此，珠江水利委员会及珠江流域水资源保护局曾专门组织贵州、广西两省（自治区）水利部门、环境保护部门就跨省（自治区）水污染问题进行过联合调查，并将调查结果报告国家有关部门及两省（自治区）人民政

---

① 珠江委网站，http://www.pearlwater.gov.cn/wndt/t20060718_14771.htm，最后访问日期：2017年3月20日。

府。进入 21 世纪后，上述区域跨省（自治区）水污染事件仍频繁发生，且呈恶化趋势，是目前珠江流域内跨省（自治区）水污染矛盾突出的区域。[①]

加强省际边界河流的水资源保护与水污染防治工作是关系到上下游之间和谐相处和共同发展的问题。多年来，流域公共治理碎片化现象的存在使得单靠一个地方或一个部门很难以一种有效的管理方式应对跨省（自治区）水污染事件引发的一系列问题。这个跨省（自治区）协调机构由流域管理机构和黔、桂两省份有关部门共同参加，可以统一协调并充分发挥相关省（自治区）有关政府管理部门的独立作用，从而在及时互通信息、实现资料共享、加强水资源监测等方面发挥作用。这个全新的共同应对、协商解决跨省（自治区）水资源保护与水污染相关问题的工作平台是我国的一个全新的尝试。

黔、桂跨省份河流水资源保护与水污染防治协作机制充分体现了流域机构和地方政府根据国家水资源保护和水污染防治的相关规定，并结合现行珠江流域水资源保护管理的实际情况而进行的协调方面的创新。“协作机制”由珠江水利委员会、珠江流域水资源保护局、贵州省水利厅、贵州省环境保护局、广西壮族自治区水利厅、广西壮族自治区环境保护局六个单位共同组成。

通过设立“协调小组”和“协调小组办公室”，“协作机制”形成了内部二级协商联动方式。协调小组是机制运行的协商决策机构，由各成员单位的分管负责人组成，平时主要通过会商方式来讨论和决定跨省界河流水资源保护与水污染防治的手段以及需要“协作机制”解决的重大问题。在组织单位上，协调小组设组长单位、成员单位，组长单位由高层面的珠江水利委员会担任。日常工作中协调小组在授权的范围内，由组长单位进行决策，这样做的目的在于提高效率；协调机制还特别强调了在具体的事宜上必须以协调会议的方式进行充分协商，遇到争议时以少数服从多数的原则确定大家共同接受的解决问题的方式。[②] 协调机制中还设置了联络员作为

① 任敏：《流域公共治理的政府间协调研究——以珠江流域为个案》，载《“21 世纪的公共管理：机遇与挑战”第三届国际学术研讨会文集》，格致出版社、上海人民出版社，2008。

② 《黔、桂跨省（自治区）河流水资源保护与水污染防治协作机制工作简报》第 1 期，珠江水利网，http://www.pearlwater.gov.cn/ztzl/fzxzjz/gzjb/t20070619_19701.htm，最后访问日期：2016 年 4 月 30 日。

其基层情报工作者，着力进行信息的收集，并通过电话、网络、函件等办公信息系统对信息进行交流与传递。[①]

协作机制采用了协调小组例会制度、专题情况通报工作会议制度、重大水污染事件报告制度和水资源保护与水污染防治信息共享制度等具体的工作制度。协作机制还明确了各成员单位的信息交流内容，具体分配如下。珠江水利委员会：流域管理、规划的有关信息；取水许可的有关信息；有关水利工程管理与运转的信息。珠江流域水资源保护局：有关河流水功能区管理、入河排污口管理的有关信息；省界缓冲区水资源质量状况。贵州省水利厅：拖长江、北盘江有关水资源管理和规划的各种信息，水量调度信息；取水许可、入河排污口设置审查的信息；重点水源地水质信息、大型水利工程库区即出库水质信息。贵州省环保局：有关水环境质量信息；拖长江、北盘江流域水污染综合治理情况；水污染防治方面的管理、规划信息；重大水污染事故有关信息。广西壮族自治区水利厅：红水河流域上游有关水资源管理和规划的各种信息；水量调度信息；取水许可、入河排污口设置审查的信息；重点供水水源地水质信息、大型水利工程库区即出库水质信息。广西壮族自治区环境保护局：有关红水河水环境质量信息；红水河上游流域水污染综合治理情况；内水污染防治方面的管理、规划信息；重大水污染事故有关信息。

协调机制在实践中的确发挥了一定的作用，例如，在北盘江流域的金矿发生氯化物倾泻事件时，协调机制立即启动，贵州方面立即向广西发出预警信号，广西有关方面第一时间布控截污，及时将废水堵在两个水库之间。协作机制的运行将污染事件的损失最小化。可以说如果没有通报机制，按照以往的情况，广西的几个沿江县市在这样的事件发生后有可能在两三天里都处于停水状态。

黔桂机制的构建缘于贵州广西的跨界水污染问题，其背后反映了流域公共治理碎片化的行动诉求，其中除了地区合作的动因之外，还包含着水

① 《黔、桂跨省（自治区）河流水资源保护与水污染防治协作机制工作简报》第 1 期，珠江水利网，http://www.pearlwater.gov.cn/ztzl/fzxzjz/gzjb/t20070619_19701.htm，最后访问日期：2016 年 4 月 30 日。

利和环保这两大部门的关系的协调和发展。根据笔者对珠江委某官员的访谈可以看出，这个机制也反映了这两大部门之间合作的内在需求。[①]

20世纪80年代时我们和环保部门的联系很密切，两个部门都有一些具体的职责，1988年、1989年组织了流域的水资源保护规划，大家坐在一起。后来上面的吵架影响到了下面。但真正当大家坐下来后感到二者的合作很有必要，我国的流域管理体制的松辽模式是最早的松散的多部门结合的协调体制，20世纪70年代松花江出现了汞的污染，后来成立了“松花江水系保护领导小组”，后几经演变，辽河、嫩江流域等纳入领导小组管理范围，内蒙古自治区也加入领导小组，目前成为区域与流域管理相结合的方式，效果不错，各个省都对这个机构认同，形成了松辽模式。到了90年代初，淮河也出现了流域性的水污染事件，1996年、1997年国务院也成立了太湖的领导小组，后淮河和太湖的领导小组被撤销。1995年我们也做了很多工作，希望成立领导小组，广东省副省长、省发改委副主任、环保局局长、水利厅厅长参加，四省都是这样，四省办公厅都出了文，国家发改委和水利部也回了函，就是环保局那里没有通过，他们认为没有必要。

我们现在的思路就是从下而上，从小的方面做起。北盘江红水河污染严重，每年都有几次污染事件，广西经常向珠江委投诉，几个贫困县喝水都受到了影响。1998年3月我们去作了调研，组织水利、环保、人大有关部门调查，查到污染源主要是盘县的洗煤水，开了座谈会，认定污染的事实，认定了对下游有污染，1999年好一些了，2000年又不行了，广西单独由人民政府办公厅向贵州政府办公厅发函，召开了座谈会，也邀请了我们，出了一个会议纪要，广西就提出要赔偿，珠江委就做工作，认为没有什么赔偿依据，很难操作。以后每年都有污染，广西相关县都改变了取水水源。2005年松花江事件出现后，接着又有镉中毒事件，水污染事件又引起了重视，国家环保总局派人调

---

① 任敏：《流域公共治理的政府间协调研究——以珠江流域为个案》，载《“21世纪的公共管理：机遇与挑战”第三届国际学术研讨会文集》，格致出版社、上海人民出版社，2008。

查，2006 年 6、7 月份广西方面又打报告了，以此为突破口着手进行调研，对两个省份做工作，2007 年 5 月就正式形成了协调机制，6 月在南宁召开了办公室成员会议。贵州方面提出应有云南参加，我们也去了云南水利厅，准备开展一些工作。①

（三）横向协调机制

珠江流域公共治理中目前运作的横向协调机制主要有以下几点。

1. 泛珠三角流域治理合作

目前珠江流域治理的热点和难点是跨流域、跨地区的重大环境问题，为此上下游各级政府正在逐渐探索解决之道。面对每年大量发生的跨地区、跨流域污染事件，上下游政府有着合作的共同愿望，以期建立一种“联防联治”的常态机制。2004 年以来，在泛珠三角各省份的推动下，泛珠三角区域内福建、江西、湖南、广东、广西、海南、云南、四川、贵州九个省（自治区）加上香港、澳门特别行政区达成了 70 项合作协议，其中与珠江流域水治理相关的合作协议主要有《泛珠三角环境保护协议》（2005 年 1 月 25 日）、《泛珠三角区域水利发展协作倡议书》（2004 年 5 月 22 日）、《泛珠三角环境产业合作协议》（2005 年 5 月），明确了区域环保合作的目的、意义以及原则，确定了环保合作的重点领域和内容。水环境保护乃合作的重中之重。在水环境保护方面，重点强调要加强区域内各省区水环境功能区划协调，建立流域上下游和海域环境联防联治的水环境管理机制，包括跨行政区交界断面水质达标管理、水环境安全保障和预警机制，以及跨行政区污染事故应急协调处理机制，协调解决跨地区、跨流域重大环境问题，共同编制流域水环境保护规划。②

在珠三角产业结构优化调整的过程中，一些产业在往中上游转移的过程中面临环境压力。广东省环保部门和发改委建议国家环保部门及国家发改委牵头组织六省的珠江流域水污染防治规划，国家环保总局比较重视，

① 访谈记录：ZWHK. 8. 23。

② 任敏：《流域公共治理的政府间协调研究——以珠江流域为个案》，载《“21 世纪的公共管理：机遇与挑战”第三届国际学术研讨会文集》，格致出版社、上海人民出版社，2008。

在2005年3月就召集各省份的环保部门开了协调会，在合作框架下，广东、广西、江西等省区联合编制《珠江流域水污染防治“十一五”规划》，为了达到协调产业布局和生态功能区设置的目的，应共同对水源地两旁的开发和建设进行合理的规划，以实现污染防治“一盘棋”，[①] 规划请有关部委和专家进行了论证。规划是从流域总体考虑，但是，大流域的规划关注的是省份与省份之间目标的签订，特别是以后围绕这个目标各省区有计划地上些重点工程，包括监测网络的建设和资源共享方面，怎么建立流域的合作机制、通报制度、污染事故发生后的处置等。目前规划工作已基本完成，各方正在共同推动国家批准规划，并争取中央和地方财政对规划实施的资金支持。

与此同时，珠江委主办、各地水利系统协办的“泛珠三角”区域水利发展协作会议也每年举行。例如，2006年12月的第三届“泛珠三角”区域水利发展协作会议的主题是“加强水利工程建设与管理，维护区域安全和河流健康”，会议针对这个主题进行了交流和研讨，特别探讨了加强水利建设与管理的区域协作，为更好地提高“泛珠三角”区域水利建设与管理的工作水平提供思路。2007年10月在贵阳召开的第四届“泛珠三角”区域水利发展协作会议主题则是“水资源可持续利用和合作”，会议特别强调泛珠三角区域地缘相邻，水事相关，加强水资源保护，构建流域和区域水资源合理配置格局，促进水资源与经济社会、生态环境的协调发展，实现以水资源的可持续利用支撑流域经济社会的可持续发展，需要各省（自治区）共同努力、密切合作，在合作中实现共赢。为维护珠江流域片省际边界地区正常的水事秩序和睦邻友好关系，会议期间，相关省（自治区）水利厅签署了《珠江流域片跨省河流水事工作规约》。2012年10月12日会议在张家界召开，主题是“坚持实行最严格水资源管理制度，保障经济社会长期平稳较快发展”，会议旨在落实《国务院关于实行最严格水资源管理制度的意见》精神，总结交流“泛珠三角”区域水资源管理工作的成效。

2. 跨行政区交界断面水质达标交接管理机制

省界交界断面的水质达标问题具体是指由珠江委根据水功能区的划分

① 任敏：《流域公共治理的政府间协调研究——以珠江流域为个案》，载《“21世纪的公共管理：机遇与挑战”第三届国际学术研讨会文集》，格致出版社、上海人民出版社，2008。

来制定相应的水质标准，当然珠江委也对跨省交界断面的水质进行监测。

在省内跨行政区交界断面的管理问题上，珠江流域内广东省政府走在各省份的前面。早在 1993 年，广东省政府就发布了《跨市河流边界水质达标管理试行办法》。但该办法并没有明确具体的实施细则以及责任规定，所以实施效果不佳，各个地方政府依然从各自的利益出发，通过了不少不符合环保要求的建设项目。在污染点的设置上，大多地方政府为保护本地水源，而将排污点选在本辖区的流域下游。针对这一现象，1998 年广东省政府颁布了关于跨行政区断面的水污染考核办法，规定一般由下游的市来监测，而且对所有断面都划了功能区，包括河流的区段，在市与市之间设立交界断面，每年进行考核，不达标的市要提出整改要求。在执行中发现，由于该办法不是地方性法规而是行政规章，力度不够，2006 年 9 月 1 日起实施的《广东省跨行政区域河流交接断面水质保护条例》（以下简称《条例》）由广东省人大常委会审议通过。值得关注的是，这是我国首部关于跨行政区域河流交接断面水质保护的法律，为解决广东江河上下游之间日益增多的水质纠纷提供了“标尺”。[①] 断面水质监测数据的准确性往往比较容易引起上下游的争议，对此，《条例》采取了经过多年实践证明相对比较准确的即由下游监测的办法，规定“跨行政区域河流交接断面水质，由该河流交接断面下游的人民政府环境保护行政主管部门所属环境监测机构进行监测”，“应当按照国家环境监测技术规范进行监测”。对于上游的责任，《条例》还规定，“地级以上市人民政府及其有关部门在编制影响或者可能影响跨行政区域河流交接断面水质的规划时，其环境影响报告草案应当征求河流交接断面相邻人民政府的意见，并在报送审查的环境影响报告书中附具对意见采纳情况的说明”。最后，对于交接断面水质未达到控制目标的情况，《条例》采取了强有力的措施，规定“上级人民政府及其有关部门应当停止审批、核准在该责任区域内增加超标水污染物排放的建设项目；该责任区域内排放水污染物的建设项目环境影响评价文件，由其与河流交接断面相邻人民政府共同的上一级人民政府环境保护

---

① 任敏：《流域公共治理的政府间协调研究——以珠江流域为个案》，载《“21 世纪的公共管理：机遇与挑战”第三届国际学术研讨会文集》，格致出版社、上海人民出版社，2008。

行政主管部门审批”。

可见，《条例》在省政府过去颁布的方法基础上提高了要求，主要一条就是在交界水断面达不到功能要求的情况下，明确了上游对新建项目要实施限批，污染物超标就不能审批排放这类污染物的项目，相类似的项目到省里来批。这是我国第一部从法律上规定了“限批”行为的地方性法规，国家环保部门的限批过去一直是一种行政手段，有了《条例》很多跨界问题都有了法律依据。

3. 区内协作机制

为了推动各省省内的水问题的管理工作，珠江流域的一些省区设置了省区内的联席会议制度或领导工作小组。比较典型的是广东省珠江综合整治联席会议制度和广东省流域管理委员会。[①]

广东省珠江综合整治联席会议制度涉及省内珠江水系涉及的行政区，包括13个市，内容是综合整治珠江的水环境。该制度设定了三个目标：一年初见成效；三年不黑不臭，流经城市的主要河段消除黑臭现象；通过八年的整治使江水变清，达到所有相应的水环境功能区划的目标。省政府成立了以分管环保的副省长为组长的珠江综合整治工作联席会议制度。下设办公室（在环保局），办公室主任是环保局局长，联席会议成员的领导担任成员，即13个市分管环保的副市长担任成员。每年召开一次联席会议，研究总结一年的工作，布置下年的工作，[②] 表彰先进。每年还有考核制度，一个是责任制度，签责任状，省政府与各个市政府签订“珠江整治责任书”，议定了具体的指标，任务分解到每个年度，年底要进行检查、考核，先进的通报表扬，后进的通报批评，结果向新闻媒体公布。2006年，珠江流域跨市河流交界断面水质达标率为85.7%，比上年高出9.5个百分点。

广东省流域管理委员会，是一个议事协调机构，负责全省各大流域水资源保护、管理的协调和决策工作。为便利工作，在委员会下按流域分设若干工作小组，对涉及单个流域的事项，由小组召开会议。委员会主任由

① 任敏：《流域公共治理的政府间协调研究——以珠江流域为个案》，载《“21世纪的公共管理：机遇与挑战”第三届国际学术研讨会文集》，格致出版社、上海人民出版社，2008。

② 任敏：《流域公共治理的政府间协调研究——以珠江流域为个案》，载《“21世纪的公共管理：机遇与挑战”第三届国际学术研讨会文集》，格致出版社、上海人民出版社，2008。

省政府分管领导担任，成员包括：省政府办公厅、省水利厅、省发改委、省财政厅、省环保局、省国土资源厅、省航道局、省海洋渔业局、粤电集团公司，流域内各地级以上市政府，粤港供水公司和新丰江、白盘珠、枫树坝水库等单位和航运企业代表。日常工作由省水利厅承担。成立广东省流域管理委员会的初衷是考虑成立副厅级流域管理机构，主要起协调作用，解决跨市的问题，因为正处级的单位协调起来是有问题的，显然不够，但是副厅级又批不下来，最后省编办和水利厅商量成立流域管理委员会这样一个议事协调机构，为了便于管理协调，其下设置了根据不同的流域来划分的小组。目前有三个小组，因为省里有三个流域管理局，先成立委员会，再成立小组。委员会主要负责全省各大流域的水资源保护和管理协调以及决策工作。[①] 目前，委员会和小组以及流域局，该怎么管、到底做什么工作、内部机构怎样设置，和地方的关系等都在完善中，包括流域局成立后和地方上有无交叉，甚至冲突，都在不断探讨，广东省水利厅的一位官员给我们描绘了这样一副图景：

> 委员会下的每条江设一个工作小组，每条江由一个副厅长管，分管这条江的副厅长做组长，流域局的局长做副组长，沿江的水利局的领导加入到这个工作组中来，沿江重要水利枢纽法人包括用水取水大户也加入这个工作小组，那么流域局就作为流域管理委员会的工作部门，在具体的江负责相关工作。[②]

类似的案例还有很多。广州市为解决九龙治水的难题，于 2005 年 7 月成立了广州市水系建设指挥部，将建委、环保局、规划局、市政园林局等单位负责人以及各区区长、各县级市市长纳入其中。在广西，为应对长洲水利枢纽河段船舶滞航问题，广西出台相关预案，提出多部门联动解决滞航问题，“联动预案”提出了联动执法的思路：滞航应急事件分预警级、较

---

① 任敏：《流域公共治理的政府间协调研究——以珠江流域为个案》，载《“21 世纪的公共管理：机遇与挑战”第三届国际学术研讨会文集》，格致出版社、上海人民出版社，2008。

② 访谈记录：GDSL. 7. 17。

大（Ⅱ）级、重大（Ⅰ）级3个等级；一旦启动“联动预案”，这些部门将在统一指挥下，各司其职又通力合作；重大（Ⅰ）级事件发生后24小时内，将成立自治区层面的应急事件总指挥部，负责应急事件的处理，设总指挥长，对海事、地方政府、航务管理局、港航管理局、长洲水电开发公司等单位进行协调指挥；海事、航道、航管几大部门将联动执法，指挥船舶有序通行，对违反通航规定的船舶进行规劝。

4. 加强部门合作的其他各种协作机制

针对流域公共治理的部门分割问题，应在逐步理顺部门职责分工、增强流域治理的协调性和整体性、建立部门间的信息供需和协调联动机制、发挥部际联席会议的作用等方面，使各部门既各司其职又能够互相配合的机制在珠江流域公共治理实践中逐步尝试。①

关于水利部门和环保部门间的关系方面，根据《水法》第三十二条的规定，县级以上人民政府的水行政主管部门或者流域管理机构应当按照水功能区划对水质的要求和水体的自然净化能力，核定该水域的纳污能力，向环境保护行政主管部门提出该水域的限制排污总量意见。这条关于排污总量控制的规定是对水功能区实行有效管理的重要手段之一。污染控制应当建立在水资源的承载能力基础上，实行污染物浓度控制与总量控制相结合。由于水域有自净能力，当水域容纳了超过了其自身净化能力的污染物质时，就表现出被污染的特征。所以保护水体首先应确定其自身的纳污能力。这条关于核定水域的纳污能力、提出水域的限制排污总量意见的规定事实上促进了水利部门和环保部门在水污染防治和水资源的开发、利用以及保护方面的互相协作。在具体的实施中，需要水行政主管部门和环境保护部门进行配合和协作，水行政主管部门提出的水域限制排污总量意见是环境部门进行水污染物总量控制的依据。

部门之间建立信息通报制度往往是部门间合作的第一步，珠江委在这方面有几个重大的举措。2008年1月20日，珠江防总和交通部珠江航务管理局建立了信息通报制度。为便于交通系统做好通航调度预案，保障珠江

① 任敏：《流域公共治理的政府间协调研究——以珠江流域为个案》，载《“21世纪的公共管理：机遇与挑战”第三届国际学术研讨会文集》，格致出版社、上海人民出版社，2008。

航运安全畅通，进一步发挥珠江枯季水量调度方案的综合效益，珠航局与珠江防总办共同协商，建立珠江水量调度、通航的信息通报机制。通报机制要求珠江中上游龙滩、岩滩、百色、长洲等骨干水库出库的下泄流量调度计划及其调整信息，珠江防总办提前7天左右抄送珠航局，由珠航局通报沿江交通主管单位；当西江沿江枢纽滞航船舶达到400艘以上时，由珠航局及时将通航信息抄送珠江防总办。此外，通报机制还明确了双方的联系方式和联系人。之前，珠江委还和广东省气象局就水文与气象的合作内容、合作方式等达成了共识。即水文与气象的合作应该在信息共享、互利互补的基础上进行，双方可以在监测网络与预报系统两方面开展合作：一方面水文部门在流域、水系、河流上有较为完善的监测系统，而气象部门则有雨量监测上的优势，双方合作可以实现优势互补；另一方面，水文部门在流域产汇流理论与实践中积累了丰富的经验，而气象部门则在中、小尺度降雨数值预报上有坚实的基础，双方在水文－气象耦合预报方面有广阔的合作前景。因此信息共享，中、小尺度降雨量数值预报和开展干旱监测是合作的着眼点。①

事实上，广义上的部门间协调也应该包括一个部门内的业务科室的协调，一些制度的建立也可以加强这类协调从而提高治理的效率。例如，广东省东莞市水务局就推进项目审批会签制来进一步加强科室协调，解决办理项目审批时暴露出来的“科室缺乏有效协调、职责范围部分交叉”等问题。近来，贵州省环保局也建立了执法监察与环境监察相互协调配合的工作机制加强协调沟通，建立互通信息制度，定期或随时通报情况，相互配合参与专项行动。②

5. 加强区域间合作的其他协调机制

为进一步增强合作和协调，2006年香港与广东就供水问题设立了紧急通报机制，一旦出现可能影响东江水质的重大事故，可以通过电话及传真通知对方，以及时采取适当的控制措施和相应行动，确保香港的供水安全。

① 珠江委网站，http://www.pearlwater.gov.cn/wndt/t20060330_12721.htm，最后访问日期：2016年6月30日。

② 任敏：《流域公共治理的政府间协调研究——以珠江流域为个案》，载《“21世纪的公共管理：机遇与挑战”第三届国际学术研讨会文集》，格致出版社、上海人民出版社，2008。。

广东省水利厅也和澳门方面就供水合作事项达成框架协议。协议内容包括双方在供水事务上的合作宗旨、合作原则、合作要求、合作内容、合作机制等。[①]

在实际的运作过程中区域间的协调往往是一个艰苦的过程，其中包含了大量的讨价还价，双方的你来我往，谈判协商，为方便协调，双方往往需要建立一些具体事由的联合工作组，反复召开协调会议或联席会议。[②]

现在我们再次回到龙淡河治理的案例中去。龙淡河整治工程出于种种原因未能在省里立项，联合工作组撤销以后，龙淡河整治问题的处理基本进入了深、惠两地横向协调的阶段。2003 年，广东省委、省政府下发了《关于实施十项民心工程的决定》，全省加快了城乡水利防灾减灾工程建设步伐。惠阳也按照省计委、省水利厅的意见，完成了淡水河整治可行性研究报告，工程总投资约 1.86 亿元，按基本建设程序进行报批。深圳市龙岗河治理因其重要性，也被列入省防灾减灾工程实施计划。为贯彻落实省委、省政府《关于实施十项民心工程的决定》，早日解决坑梓、淡水两镇人民群众迫切关心的水患问题，深圳市水务局与惠阳水利部门再次就龙淡河交界段工程进行了沟通，2003 年 12 月 3 日，应惠州市惠阳区水务局的提议，深圳市水务局与惠阳市水务局召开了龙淡河两地边界相应河段联合治理协商会，协商会就双方联手实施龙淡河瓶颈段疏通工程进行了积极的协商，对尽早共同实施龙淡河瓶颈段疏通工程的必要性达成了共识，双方还同意成立深惠两地联合治理龙淡河联络工作组，并根据工作需要，不定期召开联席会议。在资金方面，根据惠阳市水务局代表政府提出的要求，深圳市水务局原则上同意在惠阳投资不少于 3000 万元的前提下，将向市财政部门申请不超过 1000 万元资金予以支持。[③] 经两地水利部门共同研究，进一步达成了“统一设计、各自立项、同步实施、联合监管”的共识，并同意尽早对河道瓶颈段联合实施应急工程，即龙淡河整治应急工程。工程主要包括

---

① 广东省水利厅网，http://www.gdwater.gov.cn/cms/xinwenjianbao/tupianyaowen/20071206095345.html，最后访问日期：2016 年 3 月 25 日。

② 任敏：《流域公共治理的政府间协调研究——以珠江流域为个案》，载《“21 世纪的公共管理：机遇与挑战”第三届国际学术研讨会文集》，格致出版社、上海人民出版社，2008。

③ 《龙淡河深惠两地边界相应河段联合治理协商会会议纪要》，2003 年 12 月 9 日。

三个部分，第一部分是龙岗河出口大松山段（深惠两市插花地）防洪整治工程，按龙岗河防洪整治标准百年一遇设计洪峰流量，对868.0米的河道进行整治，过水断面尺寸按龙岗河整治标准断面设计，工程造价为1132万元。第二部分是龙淡河除障清淤及瓶颈疏通工程，主要工程量为拆除水陂4座，拆除桥梁3座，重建桥梁3座，拓宽疏通瓶颈段河道5处，计1.93公里，疏浚清淤主河道2.65公里及对淡澳分洪河口段9.1公里进行清淤，工程造价4741万元。第三部分是深圳坑梓沙田段整治工程，工程参照龙岗河防洪标准设计，治理河道全长2757米，工程造价约3000万元。此外，惠阳方面曾多次专文向深圳市政府提出了补助资金的要求，认为应急工程主要受益方是深圳市，希望深圳能够考虑到其资金短缺的问题，给予2000万元的资金补助。深圳市政府办公厅为此专文向市发改委、财政局和水利局征询意见，在报请市主管领导批示同意后，对龙淡河应急工程问题提出了两点处理意见：一是建议深圳市水务局主动与惠阳联席，共同拟定治理龙淡河方案，确保双方同时开工；二是要求深圳市水务局对惠阳所需的治理龙淡河的资金要有一个评审数，根据实际情况提出补助额度，补助资金使用由深圳市水务局监管，专款专用。之后，深圳市水务局提出的补助额度为1000万元。双方就应急工程的政府协议、实施方案和领导小组、办公室名单和补助额度进行了一定的沟通和协商，其间，惠阳市委给深圳方面去函表示近1.9亿元的工程项目为惠阳境内的淡水河整治工程投资项目，而非深惠双方联合议定的龙淡河应急工程。双方出现了较大分歧。深圳方面认为1.9亿元的淡水河整治工程惠阳方面应该首先取得省里的立项支持，在项目未得到省里立项批准之前要求深圳予以补助支持为时过早。① 为此，深圳市水务局就双方共同实施的应急工程草拟了《联合整治龙淡河应急工程协议书》及《深惠联合整治龙淡河应急工程领导小组及办公室名单》，通过市委向惠阳进行了书面回函，函中明确提出希望惠阳方面尽快对上述安排进行研究及回应，惠阳方面没有予以回应。为此，深圳市水务局又于2005年8月26日给惠阳区政府发出了关于共同抓紧推进龙淡河整治的函。② 但是惠州方面

① 深圳市水务局：深水务〔2004〕490号。

② 深圳市水务局：《关于共同抓紧推进龙淡河整治的函》（深水函〔2005〕222号）

一直没有予以正面回复，导致这个问题一直拖了下来，原因是什么呢？根据笔者对深圳市水务局和惠州市水务局相关官员的访谈，分析认为最主要的原因就是龙淡河整治工程的解决已经超越了防洪意义上的龙淡河问题，而演变为惠州和深圳的上下游关系的综合利益的调整。笔者问及是否两地就深圳补助的是1000万元还是2000万元的问题导致了悬而未决，有位官员如是说[①]：

> 龙淡河的问题现在是一个综合的问题，而不仅仅是防洪的问题，它涉及治污、防洪、水源地建设等方面。防洪的工程要在惠阳区内动工，惠阳没钱，深圳要补，1000万元也好，2000万元也好，都是可以操作的，可以谈的，只是技术性问题，现在都是历史了。现在是无法操作的了，是涉及市与市之间的大的利益调整的问题。现在是防洪、水污染、水源等几件事弄在一起，惠州方面的看法是不解决水污染的问题，什么都别谈。我们深圳是大量投资用于龙岗河的治污的，但是，污染的治理有一个过程，没有这么快。所以，现在就是双方耗着，看谁耗得过谁。当然，我相信问题最终是会得到解决的，但是需要一个综合的解决方案，任何一个单独的方案都无法满足大家的胃口了。以后可能是等市里出面几件事一揽子和惠州共同协商解决。所以，防洪工程的问题就已经不是我们水务部门或几个部门的层面可以解决的了，也不是惠阳层面可以解决的了。[②]

前文已经述及，淡水河的污染问题一直牵动着惠州人敏感的神经，东莞老是向惠州抱怨水质差，惠州认为问题的根源是在深圳，深圳一方面从东江上游把优质水取走了，另一方面又把惠州的水污染了，排下来的五类水增加了惠州的负担，导致淡水河的环境容量都没了，影响了惠州的经济发展，还要求惠州保证水质水量，维护取水管道，对惠州的要求很多。一

① 任敏：《流域公共治理的政府间协调研究——以珠江流域为个案》，载《“21世纪的公共管理：机遇与挑战”第三届国际学术研讨会文集》，格致出版社、上海人民出版社，2008。

② 任敏：《流域公共治理的政府间协调研究——以珠江流域为个案》，载《“21世纪的公共管理：机遇与挑战”第三届国际学术研讨会文集》，格致出版社、上海人民出版社，2008。

位官员在访谈时说：

> 污染对我们和东莞影响大，对他们倒没影响。龙门水质很好的，淡水河被深圳污染了，十几年来一直跟深圳在交涉，但没有解决。惠州也有向省里提意见，但是也一直没有解决。龙岗方面说他们已经花力气治理了，但是惠州交界断面的水质并没有改善。我们要求交界断面水质达标不过分吧？这一点都做不到，问题怎么能够解决呢？我们这是起码的要求。①

笔者在访谈中获悉，淡水河整治前期工程已经得到省水利厅的立项批准，至此，自 2003 年 6 月应急工程未能得到省里立项后，两地经过若干年的协调未果而再次采用了上级机关纵向协调的方式来解决问题，当然，龙淡河的其他问题还同样存在，两地之间的横向协商和谈判还将继续进行下去。②

小　结

本节分析了珠江流域公共治理中政府间协调的主要模式，将之划分为传统的上级机关的纵向协调、流域机构的专门协调以及地区及部门间的横向协调三大类。从协调机制本身看，首先，上级机关的纵向协调依然是最有效的政府间协调方式。尤为突出的是，总量控制这种纵向协调方式出现了突破性的进展，水利部发布的《水量分配暂行办法》使得水量分配的冲突有了解决的依据，其可以有效预防富水地区的水纠纷，也可以解决当前贫水地区的用水纠纷。而且，《水量分配暂行办法》被认为在初始水权界定方面迈出了关键的一步，可以为将来结合市场机制解决水量矛盾打下良好的基础。在水污染物排放和排污总量控制方面，环保部门确定了主要污染

---

① 访谈记录：HZSL2008. 1. 30。

② 任敏：《流域公共治理的政府间协调研究——以珠江流域为个案》，载《“21 世纪的公共管理：机遇与挑战”第三届国际学术研讨会文集》，格致出版社、上海人民出版社，2008。

物削减目标责任书考核原则，并将结果纳入政绩考核体系等措施也促使上级机关加大了纵向协调的力度。纵向协调还被认为是解决跨界水事纠纷的有力手段，特别是一些涉及联合治理的项目，上级机关的立项往往是最高效的解决问题的手段。但是，纵向协调出于一些原因而受到一定的制约，比如，水利部门等地方政府的组成部门并不是由其上级职能机关提供财政支持，而是由地方政府提供。其次，新《水法》实施以后，流域机构协调的能力大大增强了，除了传统的水利建设方面的协调外，在水量调度方面，珠江水利委员会在组织实施珠江压咸补淡应急调水和珠江骨干水库统一调度方面的协调也积累了经验，尤为突出的是，流域机构的协调与传统的上级机关的纵向协调相比有一个很大特色就是流域机构的协调还侧重于帮助建立流域公共治理的各个主体的横向协作平台和机制，组织各省签署《珠江流域片跨省河流水事工作规约》、启动突发性水污染事件应急预案编制工作以及之前建立起来的跨界污染协作机制都是在流域机构的主导下推动的。最后，横向协调机制在珠江流域内的使用也较为丰富，泛珠三角的合作使得区域之间的横向协作有了更多的平台，广东省则通过立法的方式来保证交界断面水质达标管理机制的正常运行。部门之间也正在努力建立诸如信息通报等协调机制。本节还重点以龙淡河为案例描述了区域之间的横向协调的情况。

四　流域公共治理的传统科层式政府间协调的影响因素及效果分析

流域公共治理的传统政府间协调的效果受到不同因素的影响，这些因素的不同作用导致了协调机制在整合碎片化方面的不同效果。本节在理论分析的基础上对珠江流域政府间协调机制的影响因素进行了分析，并对协调的效果进行了评估。

（一）影响协调的要素理论

1. 环境变化

在组织分析领域一个主导性的观点就是组织是与其制度环境相互作用

的社会实体。[1] 国家权力和支配性的政治文化深深地渗透到公共组织的结构和制度当中，它们必须随着社会结构的变化而做出调适，有时为了扩张它们的资源，组织必须抢先在其社会和制度环境内发生互动。简单说，当前的组织行为理论也看到了组织影响其环境的能力，这种能力取决于组织自身积累的政治资本和资源状况以及情形的复杂程度。当情况的复杂性超过了组织个体能力的时候，为应对这种不稳定的环境，需要在组织内部或者组织之间发展出暂时性的或者持久性的社会网络关系来。根据资源依赖说，组织努力去获得一些被其他组织所控制的资源来减少不确定性和反常规的一些不利影响。从社会阶层的视角看，代表相似的社会和经济利益的组织会试图通过联盟的方式来保持和强化其控制能力，从而获得更高的社会声望，彼此创造信任和互惠。一方面，一些学者对这些环境进行了分类，一般说来，危机、压力和混乱是这类环境变化的一些元素，通常会引发组织间关系的发展。社会的突然变化，经济和制度条件通常会成为组织间网络发展的催化剂，深刻的社会危机和经济危机会形成跨部门的联合的动因，危机和动乱会成为催化集体行动的主要因素。当然，从另外一个方面说，这种环境的变化也可能增加集体行动的各方所得，减少相互竞争的机会。[2] 图 3－1 可以说明以上分析。

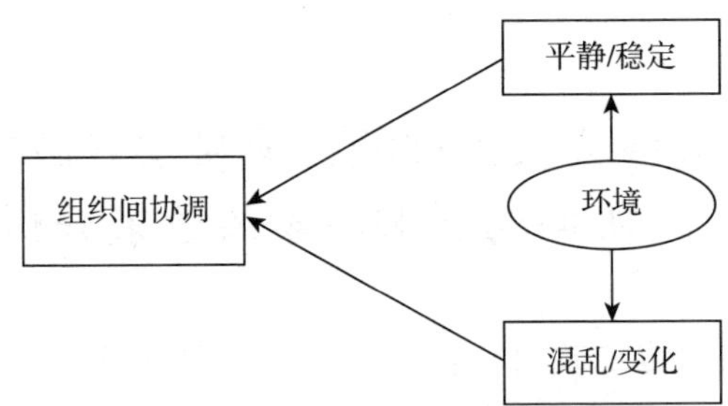

图 3－1　环境变化对组织间协调的影响

---

① Mizruchi, Michael and Galaskiewicz, Joseph, "Network of Interorganitional Relations," in S. Wasseman and J. Galaskiewicz, eds., *Advances in Social Network Analysis*, *Research in the Social and Behavioral Science* (Newbury Park, CA: Sage Publications, 1994).

② 任敏：《流域公共治理的政府间协调研究——以珠江流域为个案》，载《"21 世纪的公共管理：机遇与挑战"第三届国际学术研讨会文集》，格致出版社、上海人民出版社，2008。

2. 互动成本

互动的组织在交换或汇总资源的时候也会产生成本，这与科斯所创立的交易成本的概念相关联。科斯把交易成本描述为当交易方去“搜寻可以交易的对象，与交易方联系，在谈判中讨价还价，形成合同，监督合同条款的落实”时产生的成本。[①] 根据这些成本的大小，交易方可以决定交易是否值得，每个交易方会相应采取行动为自己在最终达成的协议中争取一个较佳的位置。这个理论假定了交易方是寻求交易成本最小化、收益最大化的理性决策者，[②] 进而在运用交易成本方法来研究交通网络的时候对交易成本进行了发展，他建议使用互动成本的概念来描述那些个体、群体和区域在社会网络中的互动。

互动成本包括发现和搜寻伙伴、谈判并达成协议的成本（事前）；其后的不断协调的成本；监督和执行共同的承诺和结果的成本（事后）。在实际运转的层面，互动成本涉及沟通、会晤、准备方案和工作计划、数据的收集和研究、准备特定的资金和资金的管理、人力资源的使用、设备、报告、评价等。互动成本也是影响协调的重要因素，如果互动成本太高，可能就会成为影响协调的主要障碍。而且，互动成本的大小还会影响组织间协作关系的结构、性质和持续性。所以，一些旨在降低互动成本的政策或做法会在组织间关系中提高协调的能力。非正式的安排通常倾向于具有较低的互动成本，但是很有可能不了了之，而正式的安排可能会投资多一点，但是可能更加持久。制度化、常规化的互动关系具有减少总体的互动成本的效果，从而可以提高协作型组织的互动的频率。常规化的最重要的结果是减少了不确定性，以及减少了互动的组织资产专用性的潜在影响，它也是组织领域内稳定性的重要指标之一。当互动成本与组织资源相比太高的时候，组织可能就更容易对互相的合作兴趣不大，从而使得组织间的协调成本提高，协调的效果也会受到影响。低的互动成本更易产生成功的协调和组织间良好的协作关系。[③] 图 3－2

① Coase, Ronald, “The Problem of Social Cost,” *Journal of Law and Economics* 3 (1960).

② Westlund, Hans, “An Interaction-Cost Perspective on Networks and Territory,” *Annals of Regional Science* 1 (1999): 93－121.

③ 任敏：《流域公共治理的政府间协调研究——以珠江流域为个案》，载《“21 世纪的公共管理：机遇与挑战”第三届国际学术研讨会文集》，格致出版社、上海人民出版社，2008。

可以说明上述分析。

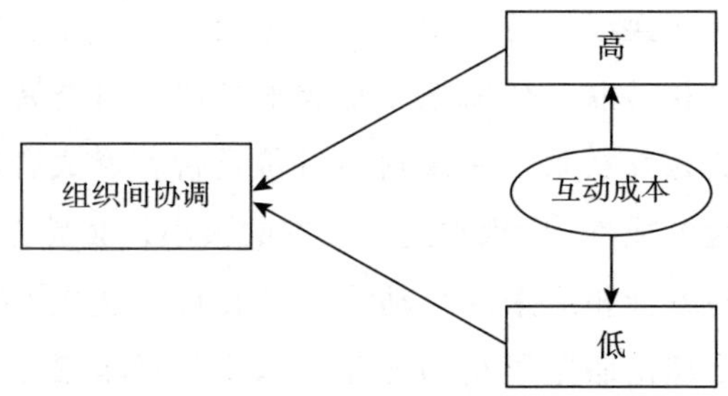

图 3-2　互动成本对组织间协调的影响

3. 组织领域的一致性

根据迪马乔、鲍威尔、彭宁斯等人的研究，组织间的协调受到领域的一致性的影响。这种一致性意味着共同的目标和在一定领域内可以共同识别的问题，也意味着共同的观点和一些分享的原则。当然，完全一致的领域可能也缺乏协调的必要，而完全不一致的领域则很难产生协调的基础，因此所谓的一致性主要是指一致性的程度的高低，它会影响到一些组织对关注的问题和集体的优先考虑的共识的程度，也会影响对彼此行动的接受程度，还会影响到集体的依赖关系的意识以及在相关领域的行动或决策的规则和构成。组织领域的一致性程度越高，对这些组织进行协调的效果通常也越好，相反，一致性越低，协调的可能性越低或者效果越差。图 3-3 可以说明上述分析。

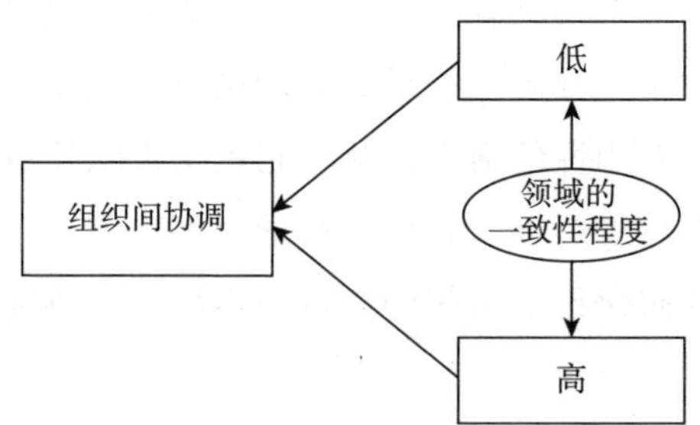

图 3-3　领域的一致性对组织间协调的影响

（二）流域科层式政府间协调的影响因素

在分析了珠江流域政府间协调的基本模式的基础上，本书继续对珠江流域政府间协调的影响因素和协调方式进行剖析。

1. 环境变化的影响

在前文的理论分析中已经提及，当环境的复杂性超过了组织个体的能力的时候，为应对这种不稳定的环境，需要在组织内部或者组织之间发展出暂时性的或者持久性的社会网络关系来，组织会努力去获得一些被其他组织所控制的资源来减少不确定性和一些不利影响，从而获得更高的社会声望，彼此创造信任和互惠关系。学者们认为危机、压力和混乱这些环境变化的元素，通常会促进组织间关系的发展，形成跨部门的联合的动因并催化集体行动。

通过分析笔者发现，环境的变化是对珠江流域公共治理的政府间协调产生影响的非常重要的因素。这具体表现在以下几方面。

（1）公共危机出现的频率不断提高，影响不断增强

当水危机已经成为社会焦点的时候，同样事件的影响程度就可能大大不同。例如，贵州和广西的红水河跨界污染事件已经发生了多年，广西方面多次向珠江委投诉，也尝试区域间横向协调，即由广西壮族自治区人民政府向贵州省政府发函要求协调解决。但是，在国家提出建设环境友好型社会的背景下，在松花江事件引起强烈的社会震动和社会各界的广泛讨论的情况下，国家环保总局在公布的重大典型事件中再次提及红水河事件时，事件的影响就大大增强了，这在很大的程度上也促进了珠江水利委员会以黔桂跨界水污染为契机而尝试建立黔桂协作机制。[①]

（2）国家发展目标的调整和节能减排等总量控制制度给流域公共治理带来的巨大压力

党的十六大报告将可持续发展列入全面建设小康社会的基本奋斗目标，十六届五中全会更明确提出要把建设资源节约型和环境友好型社会确定为国民经济和社会发展中长期规划的一项战略任务，在“十一五”规划的制定中将其提升到前所未有的高度。党的十七大报告中则第一次将“生态文明”纳入原有的三大文明的理论体系。党的十八大报告更是把生态文明纳入“五位一体”的党和国家战略新布局，这些都反映出国家发展目标的相

① 任敏：《流域公共治理的政府间协调研究——以珠江流域为个案》，载《“21世纪的公共管理：机遇与挑战”第三届国际学术研讨会文集》，格致出版社、上海人民出版社，2008。

应变化，这些都给流域公共治理的主体带来了巨大的压力，加上节能减排等总量控制手段的严格实施的要求，这些环境变化的压力使得任何一个部门都感到难以独立完成任务，贵州省为此出台的《“十一五”主要污染物总量控制台账制度（试行）》就加大了环保、统计、建设、经贸等部门在总量控制台账的收集与处理工作中的合作，并要求各地将此项工作纳入年度系统目标考核内容。广东省也要求省发展改革委、省经贸委、省财政厅、省国土资源厅、省建设厅、省水利厅、省农业厅、省物价局、省工商局、省海洋渔业局、省质监局等各司其职，各负其责，密切配合，共同推进。这些都是压力之下的各地政府所做出的反应。

（3）官员的激励结构的变化

20 世纪 80 年代以来，我国地方官员的选拔和提升的标准由过去的政治指标向经济绩效指标转变，这种以 GDP 为核心的政绩考核机制必然会给流域公共治理的政府间协调带来负面影响，在地方官员为 GDP 和利税等经济指标而不断竞争的环境条件下，流域公共利益只能成为不是约束的约束，地区间和部门间为提高流域公共利益而进行的合作更是成为一种空想。

2005 年松花江事件直接导致了我国时任环保总局局长的下台，这种官员问责机制所传递的官员激励结构的变化信号深刻地反映了我国的治国战略的转变。当绿色 GDP 真正成为官员的考核指标，为实现这种转变而进行的合作和协调就成为一种内在的需求。事实上，这个环境变化的程度对珠江流域的上游和下游、不同的地区和部门的影响是不一样的。例如，广东的河源，其在发展理念上经历了“既要金山银山，也要绿水青山”—“既要金山银山，更要绿水青山”—“绿水青山就是金山银山”的转变。因为承担着保护东江水的重要任务，尽管经济发展较落后，但河源市各级政府都非常重视环境保护工作，经济的发展绝不能以环境为代价也自然成为影响官员激励结构的重要因素。而在珠江上游的珠江源所在地云南省曲靖，经济发展和环境保护的矛盾则非常尖锐，根据笔者对一位官员的访谈，我们可以看到当地的官员激励结构对流域协调的影响[①]：

---

① 任敏：《流域公共治理的政府间协调研究——以珠江流域为个案》，载《“21 世纪的公共管理：机遇与挑战”第三届国际学术研讨会文集》，格致出版社、上海人民出版社，2008。

珠江流域的上游，七大江河的上游都是绿色的一二类水，唯独曲靖，水质是五类，就是划为保护区和开发区的认识不一样。曲靖在当地的经济比较发达，属开发区，现在妥协的结果是干流是保护区，支流是开发区，其实支流污染了不可能保住干流。现在流域水功能区划报上去的是向地方利益妥协。另外是许可权的问题。上游的许可地方应该管住，省里应该管住，但他们省里没有统管，他们说管不了，这样当地就根据自己的发展来确定如何管理，导致珠江上游污染严重。[①]

（4）其他政治、经济、社会环境的影响

政府可能会出于考虑这些变化着的因素而采取更加积极或者消极的合作。其中，政治因素的考虑可能是一个非常重要的影响变量。例如，在珠江流域，涉及香港（流域外供水）和澳门的问题，这会对协调和合作产生相当大的影响。比如，咸潮上溯的影响可能会带来一些政治上的考虑，压咸补淡的政治含义也是毋庸置疑的，曾经的国家防总秘书长、水利部副部长鄂竟平对调水压咸进行了如下评价。

调水还营造了团结治水的氛围，使澳门特区感受到了祖国大家庭的温暖，正如港澳媒体所评论的那样，此次调水充分体现了党和中央政府对香港、澳门居民的厚爱和深切关怀，体现了内地人民对香港、澳门同胞无私的支持和帮助。这次压咸补淡应急调水得到党中央、国务院的充分肯定，社会各界反响强烈。副总理回良玉批示：“此事办得很好”。全国政协副主席、澳门中华总商会会长马万祺先生欣然题写了“千里送清泉，思源怀祖国”的对联，由家人送到珠江水利委员会，表达了澳门特区各界对祖国的衷心感谢。广东省委、省政府向国家防总、水利部以及贵州、广西两省区、电力等部门发出感谢信，盛赞这次调水是贯彻落实“立党为公、执政为民”的生动实践。澳门特区自来水公司还专门派员到国家防总办公室表示感谢。香港媒体评论：珠江压咸补淡应急调水的意义已经远远超过了调水本身。[②]

① 访谈记录：ZJSL. 9. 1。

② 《鄂竟平在国家防总2005年珠江压咸补淡应急调水工作总结会议上的讲话》，《人民珠江》2005年第4期。

其他经济、社会的一些变化因素很多也很具体，例如，经济环境的调整和变化就很可能成为一个影响协调的重要变量，比如，在交界断面水质是否达标的问题上，如果下游地区面临着经济增长的较大压力，就会对不达标的水质会造成经济发展所需要的环境容量缩小的问题特别敏感，这就会形成协调的强大动因。又如，产业结构的影响，农业为主的产业结构可能会对水质水量均有较高的要求，制造业制纸采煤可能对水量有要求，对水质没什么要求。笔者曾经非常困惑，云南交给贵州的水问题一样是很大的，为什么贵州对此就不像广西那样反应激烈？一位官员的话解答了笔者的这个疑问：

> 云南境内，珠江的最上游的南盘江污染是最严重的。所有水的问题在那里都集中反映出来。我就思考为什么没有人呼吁，也没有强烈反映到我这里，就是饮用水的问题。如果一条江为饮用水源，就会非常受关注，因为安全是最重要的。云南那边就没有这个问题，它的饮水都不是靠那个江，喝的水都是从上游支流的水库里取过来的，他们的水库保护得很好，贵州段内也是黑水，但没有自来水厂是从那里取水的。发电问题不大，经过水轮机当然有些腐蚀。连灌溉都没有，贵州两侧都是山，在北盘江那里至少没有大规模灌溉的需求。①

2. 互动成本的影响

交易成本理论假定各个交易方是寻求交易成本最小化、收益最大化的理性决策者。这个假设可以用于分析协调的动机和结果，互动成本也是一个重要的影响因素。

（1）对于横向协调的问题，最大的障碍之一是互动成本较高

因为隶属于不同的地区或者部门，组织之间的共享资源通常会比较少，在搜寻相关信息、谈判和达成协议方面需要付出更多的成本，事后的监督、协调和执行方面的互动成本也比较高，而且，由于彼此信息的不对称性，

① 任敏：《流域公共治理的政府间协调研究——以珠江流域为个案》，载《“21 世纪的公共管理：机遇与挑战”第三届国际学术研讨会文集》，格致出版社、上海人民出版社，2008。

协调过程中出现机会主义行为的可能性也大大增加了，这就进一步提高了信息的成本和监督的成本。

（2）对于流域机构的专门协调来说，互动成本虽然不高，但是也受到一些制约因素的影响

专门的协调机构和相关机构在协调过程的介入程度是不一样的，流域机构的专门协调的主要优势也体现在协调的介入程度较深，具有比较权威的信息和专业化的调查和协调手段，专业化的设备、报告和评价以及数据收集的手段等，这些都会带来互动成本的降低。但是，由于目前我国流域机构的职能和权力有限，具体来说，在人事权、财政权、处罚权等方面流域机构都受到很大的制约，这又从另外一个方面提高了互动成本。

（3）对于上级机关的纵向协调来说，互动成本较低是协调效果较佳的一个重要原因

这种协调模式的重要特征就是组织之间的共享资源比较多，在搜寻信息、谈判和达成协议方面的成本较低，事后的监督和执行成本也比较低。而且，由于上下级的行政隶属关系的存在，行政命令的方式可以大大地提高协调的效率，降低机会主义行为出现的可能性，从而降低互动的成本。而且，这类协调中协调者本身的权力较大，常常具有相配套的人事权和财政权。这也是这种协调模式效率较高的主要原因。①

3. 组织领域的一致性程度以及其他的影响因素

从某种意义上来说，流域公共治理的政府间协调都是在一个大的一致的组织领域内进行的，或者共同的公共事务，或者共同的涉水机构，但是在大的一致性的范围内，不同的协调机构和不同的协调模式在组织领域的一致性方面显然也是存在很大差别的。例如，横向协调模式中，不同部门间的协调就存在组织领域的一致性程度较低的现象，虽然互补性较强，但是兼容性较差。这导致了在横向协调模式中，目标的共同性和问题的共识性程度较低，在一些大的原则和观点上可能出现较大的分歧。这也是横向协调机构往往止步于达成的框架，而在具体的贯彻实施方面步履维艰的重

---

① 任敏：《流域公共治理的政府间协调研究——以珠江流域为个案》，载《“21 世纪的公共管理：机遇与挑战”第三届国际学术研讨会文集》，格致出版社、上海人民出版社，2008。

要原因。在流域机构的专门协调中，组织领域的一致性方面有了一定程度的提高，而且，流域和区域相结合的管理体制和区域要服从流域的管理原则，在很大程度上进一步提高了组织领域的兼容性和互补性，从而提高了协调的效率。对于上级机关的纵向协调来说，组织领域存在高度的一致性，目标的共同性和对问题的共识性程度较高，组织间的依赖关系较强，但是也存在虽然兼容性较强但是互补性较差的缺憾。①

除了以上的影响因素外，还有一些因素也会对流域公共治理的政府间协调产生影响。例如，在横向协调中，话语权就是一个很重要的影响协调的因素。部门是否属于政府机构中的"核心"部门，地区是否在当地乃至全国具有举足轻重的地位，或者一把手是不是强势型的领导人物，这些都可能成为影响政府间协调的重要变量。在前文提及的深圳和惠州的横向协调问题上，我们在访谈中一个深刻的印象就是惠州方面表现出的一种深深的无奈，比如，在深圳取水的问题上：

> 我们不同意也要同意。深圳在惠州取水，当地老百姓是不同意的，但是深圳市委书记是省委常委，省里压下来的，是政治问题，惠州不同意也得同意，以大局为重，没有补偿。②

又如，分管领导的设置可能也会影响到协调的效果。如果部门间的横向协调有着共同的分管领导，协调的难度也会在一定的程度上减小。在环保部门和水利部门的矛盾上，有着共同的分管领导的地方矛盾通常也会在一定的程度上有减弱的趋势。不过，很多地方的分管领导的安排主要考虑的是权力分配的平衡而忽视了协调的可能性。另外，协调的效果也可能与地方的经济实力有关。例如，珠江委和不同地区的关系是很微妙的，有的受访官员告诉笔者，广西、贵州等经济比较落后的上游地区往往对流域机构的协调更加服从，而广东这样的经济发达地区却和流域机构有着更多的

---

① 任敏：《流域公共治理的政府间协调研究——以珠江流域为个案》，载《"21世纪的公共管理：机遇与挑战"第三届国际学术研讨会文集》，格致出版社、上海人民出版社，2008。

② 访谈记录：HZHK. 10. 11。

摩擦。道理很简单，广东经济发达，对流域机构的资源依赖程度低，上游地区则希望从流域机构那里获得更多的“胡萝卜”，自然对流域机构的协调往往比较配合。

笔者在贵州、广西调研时就感觉到，两个省份的水利部门和珠江委的关系都较为密切，贵州省水利厅的官员这样评价：

> 我省和流域机构（珠江委、长江委）沟通协调得不错，贵州处于上游，柳江水系都是从贵州发源的，南北盘江贵州都是上游，对水资源保护流域机构较为重视。[①]

从协调的结果看，首先，传统的上级机关的纵向协调的确和前文的理论分析所提及的一样，即在公共部门中，占据主导地位的协调依然是在各个部门中通过传统的方式来进行，最典型的政府部门协调的方式还是自上而下的层级控制的依赖关系。这种协调方式因为较低的交易成本和较高的效率而在我国的流域公共治理实践中仍然发挥着主导的作用。笔者认为，这与传统的区域为主导的流域公共治理模式的影响是密不可分的。其次，流域机构的协调正在扮演着越来越重要的角色。出于历史的原因，流域机构过去在流域公共治理的主体中作用有限，新《水法》确立了流域与区域相结合的原则以后，流域机构的地位有了一定的提高，在协调方面，诚然还存在碎片化分析中所提及的许多不尽如人意的地方，但是流域机构的协调意识增强了，协调手段增加了，协调效果也提高了。最后，横向协作机制目前往往是框架式的，比如泛珠的协作机制，侧重于明确区域环保部门和水利部门合作的目的和意义、原则、重点领域和内容，在具体的落实方面则有待深化。另外，泛珠合作在环保部门和水利部门合作之间也缺乏沟通的平台。与流域公共治理的内在需要相比，在不同的部门和地区之间建立的机制（如信息通报机制）目前数量还极为有限，跨行政区交界断面水质达标管理等具体协调的内容还缺乏实质性的制约手段，大量的横向协调涉及太多利益关系的调整，虽然区域和区域之间经过了艰难的讨价还价和

① 访谈记录：GZSL. 8. 7。

协商谈判，但效果有限。[①]

（三）传统科层式政府间协调对整合碎片化的效果

各种各样的政府间协调机制对流域公共治理的碎片化的治理做出了不同的努力，一些良好运行的协调机制的确可以在一定程度上解决治理中所面临的许多碎片化的问题，事实上，对于流域治理的破碎化现象，协调的领域是不仅仅局限于部门之间的协调，例如，格里格就在分析水管理的协调问题时对协调的类型做了比较全面的分类，包括社会和环境的协调、利益相关者的协调、流域的协调、水管理工具的协调、时间关系的协调、水质和水量的协调、政府间的协调、地方－区域的协调。笔者认为在一项研究中要涵盖所有是非常困难的，故而选择了流域公共治理的政府主体之间的协调作为研究的对象。

1. 流域公共治理中的政府间横向协调

（1）区域之间的横向协调[②]

在前文分析的流域公共治理的碎片化模型中，事实上反映了流域利益和区域利益的矛盾。这些矛盾体现在两个方面，一是横向的区域之间的利益关系的矛盾，二是纵向的流域与区域之间的利益关系的矛盾。虽然说这些利益在根本上看来具有一致性的特点，但是在具体表现上差异性的确是非常突出的。在市场经济条件下，区域和区域之间的利益关系也日益多样化和复杂化，各个区域都有着独立的利益诉求，导致了地区分割等碎片化的表现。但是，区域间的利益关系也从根本上具有一致和共享的可能性，这使得区域的矛盾并非不可调和。

同时，从纵向看，还存在流域和区域之间的利益关系。从根本上看，流域和区域利益也是存在一致性的可能的，因为流域利益是区域利益得以实现的基本保证，而区域利益是流域利益得以实现的基础，或者说流域利

① 任敏：《流域公共治理的政府间协调研究——以珠江流域为个案》，载《“21世纪的公共管理：机遇与挑战”第三届国际学术研讨会文集》，格致出版社、上海人民出版社，2008。

② 以下内容已发表在任敏：《流域公共治理的政府间协调研究——以珠江流域为个案》，载《“21世纪的公共管理：机遇与挑战”第三届国际学术研讨会文集》，格致出版社、上海人民出版社，2008。

益是所在区域的根本利益，也是建立在区域利益基础上的流域范围的共同利益，区域利益则是各自权限范围内全体社会成员的利益代表，也是流域利益的基本组成部分。在对流域公共治理的碎片化现象的分析中，我们看到当前的流域和区域利益也存在冲突的情况，各地区在追求自己的区域利益的时候有时会忽视流域利益的重要性。另外，区域的利益冲突常常体现为综合性的冲突，涉及多个部门的协调，正因为如此，在现有的制度框架下，区域和区域之间的利益冲突试图通过区域之间的横向协调来加以解决是非常困难的，或者说，要想通过政府间协调来实现双边利益的帕累托改进的可能性是比较小的。

（2）部门之间的横向协调[①]

我们再次回到唐斯的管理组织领域理论当中去。唐斯的领域理论将管理组织的特定职能区域或者政策空间以领域带的方式予以划分，对于官僚组织是唯一的社会政策决定者的重心领域来说，应该说是部门间的协调很难触及领域，但是对于官僚组织的内部边缘性领域来说，虽然特定的官僚组织在该领域内是具有支配性作用的，但是其他的机构也有一定的影响。例如，在流域公共治理中，水环境保护可以看成是环保部门具有支配性影响力的领域，但是，水利部门由于其水资源保护职能也会涉及水环境的问题，林业部门涵养水源的部分职能也会涉及水环境保护的问题，这就可以看成是环保部门的重心领域，这就是政府间部门协调可以发生的具体的政策领域。在实际的流域公共治理过程中，这些领域往往矛盾重重，目前的横向协调机制试图在这些领域通过组织间网络的方式，主要是通过初步的信息通报制度和一定的协作机制来加强部门合作。这些机制在一定的程度上改善了流域公共治理的碎片化现状。

而对于无人地带来说，没有单独的官僚组织是支配性的，但许多官僚组织具有某种影响。在我国当前的流域公共治理中，这样的领域应该说是不多的。我们的流域公共治理实践之所以确定主管部门和相关部门，也是

---

① 以下内容已发表在任敏：《流域公共治理的政府间协调研究——以珠江流域为个案》，载《“21 世纪的公共管理：机遇与挑战”第三届国际学术研讨会文集》，格致出版社、上海人民出版社，2008。

为了避免这样的无人地带的出现。但是，这个领域也是政府间协调的重要地带，因为这样的领域恰恰是最容易出现问题的领域，由于群龙无首，最容易发生有利的时候大家争着管，无利的时候互相推诿的情况。因此，对于这样的领域特别需要建立起相对正式的、有约束力的协调机制。

至于官僚组织的外部领域，就是其他的官僚组织支配社会政策的地方。一个次级地带是外围领域，官僚组织在那里虽然也具有某种影响，但其他的官僚组织起支配作用，这种情形在流域公共治理中比较普遍，相对来说，这也是碎片化问题不太突出的领域。另一个次级领域是外界领域，官僚组织在那里不具有任何影响。这也不具有协调的必要性。

当然，在流域公共治理实践中，由于现代社会的复杂的相互依赖性，有的政策行为也很难准确地划分到这些明确的领域中去，唐斯指出官僚组织对内会拒绝一些其他组织对其领域的边界的“侵犯”，对外官僚组织也会试图影响对其运作有影响的社会机构的决策，借此来推动现有的领域的边界向外扩展，对官僚领域保持警惕性是理性的行为。在流域公共治理中，由于各涉水机构实际上很多职能边界的模糊性，各涉水机构就有了拒绝他人入侵的同时尽量向外扩张的强烈的主观动因，这加剧了部门分割导致的碎片化。但是，事物都是具有两面性的，笔者认为，这种动因恰恰创造了协调可能发生的空间。通过一定的协调机制的设计或者适当的网络嵌入，部门分割的情况有可能得到一定程度的改善。这正是当前在流域公共治理中出现各种类型的横向协调机制的重要原因。很多这类机制的运行处于刚刚开始的阶段，效果还有待检验。

前文已经论及，横向协调的建立和加强也可以从网络的视角来进行分析。从这个层面上看，横向层面的网络系统目前还是一种典型的弱关系状态，从关系强度和关系密度上看还远远不够，而网络的强度和密度对凝聚力和集体行动的产生有重要作用，只有达到一定的强度和密度，信息才能够顺畅流通，信任也才可能在成员之间真正产生，潜在的冲突可以得到缓解，主动的合作也自然可以达成，“机会的结构”才能够真正地转化为实实在在的收益。从珠江流域的情况来看，这种弱的横向联系目前在改善碎片化状况方面只是一种尝试，而且由于本身协调系统还不健全，弱网络关系的状况还没有改变，目前对治理碎片化的作用也是有限的。

2. 流域公共治理中的政府间纵向协调[①]

纵向协调一直是解决碎片化问题的主要工具，前文已经论及，纵向协调在公共部门中始终占据着非常重要的主导地位。在流域公共治理实践中，这种纵向协调目前依然是最经常采用的协调方式，相对来说，也是效果比较稳定的一种协调方式。因为是依赖于自上而下的科层制的层级节制关系，下级组织可以从上级组织那里清楚地得到应该怎么做的指示，而且，由于具有人事权和财政权，纵向协调往往具有“胡萝卜加大棒”的威力，这样的协调方式具有高效快捷的特点，而且交易成本很低。研究发现，通过一些制度创新（比如水量分配方案的出台，在界定水资源的初始产权方面迈出了第一步），流域公共治理中传统的政府间纵向协调的效率还可以得到大幅度的提高，从而在相当的程度上改善我国当前流域公共治理的碎片化状况。

笔者还注意到一个趋势，那就是这种纵向协调毕竟范围有限，在大量超过相关机构职能范围的碎片化现状面前，纵向协调也是无能为力的，往往要求助于上级政府运用行政权力对相关职能部门的配合做出一些要求，这种模式无法改善传统科层制在应对流域治理中的错综复杂的各种关系时捉襟见肘的现状。

3. 流域公共治理中的流域机构的专门协调[②]

流域管理机构协调的范围、形式、力度及有效性均取决于现行制度的有关规定，从功能的角度看这是符合流域及各区域利益而有利于合作形成的激励行为。流域机构的协调方式、范围和力度均有着丰富的变化，强化流域管理机构的协调功能可以大大地改善流域公共治理中的碎片化状况。目前流域机构的协调总体还属于弱势状态。中华人民共和国成立以来，客观上全国上下已经形成以行政区划为单元的“分级分部门”的水管理体系，这些地方政府的水管理机构经过几十年的经验积累，有较强的工作基础，

---

① 以下内容已发表在任敏：《流域公共治理的政府间协调研究——以珠江流域为个案》，载《“21世纪的公共管理：机遇与挑战”第三届国际学术研讨会文集》，格致出版社、上海人民出版社，2008。

② 以下内容已发表在任敏：《流域公共治理的政府间协调研究——以珠江流域为个案》，载《“21世纪的公共管理：机遇与挑战”第三届国际学术研讨会文集》，格致出版社、上海人民出版社，2008。

并且得到了地方政府的支持，而流域机构却几经撤换，至20世纪70年代末才全面恢复。在1988年颁布的《水法》中提出了“统一管理与分级、分部门管理相结合的制度”，更进一步强化了区域管理。而且，从我国的政治体制角度看，区域管理与我国的行政体制相吻合。在这样长期形成的我国的水资源区域管理体制下，2002年《水法》颁布以后，流域管理和区域管理怎样结合实际上是一个很大的挑战。流域机构如何充分发挥其各项职能，特别是协调的功能，真正扮演好河流代言人的角色，需要我们在治理实践中进行不断的调适。可以确信的是，当水问题的压力不断增大，出现纠纷得不到解决，或必须采取措施协调行政区域与利益团体间的关系时，流域机构的专门协调就顺理成章地成为解决碎片化问题的有力工具。

根据上述研究，表3－1对传统珠江流域公共治理科层式政府间协调的状况加以总结。

表3－1　珠江流域基于协作性治理的科层式政府间协调概况

模式	协调的动机	协调的方式	影响协调的要素	协调的效果
上级机关纵向协调	资源依赖；合法性机制；组织间网络	行政命令（水量和排污总量控制）；财政转移支付；专项立项	环境变化（公共危机，发展战略的变化，激励结构等）；互动成本（较低）；组织领域一致性（较高）	范围有限，效率较高
流域机构的专门协调	资源依赖；合法性机制；组织间网络	行政命令（排污口设置的审查和取水许可，骨干水库调度）；沟通协商（水利工程，跨界污染调查，牵头组织各部门和各地区参与的横向协作机制）	环境变化（公共危机，发展的战略变化，激励结构，其他政治目的的考虑）；互动成本（一般）；组织领域一致性（一般）	范围不断扩大，效率有所提高，新的机制的效率有待观察
部门间、地区间横向协调	资源依赖；合法性机制；组织间网络	松散的协议（泛珠合作）；立法方式（《广东省跨行政区域河流交接断面水质保护条例》）；高层联络（领导小组、联席会议和其他议事委员会）；沟通协商（部门间信息通报制度，就具体公共事务进行的双边谈判和协商）	环境变化（公共危机，战略变化，激励结构等）；互动成本（较高）；组织领域一致性（较低或较高）；其他因素的影响（领导者话语权、分管领导等）	范围较广，效率不高

五　协作治理视角下流域治理政府间协调的问题与反思

（一）协调依然没有摆脱以等级制和职务权威为依托的权威性依赖

我们发现，现有的流域政府间协调机制依然是建立在官僚制下并以权威为主导的。韦伯官僚制理论在探索政府和组织的控制形式的时候，以权威和控制为主要的变量发现了人类社会组织在不同发展时期的不同性质和特质。他的研究起点是回答人们为什么会服从命令并按照他们所告知的方式去行事。于是，组织的合法性和权威类型成为他分析人类社会组织演变的主要维度。韦伯认为，权威能够消除混乱，带来秩序。在合法化的组织中，权威的基础是组织内部的各种规则以及人们对于规则的服从而建构起来的等级体系。而权威的载体是组织中的各种职务，建立在这样的权威服从基础之上的就是现在以分部 - 分层、集权 - 统一、指挥 - 服从等为特征的“官僚制”组织，也是现代社会实施高效的合法统治的行政组织的特点。

但是在官僚制（又称科层制）体制下人类从来没有缺乏过有关协调的需要，正如本文开始强调的那样，协调是公共行政的永恒主题之一。官僚制下的科层组织的权力运行特征是强调纵向的集权和层级节制，因此对权威的高度依赖和信息的纵向流动就成了协调机制最重要的特点。这也成为官僚制被人诟病的重要原因，因为我们常常看到明明两个平级部门是可以相互协商处理好的事项，部门之间就是不主动沟通和协商，潜规则就是大家将事项报告上级，或者由上级仲裁，或者在共同权威的指导干预下，相关方拿出解决方案或妥协办法。[①] 伯恩斯（Burns）曾对此作过形象的描述：“一个人的管理等级越低，他会发现每一个人的任务被其上级规定得越来越明确。超过一定的限度，他就没有足够的权力、足够的信息，通常也没有能够进行决策的足够的技术能力。……他只有一条路——向他的上级报

① 周志忍、蒋敏娟：《中国政府跨部门协同机制探析》，《公共行政评论》2013 年第 1 期。

告。”奥斯本（Osborne）和盖布勒（Gaebler）指出，“只有处在金字塔顶端的人才掌握足够的信息而作出熟悉情况的决定”。[①]

正因为如此，我们几乎在所有地区的与涉水部门的访谈中都会听到以下的说法：第一，要想根本性地解决问题，最有效的方式还是领导重视；第二，当协调出现失灵的时候，来自上级机关的纵向协调就是最后的制胜法宝；第三，如果上级机关的纵向协调涉及不同的主管领导，特别是不同归口的主管领导，那么事情往往变得很难解决，很可能就成为又一起“悬案”。由于涉水的两大主导机构，环保部门和水利部门一般都归口于不同的领导，于是下面的说法就是：事情就很难办，我们也没有办法。

根据周志忍、蒋敏娟的分类，“权威可划分为职务权威和组织权威两种基本类型，前者以任职的领导者个人为代表，后者则以拥有特定权力的机构为代表。相应地，等级制纵向协同模式可以细分为以职务权威为依托和以组织权威为依托两种基本类型”。[②]“以职务权威为依托的纵向协同主要依赖领导者的职务权威，协同的结构性载体则是各级各部门的领导和大量副职岗位，以及副职间的分工和分口管理。”[③]研究发现，如果涉水事务涉及的跨部门事项碰巧发生在同一个“职能口”，以职务权威为依托的纵向协调的确可以较为轻松地发挥优势从而较快地解决冲突达到协调的目的；如果涉水矛盾发生在不同的“职能口”，这就意味着由几个领导分管，理论上和机制上确实可以采用各种横向协商的办法加以解决，但一般只有涉及重大事项时才会启动这一过程，比如影响较大的污染事件。一般情况下，前文提及的唐斯的“领域”说准确地描绘了各职能口领导的微妙心态，大家都本着“搁置”的心态或者等待更上级的机关有了“先例”以后再依法炮制，事情就一拖再拖而无法解决。

以等级制和职务权威为依托的纵向协调机制尽管存在一些局限，但在我国流域管理的体制中依然是最为有效的协调。对此我们可以发现，以“协作治理”为出发点的政府间协调机制仍然没有摆脱官僚制的范式。原因

① 转引自周志忍、蒋敏娟《中国政府跨部门协同机制探析》，《公共行政评论》2013 年第 1 期。

② 周志忍、蒋敏娟：《中国政府跨部门协同机制探析》，《公共行政评论》2013 年第 1 期。

③ 周志忍、蒋敏娟：《中国政府跨部门协同机制探析》，《公共行政评论》2013 年第 1 期。

是什么？不少学者认为，这是因为我国行政体制存在的“官僚制过盛”，即当前我国行政体制过于从层级节制上看较为集中的权力，在科层组织结构中表现为权力的运行机制对于层级节制的过度依赖，行政体制过于注重一些内部的程序和规则而导致的内部取向等。“官僚制过盛”也解释了处于夹缝中生存的专门的流域机构协调艰难的原因。因为“官僚制过盛”，流域机构必须从属于某个涉水主管机构才能够像“官僚制”组织一样正常地运行而没有成为异类，但又恰恰因为“官僚制过盛”，流域机构打破行政边界和区域边界的效果又大打折扣，从而使得专门协调机构的生存出现了这样的逻辑悖反。

（二）协调机制中的规则和管理的粗放性导致了横向协调的失灵

地区利益和部门利益的优先是所有行政机构在现实中运行的必然选择。公共选择理论对政府的理性做出了深入的剖析，认为在“公众利益”和“整体利益”旗号下的政府机构在行动中实际上却遵循着部门利益和局部利益为上的“潜规则”，从这个意义上对政府间行为的调整也必须建立在“经济人”的理性假设上。横向协调机制如果缺乏具体的操作化细节和一定的“强制力”作为保障，就很可能成为流于形式的象征意义大于实际意义的“台面”。

公共管理学界的著名学者、2010 年诺贝尔经济学奖的获得者埃莉诺·奥斯特罗姆因为制度分析和自组织治理而闻名。她的理论中就非常强调“制度细节”[①] 的问题，的确，在流域横向协调的各种机制中，各种倡导性的、框架粗糙而简单化的制度往往导致在实际的操作过程中的一种“无制度”，最终制度的有效贯彻落实只能变成空话。她在《公共事务的治理之道——集体行动制度的演进》第二章中写道：“制度（institution）可以界定为工作规则的组合，它通常用来决定谁有资格在某个领域制定决策，应该允许或限制何种行动，应该使用何种综合规则，遵循何种程序，必须提供或者不提供何种信息，以及如何根据个人的行动给予回报。”[②] 奥斯特罗姆把制度划分为宪政的、集体行动的和可操作性的三个层面。

---

① 〔美〕埃莉诺·奥斯特罗姆：《公共事务的治理之道——集体行动制度的演进》，余逊达、陈旭东译，上海译文出版社，2012，第 28 页。

② 〔美〕埃莉诺·奥斯特罗姆：《公共事务的治理之道——集体行动制度的演进》，余逊达、陈旭东译，上海译文出版社，2012，第 28 页。

徐艳晴、周志忍则把跨部门协同机制分为结构性和程序性协同机制。他们进一步把程序性协同分为协同的“程序性安排”和“配套技术”两大块。“前者包括常设性专门协调机构的运作管理程序；非常设性机构如部际联席会议设立的门槛条件、启动程序、运作程序、终止程序；所有纵向和横向协同面临跨界问题时的议程设定程序、决策程序以及政策执行中的程序性安排。‘配套技术’则包括信息交流平台和交流的程序规则；协同文化培育和协同能力提升；促进协同的激励（如财政激励）和问责工具；等等。”①

流域政府间横向层面的系统之所以呈现一种典型的弱关系状态以及协调平台上信息流通和信任机制的缺失等问题，是与政府间协调的程序性安排的粗放密不可分的，协调机制笼统化，重视机制的结构性设计，轻视甚至忽视机制的程序性安排是横向协调失灵的重要原因。配套技术的安排是横向协调成功的关键。“黔桂协作机制”通过信息技术平台在一定的程度上解决了这个问题，因此协调的效果大幅度增加。

那么，我国流域治理中会出现轻视乃至忽视程序性安排的原因是什么？学者们提出：我国行政体制中在一方面存在“官僚制过盛”问题的同时，另一方面又存在“官僚制不足”。具体表现为人治的问题突出，法治和人们对规则的服从方面又未能达到韦伯所描绘的理想状态，领导“一支笔”现象普遍存在，职能分化和专业性程度不够，规范性较差。从制度的操作层面上看，水资源纠纷和水环境污染而造成的应急型或者被动型协调，导致不论是协调机构的设立门槛还是审批标准和程序都准备不足，运行与操作的相关规定更是过于笼统，缺乏相关专业性机构和专家的把关。在这样的情况下，协调往往更加依赖于等级权威，造成横向协调机制的弱关系状态和效果不佳。

（三）政府间协调机制缺乏绩效标准和考核机制

笔者在多地多部门的调研中深深感到，政府间协调无论是纵向协调、横向协调还是流域机构的专门协调，软约束和黑箱问题几乎是一种常态。

---

① 徐艳晴、周志忍：《水环境治理中的跨部门协同机制探析》，《江苏行政学院学报》2014年第6期。

机制从诞生到发展没有非常清晰的权责标准和可落实的结果指标，机制运行一段时间也缺乏动态评估和过程与结果考核。在这个问题上，美国政府的“日落法则”非常值得借鉴。这个法则是指美国联邦政府或州政府在制定法律时，通常会在通过的时候也同时规定法律的有效期限。一旦过了有效期，如果没有后续的立法措施跟进，该法律就会自动作废。日落法则强调政府的时效性，它是基于解决20世纪60年代风起云涌的民权、反战运动等危机导致的政府公信力下降等问题，以优化政府职能，提高管理效率，精简政府，重塑民众信心。对于行政部门也同样如此，为防止一些低效而可有可无的部门占用资源，联邦或者州政府会成立专门的委员会定期对相关行政部门进行绩效评定，经评估失去目标和低效的部门会被彻底取消。相对来说，我们感到，政府间协调机制的运行及效率问题在我国当前政府绩效评估的范畴内并未引起应有的关注，因此，官方对于各类平台、机制的运行效率的评估重视程度不够，甚至是一笔糊涂账。机制一旦建立，其完善和发展问题、制度的规范、操作规程的细化问题以及动态调整问题都缺乏相应的后续安排。

小　结

本节进而分析了影响珠江流域公共治理的政府间协调效果的因素。环境的变化是对珠江流域公共治理的政府间协调产生影响的非常重要的因素。这具体表现在：公共危机出现的频率不断提高、影响不断增强，国家发展目标的调整和节能减排等总量控制制度给流域公共治理带来的巨大压力，官员的激励结构的变化以及其他政治、经济、社会环境的影响。在对互动成本的影响分析中，笔者发现，对于横向协调的问题，最大的障碍常常是互动成本较高；对于流域机构的专门协调来说，互动成本虽然不高，但是也受到一些制约因素的影响；对于上级机关的纵向协调来说，互动成本较低是协调效果较佳的一个重要原因。本节进一步分析了组织领域的一致性程度以及其他的影响因素，比如，官员的话语权和地区的经济实力等。最后，本节对政府间协调对改善流域公共治理的碎片化现状的作用进行了评价，认为：在现有的制度框架下，区域和区域之间的利益冲突试图通过区域之间的横向协调来加以解决是非常困难的，或者说，要想通过政府间协调来实现双边利益的帕累托改进的可能性是比较小的。对部门之间的横向协调来说，目前来看，内部边缘性组织领域是政府间部门协调可以发生的具体的政策领域，当前的横向协调机制试图在这些领域通过组织间网络的方式，主要是通过初步的信息通报制度和一定的协作机制来加强部门合作。这些机制在一定的程度上改善了流域公共治理的碎片化状况。从网络的视角来进行分析，横向层面的网络系统目前还是一种典型的弱关系状态，从珠江流域的情况来看，这种弱的横向联系目前在解决碎片化问题上只是一种尝试，而且因为本身协调系统还不健全，弱网络关系的状况还没有改变，所以目前对治理碎片化的作用也是有限的。纵向协调目前依然是最经常采用的协调方式，相对来说，也是效果比较稳定的一种协调方式，高效快捷并且交易成本很低。本节的研究发现，通过一些制度创新，流域公共治理中传统的政府间纵向协调的效率还可以得到大幅度的提高，从而在相当的程度上改善我国当前流域公共治理的碎片化状况。但是，纵向协调范围有限，这种模式无法改变传统科层制在应对流域治理中的各种错综复杂的关系时捉襟见肘的现状。由于区域管理的强势，目前流域机构的协调总体还属于弱势状态。最后，本节从协作性治理的视角分析了现有协调机制存在的问题：协调依然没有摆脱以等级制和职务权威为依托的权威性依赖；协调机制中的规则和管理的粗放性导致了横向协调的失灵以及政府间协调机制缺乏绩效标准和评估机制。

六　改进流域公共治理科层政府间协调的建议

（一）改进部门间协调的建议

1. 完善相关的法律法规体系，从源头上减少部门间矛盾的可能

修订并完善现有的与流域管理相关的法律法规，减少法律之间在内容上相冲突的地方，包括《水法》、《水污染防治法》、《水土保持法》、《防洪法》、《渔业法》、《河道管理条例》等。《水污染防治法》与《水法》在某些方面的规定有重复、交叉，甚至相互冲突的现象；立法中对水资源保护

和水污染防治还存在薄弱环节，如法律责任的规定偏软等。建议在修改《水污染防治法》时，要与《水法》、《海洋法》等现行的法律法规相衔接。要针对水污染防治、水资源保护方面出现的新情况、新问题，对该项法律的原有相关规定进行调整，消除部门间的职能交叉、重复设置等问题。另外要整合有关部门在水污染防治和水资源保护方面的资源。目前水利部门和环保部门都在江河湖库设立水质监测站点，重复了水质监测工作内容，为了节约水资源质量监测经费，减少不必要的重复投资，以免浪费国家财力，建议通过修改《水法》、《水污染防治法》，整合环保部门、水利部门的水质监测资源，实行资料共享，统一发布水质信息。同时，建议应在有关的国家法规及其实施细则、相应的国家标准中添加标准的监测和评价程序及方法，使环保部门和水利部门所进行的监测工作具有可比性。同时，应在《水法》和《水污染防治法》中，对流域水污染防治规划与流域水资源保护规划等作出详细的界定，使二者的关系清晰化。另外还要针对一些具体工作中暴露出来的问题，进行一些细节的完善。

地方立法方面，也应注意法规体系的配套问题，避免矛盾和冲突。当前我国的立法实际上是部门立法，各部门往往将对自己有利的写进去，协调也是他们为主，部门利益法制化的问题没有得到根本解决，部门通过立法的途径来获取和强化部门利益。这个问题的根本解决也需要我国的立法体系的完善。

2. 水利部门和环保部门应重新调整和定位

两个部门都应进行一些观念上的转变，改变所谓的争权现象。水利部门要在工作中心上转变观念，重点抓水利部门薄弱的环节，例如：水污染事件发生以后如何采取必要的措施；需不需要监测，需不需要通知下游河段和政府以及相关机构；沿河地区有无必要采取措施保护水源地；如果受到影响需不需要采取其他措施；用什么手段调集水，补充水源；等等。要弄清水利部门和环保部门的工作是不一样的，环保部门负责处理污染源，水利部门负责保护水资源，思路要宽些，不要老是放在污染谁管的问题上，这时分工很清晰，要清楚后续工作水利部门要做。

有了这样思想的指导，所以在立法中，同样是水资源保护，应体现出和环保部门的差别来。实际上，部门之间出现一方面互相争权，但另一方面自己的大量工作还需要去做的情况。要把重点放在这个问题上，真正从工程水利转变为资源水利，现在唯一做的排污口许可还是总盯在建设项目管理上。所以，各部门要改变方向，处理自己可以管的，而现在还没有管起来的事。

当然，目前的情况也是有现实原因的，那就是现在大江大河的工程治理还没有结束，在现在的国情下，水利部门唱主角的格局不会改变。尽管如此，但水利部门应该有身份危机，眼光不要总放在工程上，要更长远一点，放在治理上。要转变观念，即“从小水利到大水利的转变”、“从传统工程水利向资源型水利、现代水利的转变”。

两个部门应进一步在水资源保护和水污染防治上加强合作，整合资源，比如水质水文的监测站应纳入水文统一规划，现在各个部门都有，连气象部门都有，必须纳入统一规划，2007 年 6 月 1 日起实施的《中华人民共和国水文管理条例》，就提出对水文监测的规划不能各自做，必须进行统一的规划。环保部门也应和水利部门在工作中充分协商、相互沟通，在和流域机构的合作中，充分利用水资源保护局这样的现成的平台。

3. 厘清水功能区划和水环境区划的关系

现行的水功能区划管理的范围仍然太窄，局限在水质保护方面。一直以来，我国的水行政主管部门组织的水功能区划，思路基本都局限在水资源保护方面，主要针对的是水污染问题，基本很难突破水质保护的思维定式。公布的区划结果，一般都是界定功能区名称、范围及水质保护目标，这些均与环保部门的工作出现重复，并未体现水行政主管部门的区别和职责要求，即从流域综合管理的角度来研究水资源，没有站到水资源综合利用、可持续利用的高度来确定水域的主要功能用途。这导致了管理范围太窄或定位太低，是水功能区管理存在的最大不足。

划分功能时应以水行政主管部门为主，因为水行政主管部门最清楚河流的整体功能，功能是与水量有关系的。实现功能要以水量为基础，所以，首先由水行政主管部门确定河段的功能用途，再根据各个部门的职责，比如环保、航运、电力等部门结合在一起，确定各自的标准。

4. 部门之间的职责界定应该有动态的调整机制

除了完善法律法规外，调研中一些涉水部门也反应编办部门在一些部门关系不顺的时候，可以出面进行协调，听取各个部门的意见，对各个机构的职责进行重新划定并进行定期的调整。

5. 加强部门间的协作，建立各部门真正参与的部门间协作机制

从前文的分析我们可以认为，目前流域公共治理中，部门各自为政，缺乏主动合作的意识，部门之间的关系属于典型的弱网络关系，网络关系可能发生的实际频率和密度都远远低于各种理应发生的频率和密度。这说明，在我国的流域公共治理中部门间的横向协作是一个可以通过制度的创新来大大改善和强化的领域。为此，首先我们应完善目前已经建立起来的部门间的信息通报制度，使得已经建立起来的网络提高关系频率，具体可以从如何建立信息通报制度的约束机制和常规机制着手。提高网络关系的发生频率也是从另一个角度增加重复协调的次数，从而增强网络的稳定性。这可以通过加强联席会议制度和其他定期会晤等机制来强化。其次我们应拓展视角，将部门间横向关系从信息通报向联合决策等更深的层次发展。

（二）改善区域矛盾的地区间政府协调

1. 对于跨界水污染事件引起的上下游的纠纷，做到在现有体制下，交界断面的水质达标是关键

根据前文的分析，跨省界的出境水不达标的现象目前不在少数，但是我们看到，省与省之间在处理这个问题时是很无奈而微妙的。珠江委在这个时候无疑扮演着重要的协调角色。“我们能够做到的就是监测然后报告，进行信息沟通。然后我们就没有其他的权力了。”有鉴于此，增加流域机构的实际执法的权力是建立制约机制的一个重要途径，因此强化流域机构当前的行政管理职能，并建立相应的保障机制是解决问题的关键。但是从长远看，流域立法是治本之道，必须通过立法的形式，明确上下游之间的权利和义务关系，落实上下游的保护责任，包括交界断面水质超标的处理措施和相关的法律责任。

先行一步的广东省也要着手解决法律的执行和落实问题。惠州水务局一位干部的话就发人深省：

> 协调就是两地先自己协调，协调不了交上级机关协调，这是明摆的事情，就是执法这个简单的问题都没有解决，执法力度不够。从另外的角度我们国家的水资源使用权，产权界定不清楚，因为国家的水还是由这个政府主管部门协调，所以你的权力没有得到保障，加上没有法律的界定，这样受污染的一方就完全是被动的，你没有任何武器，你说不给水是过激的，实际就这样。[①]

2. 对于上下游的保护和发展的矛盾，可以通过流域生态补偿或者建立类似的补偿机制来进行

生态补偿在珠江流域内已经有了一些成功的先例，例如贵州贵阳红枫湖流域的清镇对安顺每年就有一定资金的生态补偿，贵州清水江流域也有省内的补偿机制的试点，省际的生态补偿尚在探讨中。

首先，对生态补偿问题应在认识上澄清一些错误的或者片面的看法，生态补偿不一定只是货币的补偿，可以分为非货币和货币两类，比如技术补偿、环保项目的补偿，还有一些智力技能培训、异地开发的补偿，还包括社会行动补偿，由受益区政府和社会团体共同承担，通过非政府组织发动的一些公益性的捐助，发动一些企业和社团参与其中。

其次，生态补偿一定要从国家层面上进行推动才能从根本上解决问题。尽管生态补偿的形式很多，但无疑以政府为主导的生态补偿机制是其中起主导性作用的。东江生态补偿机制的建立也是这样，一定要从国家层面上进行推动，才有可能真正成为一个流域生态补偿的试点。

3. 鼓励区域之间的合作，充分利用已有的泛珠合作的框架和机制

应认识到，流域内区域之间的合作成功与否，取决于合作主体之间能否实现激励相容，能否实现社会福利的帕累托改进。泛珠三角区域是中华人民共和国成立以来规模最大、范围最广、在不同的体制框架下的新区域组合，加上泛珠三角区域经济社会发展差异明显，区位独特，经济、资源互补性强，其合作具有强大的潜力。目前泛珠三角区域政府合作的制度安排主要有：论坛和合作洽谈会、高层联席会议制度（包括行政首长联席会

---

① 访谈记录：HZSL. 10. 10。

议制度、政府秘书长协调制度、发改委主任联席会议制度等）、日常办公制度以及部门衔接落实制度。泛珠区域的政府合作，体现了合作理念上的创新，从治理方式上，也顺应了“多中心治理”的网络治理机制的要求。①

具体到流域治理方面，可建立重大环境问题联席会议审查制度，对于流域内的重大水环境问题（如流域污染转移等）成立环保、水利相关部门参与的专题工作组。建立跨省级行政区河流跨界污染联防联治机制，完善跨行政区交界断面水质达标交接管理机制，建立泛珠三角区域水环境监测网络，探讨流域生态补偿机制的建立等。在具体的合作方式上，可考虑设立长期性的执行机构来提高协议的执行力并进一步细化各行政区域的权利和义务，建立违约的监督和约束机制。

（三）完善流域机构的协调的建议

流域管理机构在现行体制下，应进一步探索，找到更好地履行其职能的新出路。流域机构要解决的根本问题是缺乏权威性和综合性，尚未形成一整套流域水资源的集成管理体系。怎样当好流域的代言人，怎样使流域机构在流域管理的决策中能够占据主导地位，流域机构职能的完善在我国还有一段路要走。就当前来说，笔者的建议如下。

1. 在流域统一管理上寻求突破

使大家的利益得到兼顾现在难度最大的地方还是缺乏流域层面的立法。从总体看，我国以流域为尺度的立法相对薄弱，流域法律规范不健全、不完善，加大了流域保护与管理的困难。有学者提出以长江、黄河为切入口，最终实现一个流域一个法。但是不能齐头并进，而是应该选择循序渐进的方式，以行政法规为主。另外，为真正实现流域的统一的管理单元，可以在统一规划、统一标准、统一执法、统一监测等方面进行试点。

2. 改变管理手段，增强协调的效力

在目前现有的职能权限的制约条件下，流域机构协调效果是可以从一些管理手段的运用上在一定的程度上得到加强的。比如，流域机构目前应

---

① 参见陈瑞莲、刘亚平《泛珠三角区域政府的合作与创新》，载梁庆寅主编《2006 年：泛珠三角蓝皮书：泛珠三角区域合作与发展研究报告》，社会科学文献出版社，2006。

加大信息公开的力度，例如对于跨界断面水质监测结果的信息可采取反复发布和公开发布的方式，在客观上对地方政府形成一定的压力。

3. 完善珠江流域的黔桂协调机制这类专项协调机制

通过调研我们感到，珠江委以及下游地区对专项协调机制的期望还是比较高的，贵州方面也基本能配合机制的基本工作的开展。珠江委水保局还在积极与云南方面磋商。

从松辽模式的经验上看，现在的黔桂协调机制范围较小，形式更为松散，自下而上的形式等，都是一个更加局部的试验。既然是试验，那么在许多细节的设计上都还需要完善，比如对共享的信息的进一步明确，对重大水污染报告制度的落实等。黔桂协调机制的重大水污染报告制度就是针对这个问题设计的，有待于在实践中检验和完善。当前的重点应放在如何完善相关省和部门的信息共享机制上，现在已经有了年会制度和情报交换制度，珠江流域水资源保护局已经实行了水资源质量通报制度，两个月一期，把珠江所有的省界断面情况进行通报。

4. 对省内流域管理机构建设的建议

我国流域管理的现状是既有部门的矛盾，又有区域的不协调。而这些矛盾和不协调又是与我们的法律体系和条块行政管理机制密不可分的，从这个意义上来说，属于水利厅直属事业单位且目前职责划分尚不明确的省内流域管理机构要实现其协调矛盾的初衷肯定会显得力不从心。而且，这类机构本身还面临着和水利厅的权力分割问题，即水利厅到底放不放权、放多少权，都是问题。一个机构是否高效运行，必然与其职责是否清晰、程序是否恰当等基本问题相关，目前的流域管理机构没有很好地解决这个问题，效果可想而知。如果说，流域管理机构的职能是协调和服务方面，这些流域机构能否处理好与相关涉水机构的关系似乎也成了一个问题，有待于进一步明确其协调和服务机制。

笔者的建议如下。

（1）这类流域机构的职能定位应是服务、协调和对话的平台，行政管理方面的职能要弱化。要转变观念，不要陷入管理事务的旋涡中。协调是主要的，具体来说，当大家在某个地段争取水的时候，它可以协调；另外，制订规划的过程中大家对分水方案，应按照《水法》的规定，每个流域都要对水资源进行分配，在分水分不下去的时候，也可以协调。

（2）在执法方面发挥作用，应赋予流域机构相应的行政管理职能。现在往往行政区是左边一个市，右边一个市，造成在执法的时候出现问题。这就涉及双方的协调，协调不下去是因为执法的时候往往涉及地方保护，流域管理机构就应该在这个时候发挥作用，虽然现在法律有规定，在交界河段，任何一方都有权到对方那边去直接查处，但实施起来很难。流域管理机构有这方面的执法权就是必要的，按照《行政处罚法》的规定，是以属地管辖为主，这只是针对一般案件，而流域管理机构除了查处本流域内具有重大影响的案件外，在交界河段，双方对执法管辖有异议而协调不下去的时候，也可由流域管理机构直接来查处。但是流域管理机构是事业单位，可以通过立法赋予它一定的行政管理的职能，即一定的行政许可和行政处罚的职能。

（3）即使是拥有一定行政管理职能的流域管理机构也一定不应成为一个新的传统意义上的管理“部门”，否则本调研谈及的部门的矛盾关系问题还会再现。

（四）完善上级机关纵向协调的建议

1. 进一步完善水污染事件报告制度

对于重大水污染事件的报告制度，水利部门现有的制度是水资源司发的一个函，以通知的形式，没有普遍效力，就水污染事件来讲也是不完善的，比如，现有制度对重大污染事件的报告制度中界定的是重要河流中的水污染事件，但有些小的支流的污染事件影响可能是很大的。一些案例表明，许多并不属于“重大事故”的事故因现有的报告制度的规定并没纳入报告的范畴。可以说现有的制度不能完全解决类似的问题，应从细节上完善它。

2. 加快规划的审批，必要时可采取现代化分析技术制订动态规划以适应复杂多变的流域管理实际

调研发现许多地方都深刻感到，流域治理中相关的规划审批滞后，导致实际运作的时效性不能保证，从而使规划在发挥其功效的过程中出现一些问题。一般水行政主管部门编制的规划主要分三个层次：一是综合规划，如现代化纲要；二是专项规划，如采砂规划等；三是工程规划，比如东莞，

东深供水就开展了专门的规划，专门为上马立项设定的。规划保障机制一般都包含两个方面。第一，规划做出来以后要广泛地征求意见，比如省级的综合规划和专项规划，要报省政府批准，如果是市级的规划，要报上级主管批准，比如广州市的规划，要上报广东省水利厅把关进行技术审查，如果广州市的规划涉及东莞，是跨行政区域的，则要报上级的水行政主管部门审查。第二，规划要保证近期工程的实施。实际工作中的问题是，规划审批的滞后，就是说从审批到实施有很长的时间，导致情况会发生变化。审批的时间太长是一个通病，现在的很多规划一批就是五年，国务院批下来的珠江流域保护规划就用了六年，广东省的规划中一般到省政府批得最快的就是采砂规划，也批了两年。批得时间太长，这期间会出现很多问题，从审批到落实各个环节拖得太长会影响到规划的效果。

这个问题广东省的情况也比较特殊和突出。三角洲的河网密密麻麻，可以说是全世界最复杂的情况之一，有许多泄流泄洪的通道，一百多平方公里，几千条河流，有双向流，还有负流量（海水倒灌）等情形，水系网系和河道演变都十分复杂，因此做起规划来难度很大，再加上规划也与全球的大气候有关系，如气候变暖对降雨的影响，还有受水界面发生很大变化，比如城市化引发的排涝问题等。种种情况交织在一起就使规划的复杂性和难度加大了，加上审批周期没办法把握，实施效果就大打折扣了。除了上级有关部门缩短审批周期外，应借助现代化手段、信息技术来制订动态规划，使规划更富有弹性。

3. 对于争水问题，以水资源分配方案为突破口，建立科学论证、民主协商和行政决策相结合的分配机制

“十一五”期间水资源管理实行用水总量控制和定额管理，初步建立国家水权制度。“十二五”期间我国实行最严格的水资源管理制度，加强水资源开发利用控制红线管理，严格实行用水总量控制。各流域管理机构要明确职责，制订流域水量分配方案，对流域内各行政区的取水许可总量进行总体上的指标控制，从而实现流域内用水的总量控制。各省区市水利水务部门要将总量指标进一步分解到所属的各行政区，建立起能覆盖全流域以及省、市、县三级行政区域的取水许可总量控制体系。水量分配是推进水权制度建设的基础，为实施水量分配，《水量分配暂行办法》将要解决的是

跨省、自治区、直辖市的水量分配及其他跨行政区域的水量分配问题。在下一步的推行中，水量分配方案制订机关应当进行方案比选，广泛听取意见，在民主协商、综合平衡的基础上，确定各行政区域水量份额和相应的流量、水位、水质等控制性指标，提出水量分配方案，报批准机关审批。

第四章

基于整体性治理的流域治理科层式政府间协调机制的创新实践

一　本章的理论分析基础：整体性治理

2010 年以来，整体性治理这一西方公共管理的前沿理论的概念和分析框架在我国被引入，其理论的生命力和解释力立刻被我国学者接受，截止到 2017 年 9 月在知网上以“整体性治理”为篇名输入进行精确匹配，可以搜索到 468 篇文献，且几乎全部是 2010 年以来的较新文献。另外输入一个和整体性治理相类似的“整体性政府”，可以搜索到 117 篇名称含有整体性政府的文献。下面对整体性治理这一理论分析工具进行概述。

（一）整体性治理的兴起背景

整体性治理（Holistic Governance）发端于对新公共管理的批评。其发展的大本营是英国，代表人物是佩里·希克斯和帕却克·登力维，越来越多的认可表明这一理论很可能成为 21 世纪有关政府治理的大理论。[①] 从理论渊源来看，整体性治理的出现是对传统公共行政的衰落（Weaknesses）以及 20 世纪 80 年代以来新公共管理改革所造成的碎片化的战略性

① 竺乾威：《从新公共管理到整体性治理》，《中国行政管理》2008 年第 10 期。

回应。[①]

佩里·希克斯认为，新公共管理所强化的“碎片化”治理在功能上会导致以下一系列问题。一是部门之间相互转嫁问题和成本。每个部门都把重点放在自己关注的问题上，而让其他机构或部门来承担相应的代价。二是相互冲突的项目。两个或者更多的机构共同从事的项目可能存在目标之间相互冲突，也可能从事着同样的或者相互协调的项目，但是在运作方面机构之间却是相互拆台的。三是重复建设。地方和基层政府经常要为同一个项目与多个上级部门和机构打交道，这导致浪费问题并使服务的使用者感到沮丧。四是相互冲突的目标。一些不同的服务目标会导致严重的冲突。五是缺乏沟通。不同专业部门和机构之间缺乏必要的干预或干预的结果不理想。六是在回应需求时各自为政。七是公众无法获得恰当的服务，或常常不知道去哪里获得恰当的公共服务。八是在对棘手问题的原因缺乏整体考虑的条件下，现有的专业干预可能导致服务提供遗漏或不足。[②] 整体性治理正是为解决或力图避免以上问题而诞生的。在一定程度上，整体性治理是从技术角度来理解的，技术要求从分散走向集中，从部分走向整体，从破碎走向整合。[③]

（二）整体性治理的主要思想

整体性治理强调用“整合”化的组织形式，通过正式的组织管理关系和各种伙伴关系、网络化结构等方式，实现对资源的有效利用、对公共问题的协商解决和对公共服务的综合供给。在整体性治理的视野中，政府改革方案的核心是通过政府内部的部门间及政府内外组织之间的协作达到以下四个目的：“排除相互拆台与腐蚀的政策环境；更好地使用稀缺资源；通过对某一特定政策领域的利益相关者聚合在一起合作产生协同效应；向公众提供无缝隙的而不是碎片化的公共服务。”[④] 整体性治理的理论议题恰好

① 胡象明、唐波勇：《整体性治理：公共管理的新范式》，《华中师范大学学报》（人文社会科学版）2010 年第 1 期。

② Perry，Dinna Leat，Kimberly Seltzer and Gerry Stoker.，*Towards Holistic Governance*：*The New Reform Agenda*（New York：Palgrave，2002），p. 37.

③ 竺乾威：《从新公共管理到整体性治理》，《中国行政管理》2008 年第 10 期。

④ 高建华：《区域公共管理视野下的整体性治理：跨界治理的一个分析框架》，《中国行政管理》2010 年第 11 期。

是针对部门主义、各自为政等现实沉疴而提出的，其重新整合的思路是逆部门化和碎片化。在实践方面，整体性治理主张大部门制和重新政府化，从而建构起“以问题解决”作为一切活动的出发点并具备良好的协调、整合和信任机制的整体性政府。

协同型政府致力于回答“我们能够一起做什么”这一基本问题，而整体性政府则需要解决“需要谁参与，并在什么基础上来取得我们在这里真正想取得的东西”这一难题。协同与整体的归纳比较如表 4－1 所示。

表 4－1　协同与整体的归纳比较

活动目标与手段之间的关系	协调信息、认知、决定	整合执行、贯彻实际行动
协同性政府	协同性协调	协同性整合
互相一致的目标，互相一致的手段，以及手段一致支持目标	两个机构能够最一般地根据协议在各自的领域里运作，彼此知道如何限制负外部性	合作运作，但主要强调防止负外部性，防止对一些项目来说至关重要的使命之间的冲突
整体性政府	整体性协调	整体性整合
手段互相增强，目标互相增强，手段以互相增强的方式支持目标	知道互相介入的必要性，但对要采取的行动未作界定	整体性政府的最高层次，建立无缝隙的项目

资料来源：Perry，Dinna Leat，Kimberly Seltzer and Gerry Stoker，*Towards Holistic Governance：The New Reform Agenda*（New York：Palgrave，2002），p. 34。

整体性治理比较强调责任问题，研究了实现效率、责任的组织层级和组织机制。在管理层次上，可以通过审计、支出控制、预算计划、绩效评估和政治监督来实现责任机制；在法律层次上，可以通过法律争端问题的解决方式，特别行政法庭、准司法管制者等来实现责任机制。

台湾学者彭锦鹏将整体性治理、传统官僚制以及新公共管理作了如下的归纳性比较（如表 4－2 所示）。

表 4－2　整体性治理、传统官僚制以及新公共管理的归纳比较

	传统官僚制	新公共管理	整体性治理
时期	1980 年以前	1980～2000 年	2000 年以后
管理理念	公共部门形态管理	私人部门形态管理	公私合伙/中央地方结合
运作原则	功能性分工	政府功能部分整合	政府整合型运作

续表

	传统官僚制	新公共管理	整体性治理
组织形态	层级机制	直接专业管理	网络式服务
核心关怀	依法行政	运作标准与绩效指标	解决人民生活问题
成果检验	集中输入	产出控制	注重结果
权力运作	集中权力	单位分权	扩大授权
财务运作	公务预算	竞争	整合型预算
文官规范	法律规范	纪律与节约	公务伦理与价值
运作资源	大量运用人力	大量运用信息科技	网络治理
政府服务项目	政府提供各种服务	强化中央政府掌舵能力	政策整合解决人民生活问题
时代特征	政府运作的逐步摸索改进	政府引入竞争机制	政府制度与人民需求、科技、资源的高度整合

资料来源：彭锦鹏：《全观型治理：理论与制度化策略》，《政治科学论丛》2005 年第 23 期。

整体性治理与新公共管理很大的一个不同点在于，整体性治理还是以官僚制为基础的。整体性治理所要求的协调机制主要包括：价值协同的协调机制、信息共享的协调机制、诱导与动员的协调机制。协调机制致力于缓解冲突，通过共同目标的强化与塑造，以此来增强整体性治理中网络结构的凝聚力，最终达到 1 +1 >2 的协同效应。[①] 整体性治理也同时强调政府内部机构和部门之间的功能整合，力图将政府横向的部门结构和纵向的层级结构有机整合起来。

二　贵阳市生态文明建设委员会：整体性治理政府间协调的组织创新

贵阳市生态文明建设委员会是生态文明建设和环境治理体制政府间协调的一项体制机制创新。2012 年成立的贵阳市生态文明建设委员会作为全国独一无二的环境治理大部制改革的个案，在贵阳的生态文明建设和环境治理方面以及政府间部门协调机制创新上具有很大的研究价值。因此，以

① 胡象明、唐波勇：《整体性治理：公共管理的新范式》，《华中师范大学学报》（人文社会科学版）2010 年第 1 期。

贵阳市生态文明建设委员会为样本，对其政府间部门协调的现状、存在怎样的困境以及怎样突破困境等方面进行探讨成为本章的核心议题。

本节从整体性治理理论出发，围绕贵阳市生态文明建设委员会部门机构设置、协调机制设计、领导能力、协作过程以及部门间合作现状五个维度来对政府间部门协调进行描述。此种全新的部门间协调体制机制解决了之前分散的部门机构重叠、职能交叉、部门林立、数量过多等问题，通过横向和纵向的协调，大大地改善了之前协调困难的情况。这是一种新型的政府间部门协调形式，但是其自身在上述的五个维度依然存在困境，面临着例如机构设置过多、人员编制不足、法制化和规范化的程度不足、缺乏合作激励机制、领导协调方式单一、协调能力不足、协调过程具有随意性、部门间自主合作理念缺乏等问题。最后，从整体性政府理论的视角出发，本书提出通过采取加强部门机构的有机整合、完善相关协调机制、提升领导协调能力、重视协调过程、提升部门间合作意识、促进部门间合作等方面的措施来应对贵阳市生态文明建设委员会在政府间部门协调上所出现的问题。

（一）贵阳市生态文明建设委员会的成立背景

贵阳市作为贵州省省会、西南地区的交通枢纽、商贸旅游中心，又被誉为“高原明珠”，是国家旅游局确定的全国旅游标准化试点城市，其气候宜人，是自然资源和旅游资源的富集之地，也是长江流域和珠江流域共同涵盖的城市。贵阳是全国首个循环经济生态试点城市，早在2009年就作为全国生态文明试点城市，开始了生态文明建设之路。之后国务院在《关于进一步促进贵州经济社会又好又快发展的若干意见》（国发〔2012〕2号）中，更是要求把贵阳市建设成全国生态文明城市。目前，随着贵阳生态文明城市建设的不断推进，贵阳环境质量有所提高，环境治理和生态文明建设都取得了一定的成效，但是贵阳的环境污染问题依然不容乐观。近年来随着城市的发展、人口不断的增多，贵阳市的环境受到了不同程度的污染。南明河贯穿贵阳市城区，属乌江的一级支流，是清水河的上游。但是由于人口的增加、城市的发展，南明河承受着社会发展所带来的污染之痛。虽然经过了较长时间的治理，但是南明河的污染问题依然没有从根本上得到解决。贵阳市为了建设生态文明城市，加强对环境的治理，认真贯彻落实十八大精神，大力推进贵阳市生态文明建设，于2012年组建贵阳市生态文明建设委员会。贵阳市在原市环境保护局、市林业绿化局（市园林管理局）、市两湖一库管理局基础上整合组建生态文明建设委员会，并将市文明办、发改委、工信委、住建局、城管局、水利局等部门涉及生态文明建设的相关职责划转并入。[①] 对于走在生态文明建设前列的省会城市贵阳来说，生态文明建设委员会是其又一大生态文明建设的亮点，即三个第一：第一个成立的全国环保法庭、环保审判庭，第一个编制建设生态文明的地方性法规《贵阳市促进生态文明建设条例》，这次是第一个创新生态文明体制机制。

（二）贵阳市生态文明建设委员会成立的原因分析

1. 环境治理以及生态文明建设的需要

2007年12月，在贵阳市召开的市委八届四次会议上，贵阳市首次明确提出建设生态文明城市。贵阳市在全国生态文明建设上算是一个典范，起步较早。在十七大之前，贵阳市也提出了很多发展的思路，例如“循环经济市”、“环境立省环境立市”等。十七大首次把建设生态文明写入党的报告，作为全面建设小康社会的新要求之一，明确了生态文明建设这个战略目标，市委、市政府经过再分析、再研究贵阳市的市情，充分发挥比较优势，下决心将生态文明建设确立为贵阳市今后的战略目标，持之以恒地进行下去。2012年11月8日，党的十八大顺利召开，明确提出大力推进生态文明建设，形成“五位一体”总体布局，将生态文明建设提升到一个新的高度。2012年12月，国家发改委批复了《贵阳建设全国生态文明示范城市规划（2012～2020年）》，作为十八大之后首个批复的生态文明示范城市建设规划，将贵阳市的生态文明建设放到了前所未有的高度。为了迅速贯彻落实党的十八大精神，解决生态文明建设的法制化、制度化、规范化问题，贵阳市委、市政府决定组建成立贵阳市生态文明建设委员会。

从环境治理方面来说，贵阳市社会和经济高速发展，人民生活水平不

---

① 《贵阳市生态文明建设委员会挂牌成立》，《贵州日报》2012年11月28日。

断地提高，但经济和社会高速发展的同时也带来了很多环境问题。虽然经过了这么多年对环境的治理，并且政府也高度重视贵阳市的环境保护问题，但是贵阳市的环境问题依然存在，例如空气污染、城市绿地的减少、森林资源的减少、水污染等，环境问题没有得到有效的监管与治理，公民没有树立起保护环境的意识。为了加强对贵阳市的环境治理，整合多方治理主体，大力宣传环境保护和生态文明建设的理念，建设生态文明城市、国家森林城市、国家卫生城市、全国文明城市，打造“爽爽的贵阳”这张享誉国内外的城市名片，贵阳市政府组建了生态文明建设委员会，其职责就是统筹领导全市生态文明建设，对环境治理工作进行统筹规划和协调组织，加强对贵阳市环境问题的治理。

2. 大部制实践改革发展的需要

十七大报告提出了大部制改革的思路，2008 年 3 月 11 日国务院公布了我国大部制改革方案，之后随着《国务院机构改革方案》在十一届全国人大一次会议上高票通过，中国新一轮政府机构大部制的改革正式拉开帷幕。贵阳市生态文明建设委员会在成立之前，相关部门设置过多、过细，如贵阳市环保局、贵阳市林业绿化局以及贵阳市发展改革委、贵阳市城管局、贵阳市住房和城乡建设局、贵阳市工业和信息化委等部门相对独立，但是其相关职能，以及业务范围均有趋同或相同的地方，因此出现机构重叠、职能交叉、权责不清、部门林立、数量过多、协调困难的情况。随之而来的是政府办事效率低下、人浮于事、成本高昂等问题，这使得政府难以承担服务型政府这一职能定位，并且如果没有一定形式的部门间协调，那么很多复杂的事务只能分别由各部门去做，随着公共事务复杂程度的加深，各种新的跨部门边界的问题会不断涌现，这会导致部门关系错综复杂，没有若干相关部门的支持和协作是不可能完成的。政府部门的独立就有可能导致对公共事务管理权力职能重叠、财力分散、机构和人员数量剧增。因此，为了减少部门数量、提高政府的行政效率，避免机构膨胀，提高政府运作效能，改善职能交叉、权责不清的状况，避免部门间的相互推诿和职能交叉所带来的行政资源浪费，降低行政成本，加强贵阳市生态文明建设力度，贵阳市将市环境保护局和市林业绿化局进行整合，并将市发展改革委、市城管局、市住房和城乡建设局、市工业和信息化委等部门相关的职能划转，组建贵阳市生态文明建设委员会。通过采用大部制这样一种政府政务综合管理组织体制的方法，将职能相近部门、业务范围趋同的事项集中由一个政府部门进行管理，来解决贵阳市生态文明建设委员会成立之前各个独立的部门存在的问题，以保证贵阳市生态文明建设的有序进行。大部制背景下部门间协调既可以减少部门之间事权的冲突，也可以进一步理顺部门之间的职能，降低协调成本。

3. 现有的政府部门协作上的困难以及碎片化问题

贵阳市生态文明建设委员会在成立之前，相关的部门虽然都从属于贵阳市市政府，但是又都相对独立，各部门之间“权责不清”，“部门主义”的现象还普遍存在。职能相互交叉、管辖区相互重叠，再加上各部门横向联系少，外部参与渠道较少，所以信息存在不对称性和滞后性。专业化的分工、层级节制以及区域的划分导致了部门之间的独立，部门间合作与协调难以开展，合作和协调制度的缺失，在环境治理的过程中存在“九龙治水”的现象，出现了治理的碎片化问题，也增加了环境治理的成本，降低了环境治理的整体效应。从对各个部门的协调的方式来看，不管是纵向、横向或者是横向与纵向并用的部门间协调机制，事实上都是一种短期的协调方式。协调的发生都是上级领导主导和参与的，并没有从根本上解决部门之间职责交叉和分工不明的问题。各个部门之间缺乏沟通，导致了相关信息传递的困难。碎片化的协调制度结构，使相关的政府部门出现“碎片化”的现象，无论是在行政功能上、行政过程上还是公共服务的提供上都存在碎片化的现象。“碎片化”使得政府部门难以实现服务型政府的定位，从而使得这些部门在环境治理过程中的灵活性大为下降，并且对环境治理过程中的变化难以适应，治理效率降低，对服务对象的需求也难以做出快速及时的反应。由于政府部门之间的“碎片化”，在环境治理过程中的相关机构合作与协调上存在协调成本较高、协调时间较长、权力和责任分离等现象，相关部门在合作与协调上变得较为困难，且协作进行环境治理的效率较低，难以取得好的效果。贵阳市生态文明建设委员会的成立，将分散和数量较大的机构部门整合到一起，构建一种“整体型政府”，期望能够通过这样一种委员会的方式来解决“碎片化”问题，打破部门间的独立，并通过建立健全相关的合作与协调机制，有效地降低协调成本，提高协调效率，保证贵阳市生态文明建设的顺利进行。

（三）贵阳市生态文明建设委员会政府间协调现状

1. 贵阳市生态文明建设委员会部门机构改革分析

第一，部门结构的调整。机构的整合必然要涉及整个组织机构结构的调整、职能的重新划分。组织机构的设置以及相关职能的调整和贵阳市生态文明建设委员会的成立具有同步性，二者相辅相成。贵阳市将原来的市环保局、林业局、园林局进行整合，并将市文明办、发改、工信、住建、城管、水利等部门涉及生态文明的相关职责划转，将之前零碎的各个部门的职责进行统一、整合、再划分，形成了自己整体的职责，又将工作职责分解到了各个内部部门和直属机构。在成立之初，贵阳市生态文明建设委员会根据自身职责将相关部门进行整合，设置了 18 个内部机构，分别为办公室、政策法规处、规划处、财务处、生态文明促进处、财务处、宣传教育处、资源节约与循环经济处、污染防治处、环境影响评价处、自然生态处、营林处、资源林政处、园林绿化处、水环境处、科技处、总师办公室、人事处，并且确定了每个部门的主要职责。同时将相关事业单位也整体划入贵阳市生态文明建设委员会作为其直属单位进行管理，贵阳市生态文明建设委员会共有 35 个直属单位，在贵阳的 11 个区市县全部都设有生态文明建设局。2014 年，贵阳市生态文明建设委员会为了进一步推进贵阳市生态文明建设的各项工作，根据实际的工作需要，对内设机构又进行了相应的调整：整合内设机构 1 个、更名内设机构 3 个、4 个内设机构加挂牌子、设立内设机构 2 个、保留内设机构 8 个，而且重新调整了各个内设机构的主要职责。在人员编制设置方面，贵阳市生态文明建设委员会共有机关行政编制 88 名，是从原市环境保护局划转 29 名、原市林业绿化局划转 55 名、市发展改革委划转 1 名、市工业和信息化委划转 3 名而组成。

第二，管理层级的调整。贵阳市生态文明建设委员会管理的范围主要是其内部部门、直属机构以及各县区的生态局。从纵向的调整上做到了充分到位，各个区县成立了生态局，同样进行了职能部门归并。从部门机构的改革上来看，对于将相关部门进行整合，虽然从表面上看管理的层级并没有改变，但是将之前零散的部门整合为一个整体，这使得信息传递的速度加快，对相关部门的协调变得较为容易，减少了协调成本。这一调整通过把职能相近和相同的机构进行归并和整合，将原来零碎化地分散在各个部门的重复的职能进行了有效的合并，有助于节省资源，提高管理的精确化程度。经过整合后的相关生态文明建设的部门因为在“同一个屋檐下”，纵向和横向上各部门之间的配合都更加紧密，便于全局的统一行动。

2. 相关协调机制设计与执行情况分析

贵阳市生态文明建设委员会作为一个整合了原来若干部门的新型“大部门”，解决了过去小部门体制下决策中心缺失的问题，其目的是加强控制，促进原有不同部门之间的融合。根据整体性治理理论，整合的关键为是否具备了协调机制。

第一，价值协同的协调机制。贵阳市生态文明建设委员会作为各个部门整合之后的领导者，在生态文明建设和环境治理中起着重要作用的“领路人”，它担任着协调各个部门和直属机构积极合作并且参与生态文明建设和环境治理的任务。它作为担负生态文明建设任务的领导者，为了使生态文明建设能够有序、顺利地进行下去，必须使得内部相关部门能够相互信任，能够积极地与其他相关部门进行合作。贵阳市生态文明建设委员会成立之初，为加强合作意识，曾经采取了军训等方式来加强部门之间的了解和沟通，进行思想上的统一。

> 我们生态委是很多部门整合进来的，涉及内部的沟通，怎么来融和。市里面对生态文明建设要求很高，是不能够脱节的，没有给我们什么时间进行磨合，成立之后就要发挥作用，马上得见成效见成果。所以怎么样大家才能形成一致，就是思想的统一，生态委成立初期就是统一思想的过程。……每个人的工作方式是不一样的，所以从内部的工作机制上也在不断地理顺。军训的方式就是从内部来融合的。（工作人员访谈对象01，男）

生态委在协调的过程中，如果遇到某些部门难以与其他部门合作的情况，会采用定期进行座谈会、宣讲会、培训会、思想汇报等方式从思想上对部门进行统一，解决部门间合作时遇到的难题。在新一任领导上任之后，要求各部门的领导者采取到其他部门任职一段时间这样的方式进行交流。通过这样一种跨部门的任职方式，相关的领导者能够很快地了解其他部门的工作方式和流程，加深了领导者对其他部门的了解，从而就增加了部门间相互的交流和相互沟通的机会，使部门间的协调与合作变得更加简单，突破了部门间的工作界限，消除了部门间交流与合作的障碍。

对于内部部门来说，同样由于其地理位置相近，对于协作中发生的问题能够及时发现，进行及时调整。在具体的工作推进过程中，最主要的是对人际关系和部门关系的协调。特别是组织内部人际关系往往在工作的磨合中建立，在一些任务导向的工作机制中，合作才能够完成任务的压力使得协调比较容易。

第二，诱导与动员的协调机制。生态委共有 35 个直属机构，很多都是将原来的事业单位整体划入进行管理的。直属机构并不具有类似于内部部门那样的优势，相反，直属机构的所处位置大多分散，且很多机构在地理位置上都离贵阳市生态文明建设委员会较远。对其进行协调的过程就比内部部门要复杂得多。在对于内部部门和直属机构的协作上，贵阳市生态文明建设委员会成立的初期，主要是对思想进行统一，通过这样的方法来增强部门间协作的意向。除了上文提及的通过军训、纪录片、座谈会、培训会等手段来增加各个直属机构之间的相互了解之外，也增加了用环境应急演练的形式来提升各机构对于紧急事故的处置能力并增加参与演练机构对于相互工作形式、工作流程的了解，增加了机构之间的沟通、交流以及相互间的信任。当然，日常加强工作会议依然是最为常用的方法。此外，在完成“两会、五论坛、三活动、三环境”的工作任务的过程中，由于面临着综合性、复杂性的挑战和头绪多、时间紧、任务重、要求高的压力，机构内部采用了诸如组建论坛工作领导小组，采用“一天一例会，一周一统筹”的工作模式来加强引导和动员。这种任务导向的工作机制使得引导和动员的协调机制在完成工作任务的过程中逐渐建构起来。

第三，联动和沟通的协调机制。这主要通过制定十大联动工作机制来实现。①立法联动机制。搭建了与市人大常委会相关部门的联动机制，完成了《贵阳市建设生态文明城市条例》的立法。②执法联动机制。与生态保护公、检、法等部门，建立了联动工作机制，做到手段、信息、成果和人员四共享，构建了联合执法的新格局。③统筹联动机制。完成了生态文明示范城市建设规划实施的责任分解和目标考核机制的建立。生态文明委是一个多部门划转组建的部门，以内部机制建设为着力点，有序实现了班子队伍的平稳过渡、力量的迅速整合以及全市生态文明建设系统工作的迅速展开。④治气联动机制。构建了多部门协作、各区域联动、七大工程措施并举的净气工作机制。⑤治水联动机制。构建了跨部门、跨区域联合治理、六大工程措施并举的治水工作机制。⑥创模联动机制。构建了国家环保部和省环保厅指导，市政府领导，贵阳市生态文明建设委员会统筹，各区市县、各部门联动，全社会积极参与的创模工作新格局。⑦论坛筹备联动机制。构建了与国家部委、北京秘书处、省直部门、市直部门联系、协作、互动的筹备工作机制。⑧“三库”联动机制。开展了“数据库、项目库、专家库”建设，形成了以“三库”建设为支撑的生态建设统筹机制。⑨服务联动机制。将城市绿化 12319 热线和环境保护 12369 热线进行整合，搭建了统一的便民服务平台。⑩媒体联动机制。建立了新闻发言人制度、舆情研判和引导制度，以及与新闻媒体的协调沟通机制。

第四，制定信息沟通和共享的工作机制。制定了贵阳市生态文明建设委员会信息公开制度，对相关信息的公开范围、公开种类进行了界定，信息公开制度一方面保障了贵阳市生态文明建设委员会的利益，又满足了民众的知情权和对行政活动的监督；另一方面能够促使贵阳市生态文明建设委员会提高工作的透明度以及工作效率，减少了暗箱操作的可能性。《贵阳市突发环境事件应急预案》对环境应急过程中的信息报告方式与内容给出了明确的指示。贵阳市生态文明建设委员会建立了相关的网站，通过这一电子平台及时公开与生态文明建设以及环境治理相关的各种近况、各种政策信息以及财务信息等。这个电子平台不仅能够让组织内部部门和各个直属部门获得信息，而且也能让社会大众了解到生态文明建设的情况，接受社会大众对生态文明建设以及环境治理的监督。通过制定信息沟通的机制能加强有效信息的互动，提高对环境问题的反应速度，提高环境治理的质量，减少环境治理的成本。

第五，明确责任和监督机制。贵阳市生态文明建设委员会负责全市生态文明建设统筹规划、组织协调和督促检查，承担生态文明城市建设指导工作，也要负责组织指导全市资源节约工作，还要统筹负责全市自然生态系统、环境保护、林业和园林绿化等工作以及全市生态文明制度建设工作。工作繁杂、责任主体众多，为避免机构整合后的责任缺失，将责任具体划分到了每个内设部门和直属单位，并且具体地指明了该部门的工作内容。为了减少生态文明建设和环境治理中部门之间的推诿敷衍、不履职不尽责等现象，保障生态文明建设和环境治理的成效，必须要建立相关的约束机制，并且对生态文明建设和环境治理的过程进行监督。在部门间的合作过程中，相关的监督和约束机制的构成主要包括如下几个方面：其一，对协作中各个部门所要承担的责任、工作职责进行详细的划分；其二，明确在协作工作中各个部门应该遵守的规则；其三，明确协作过程中违反相关规定所要承担的责任和受到的惩罚；其四，采取多种方式对生态文明建设中各个部门的协作进行监督。

3. 整合的效果

各个内部部门都在同一栋大楼里工作，能够给部门间的正式交流和非正式交流带来一定的优势，信息的传递变得更为及时和迅速，从而使得部门间的沟通和部门之间的相互了解变得较为容易。增加接触和交往，使得他们之间在正式的工作关系以外也培养了非正式的人际关系，这样一种非正式的人际交往，形成了一种部门间非正式的协调关系，使得很多合作能够自发地进行。内部部门间业务上的关联也提高了对部门间合作的诉求。将相关任务和信息传达到位，部门间合作关系便能达成。有很多部门之间，因为建立起了比较常规化的工作关系，整个合作的过程能够比较畅通地进行。总体从内部部门的整合结果来看，地理位置上的相近、部门间非正式协调过程的建立、业务上的趋同、建立起常规化的工作关系这样几个原因，使得对于内部部门的协调过程变得较为简单，内部部门甚至不需要上级的命令就能进行简单的合作。

对于直属机构和各个县区的生态局来说，之前它们所属不同的政府部门，贵阳市生态文明建设委员会的成立将它们整合到了一个政府部门，它们之间的“部门壁垒”、“资源壁垒”被打破，能够更容易地建立起合作的关系。从对花溪区生态局的访谈中就能够了解到：

各个县区局之间的相互沟通和合作比较融洽，互相之间开展工作配合，执法方面的工作都能够互相之间进行协调，生态委牵头的工作大家都是愿意进行配合的。（工作人员访谈对象04，男）

虽然其合作建立在行政命令和工作任务上，并且只有在具体的环境问题涉及多个方面和多个地区的情况下，例如水体的治理、跨区域的污染问题等，相互之间的合作才能够展开，但是在部门多次的接触与互动过程中，无形相互了解促进合作的关系网络便渐渐展开了。

（四）贵阳市生态文明建设委员会的创新之处

贵阳市生态文明建设委员会作为生态文明建设和环境治理中一个整体性的和综合性的协调机构，一种协调的创新模式，有其独特之处。具体可从如前所述的协调现状中总结出以下几个方面。

第一，从机构设置方面来说，贵阳市生态文明建设委员会的成立将之前分散的各个职能相近或相同的机构进行整合，并且对职能和权力进行了重新划分，使整个系统能够良好地运转。管理层级虽然没有变化，但是由于各个机构的整合，方便进行管理和协调，从而减少了协调的成本，提高了行政效率。机构的整合，避免了设立多个临时性的协调机构，能够对相关信息进行统一收集、整理、传递和发布，从而对整个部门进行统一指挥和协调。

第二，在制度建设方面，打破了之前各个部门分散的制度形式，制定了适应生态文明建设、环境治理和自身协调需求的十大联动机制，将内外部的相关部门用制度的方式统一联合起来，形成了一个整体，便于应对生态文明建设和环境治理中出现的各种问题，率先创新生态文明建设中协调的体制机制。

第三，从领导协调方面，贵阳市市政府对于贵阳市生态文明建设委员的要求较高，要求其成立之后就立即发挥作用，在工作上不能出现脱节的现象。因此，在贵阳市生态文明建设委员会成立初期，领导对于部门间的协调主要通过军训、培训会、座谈会等方式从思想上来进行融合。在领导协调能力上，采取了领导去其他部门进行工作交流的形式，并且需要领导管理其他部门，使领导能够对部门从整体上进行把握，培养综合性的协调思维和掌控大局的能力。

第四，从协调过程来说，特别是环境应急协调过程，贵阳市生态文明建设委员会采取了事前演练的方式进行协调，这样可以让相关人员了解环境应急的整个流程，做到有备无患，在事件真正发生时能够及时地采取行动；设立了信息收集平台“12319”和“12369”，此举既方便了广大群众对环境问题的监督和举报，又方便了对环境突发事件信息及时收集和传递，对相关部门进行协调，以及时对事件进行处理。

第五，对相关部门来说，贵阳市生态文明建设委员会的成立使得各个部门成为一个整体，使得各个部门之间能够在工作中较为容易地建立起非正式的关系，从而增强相互间的沟通和了解，增强合作的意愿。

（五）贵阳市生态文明建设委员会在政府间部门协调上面临的困境

贵阳市生态文明建设委员会的成立对政府部门进行了整合，从外部来看，对职能相近的部门进行整合，构建起了一个统一的工作平台，从而建立起了一个整体性的政府组织。但是从内部来看，由于其自身在协调方面还存在困难，面临一些困境，贵阳市生态文明建设委员会的成立并没有完全解决政府部门之间在协调上出现的“碎片化”问题。

1. 部门机构改革整合和专业性的矛盾

贵阳市生态文明建设委员会的成立改善了之前政府机构设置中出现的职责分工过细、职能交叉重叠、协调配合机制不健全等问题。但是在成立之后，在部门设置上也存在一定的问题。

“小部门”是官僚制专业分工的优势的组织体现。为了防治“外行管内行”，避免破坏专业化的原则，必然导致以下问题。第一，内部部门设置过多。尽管将职能相近和相同的部门有机地整合到了一起，并且经过了2014年对相关部门的重新整合调整，但是整个部门的数量还是维持在18个，部门数量比较多。加上相关的事业单位划转，以及11个县区的生态局，整个贵阳市生态文明建设委员会所管辖的部门达到了53个之多，虽然管理层级较少，整个组织趋于扁平化，但是管理幅度过大，信息传递的成本增加，协调成本增加。第二，人员编制不足。贵阳市生态文明建设委员会成立之后虽然对人员的编制进行了划转，总共有 88 个编制，但是由于新设立的部门规模增大、职能增多，出现了人员编制不足的情况，产生了人员编制数量和工作量上的矛盾。通过对相关人员的访谈可以发现问题：

> 当然也有一些困难，目前我们 1 个部门要承担 8 个部门的工作，机关行政编制上是没有增加的。原来的环保局是 29 个编制，林业绿化局是 59 个编制，总共 88 个编制。把基本的 8 个部门的工作职责划给 2 个部门，2 个部门干 8 个部门的工作，工作量相当大。我们认为在整合之后这是非常困难的问题。编制是不足的，虽然把事情划给我但是没有给我编制。（工作人员访谈对象 01，男）

2. 作为“先行者”的改革成本

最集中的表现是在工作纵向对接上不够顺畅。生态委是在全国的生态环境管理大体制没有进行相应改革的前提下进行的部门关系的重新整合，因此在具体工作和上级机构进行对接上会存在一定体制不顺的困难。内部和下级工作对接开始也存在一些不畅，但是在发展中不断完善，内部机构进行了调整，区县生态局的职能也不断完善，这种状况部分在改善。

另外，对于这样一家新成立的且名称相对较为宏观的机构，在外界和横向关系的处理上也面临着这样类似的改革成本问题。

> 生态委管理范畴太大，外延太大。这个也是比较难解决的一个问题。虽然有“三定”方案，但是政府部门认为生态委什么都管，所以会把很多工作任务都放下来，但是真正结合三定方案和你的职责范围，很多事情你是没有能力去做的。所以这其中就要和外面的部门以及涉及具体的负责这项工作的部门去衔接。（工作人员访谈对象 01，男）

虽然有“三定”方案、机构编制文件等对相关的职责权限进行了划分，但是对于相关的部门职责界定方面的表述大多比较宏观，落实到具体问题上，不同部门容易产生不同的理解，因此就产生了职责权限界定不清的问题。各个部门的权力和职责不对等，因此还会出现职责交叉、推诿敷衍、对相关工作不予以配合、不协助等问题。

3. 高层领导的负荷和协调问题

在部门相对权力较为集中的官僚制下，由部门合并而带来的工作负荷的加重会使得部门领导更加繁忙，同时也给领导工作带来统筹性和专业性的矛盾。这对领导和管理人员的统筹艺术和专业化水平都提出了更大的挑战。

> 机构改革之后没有形成编制，因为第一它原有的职能必须要履行，第二新增的综合协调，人员需要有个提升的过程，并且本身没有编制来完成这个事情。在这个过程中，虽然生态委的地位提升了，但是工作人员的付出非常大，领导也好，相关工作人员也是。例如我自己，除了上班时间，一年的加班时间都达到了1200多个小时。（工作人员访谈对象02，男）

领导业务能力的要求较高而导致的协调能力的不足也是一个现实问题。

> 林业部门和环保部门的业务没有交叉，生态委内部有一些专业处室和人员之间彼此了解和互动就很少，在工作互相支持上有的时候就会比较无力，有意无意工作重心就会发生变化，对于分管的领导也是一样。……分管领导原来管环保的现在需要管一两个林业的处室，管林业的领导也要管一部分环保的业务。初衷很好但是在具体操作过程中有很多的困难。因为调整的规模很大，对业务的熟悉、个人能力的培养，还有业务协调关系的一些处理是需要一个过程的。……原来的几个处室林业、环保等都是业务性的，业务性的工作是单向工作的统筹，但是现在上升到生态文明的建设，这叫五位一体，这个工作的推动是综合性的。（工作人员访谈对象02，男）

大部门综合性的工作性质，对领导的个人工作能力、沟通能力、对全局的掌控能力要求更高，由此容易造成一些领导协调能力不足的情况。

4. 大部门内的部门主义问题

虽然各部门进行了整合，但是出于直属机构和区县生态局机构数量和人员过多、其在地理位置上较为分散、各个机构的工作人员相互接触较少等原因，各个部门并不具有内部部门所具有的协调和合作的优势，其相互间的合作多数是基于上级的行政命令，缺乏自主合作的理念。由于相互间的合作关系缺乏制度化的约束，协作处于一种被动的状态，并且某些工作业务趋同性不大，也妨碍了部门间的自主合作。可从对工作人员的访谈中了解到：

> 环保局和林业局合并成生态局之后，它们相互之间的工作没有什么联系，环保局“上管天下管地，中间还要管空气”，而林业局的话只是利用大量的植树造林来起到净化空气的作用，工作开展过程当中，两个局只能说是慢慢地融合和协调。（工作人员访谈对象 04，男）

（六）完善贵阳市生态文明建设委员会政府间部门协调的路径

贵阳市生态文明建设委员会是贵阳市生态文明建设和环境治理的又一创新体制，可以说依然处于起步和磨合阶段。作为生态文明建设中行政改革的一个探索性实践的新生事物，在贵阳生态文明建设的过程中，在转变政府职能、提高管理效率、提升政府形象等方面已经发挥并正在发挥着积极的作用。在这一过程中，政府间部门协调作为贵阳市生态文明建设委员会的一项重要的职能，也必将随着贵阳市生态文明建设委员会的发展而日益趋于成熟。结合当前实际，本书认为，要完善部门机构设置和职能划分、完善相关协调制度以及制度实施措施的建设、提升领导协调能力、重视协调过程、提升部门间合作意识，从而完善贵阳市生态文明建设委员会政府间部门协调，加快生态文明建设的步伐。

1. 加强部门机构整体的有机整合

对于政府各职能部门之间以及它们内部的权力整合是实现政府各职能部门协调统一的政治保障。对于部门改革如果只是把相关职能的一些部门进行裁撤和合并重组，而不去进行新的部门之间的权力重组和整合，那么改革只会流于形式。政府机构部门改革的直接目的就是要剔除原来不适合经济社会发展的东西，改善原来政府部门出现的政出多门、人浮于事及各职能部门在一些管理事务上面推诿扯皮的现状。这就需要加强贵阳市生态文明建设委员会在部门改革后各职能部门的建设，使各部门能够真正地整合进来，成为一个整体。加强部门之间的配合和协调可以从以下几个方面来进行。

第一，合理解决权力重新划分问题。合理解决贵阳市生态文明建设委员会整合之后的权力重新划分问题，是理顺整合之后各职能部门之间关系、实现部门之间协调统一的前提和基础。要想从整体上对各职能部门进行有机整合，加强它们之间的协调统一，一是必须厘清贵阳市生态文明建设委员会的权力边界，将“全能政府”转变为“有限政府”。二是明确每个部门的权力界限，制定和完善各项法规制度，减少部门行使职权的随意性，各个职能部门的权力需要通过制度的形式予以公布和确认，做到权力行使有据可依。首先必须保证它们能够各归各位、各干各事。重新科学划分它们各自的权力，才能在制度上保证各职能部门之间不会出现权力的争夺与僭越。三是推行党务公开、政务公开，加强对各个部门的监督，强化对各个部门权力的规范化管理。

第二，明确职责，完善部门职责分工协调管理。对各部门职能进行清晰的划分和界定，职责清晰、权责明确是各部门建立协调配合机制的重要前提，是对部门之间进行有效协调的前提。要想从整体上对各个部门进行有机的整合，就必须要对其职责进行明确的划分，通过明确它们各自的职能，防止部门遇事推诿扯皮、办事敷衍等问题的发生。部门间协调配合机制本身无法解决部门职责交叉和职能界定不清的问题，因此，需要通过其他有效途径予以解决。①部门职责分工协调要遵循以下原则：符合改革方向，服从工作全局，权责统一、科学高效，协商与协调相结合。②要科学地界定部门职责，在实践中进一步理顺部门关系，提高部门职责界定的科学化程度。同时，必须明确属于部门职能范围内的事情应由该部门负责，做到职权责统一。③部门职责分工应当坚持一件事情原则上由一个部门负责；确需多个部门管理的事项，应当明确牵头部门，分清主办和协办关系及其各自的职责分工。④部门职责分工协调应当按照依法执政和依法行政的要求，依据法律、行政法规、“三定”方案和有关文件进行。

第三，加强对人员编制的管理。人员编制是政府部门运转协调的基础。人员编制过多会造成人浮于事，人员编制过少又会使得工作不能够顺利完成，导致相关工作人员长期加班的情况。贵阳市生态文明建设委员会应该加强对人员编制的管理，人员编制的规模必须由政府部门的职能范围和工作量大小来决定，并且要建立起部门人员编制核定与调整的数量模型。目前，对于贵阳市生态文明建设委员会来说，需要增加人员编制，以满足工作的需要。

2. 完善相关协调机制

第一，建立制度化的协调机制。制度化的协调机制是协调工作顺利进行的基础和保障。制度化协调机制的构建能够克服协调过程中的随意性，从而增强协调的制度效力，使贵阳市生态文明建设委员会协调职能的有效发挥具有法律的保障，也能够明确协调和合作过程中对各方的约束力和执行力，是以规范化的方式来引导政府部门间的协调和合作的根本保证。

第二，建立政府部门合作激励机制。激励是一个满足需要、激发某种行为的过程，需求是一个行为发生的动力。合作激励机制能够促进政府部门间的协调和合作，是提高部门间合作积极性的一个重要保障。合作激励机制的建立也能够使得相关的信息资源得以共享，加快信息传递速度。要建立起合作激励机制，首先，要求相关政府对于部门的管理不是仅仅通过完全的行政干预的手段进行强制式的激励，而是要通过加深部门之间的联系。其次，建立和完善合作绩效评估机制。对合作绩效要进行全方位的评估与考核。通过采用科学的评估体系、评估方法和评估程序，对合作绩效进行全面的评估，科学地诊断出合作中存在的问题，奖励合作的成果，从而提高部门间合作的积极性。

第三，建立长效的协调机制。建立长效的部门间的协调合作机制，能够有效地整合各部门的行政资源，减少和消除部门在行政权力使用过程中的冲突，从而实现目标和措施的统一，达到对特定事项能够快速、及时、综合的协调合作效果。对常态合作的特定事项，可以建立长效的协调机制，并将相关的制度以书面文件的形式明确和落实。例如每年举办一次的生态文明国际论坛，贵阳市生态文明建设委员会要负责进行相关的筹备工作，因此贵阳市生态文明建设委员会每年都要对筹备工作进行协调。

3. 提升领导协调能力

领导者是协调活动的主体。领导协调活动的实质就是要使不协调走向协调，从而提高组织整体效能，保证顺利实现既定目标的过程。

第一，丰富领导协调方式。领导协调方式应该具有多样化的特性，特别是在面对现今日益复杂的协调问题时，只靠单一的行政命令协调方式也只是暂时性地压制问题，而没有从根本上解决问题和矛盾。首先，领导者不仅要采用刚性的协调方式，也需要采取柔性的协调手段，它强调在协调的过程中，领导者与各个部门进行充分的信息互动，让领导者能够对各个部门充分了解，也能够让各个部门充分了解相关信息，建立起非正式的协调关系，并在领导者的主导下，各个部门能够对相关事宜提出自己的意见和建议。柔性的协调手段加强了各个部门之间的沟通和交流，更能激发部门合作的积极性。其次，采用统一目标的协调方式，用工作整体目标来统一各个部门的行动和思想，让各个部门做到顾全大局，以大局为重。

第二，提升领导者的协调意识和大局能力。生态文明建设是一项庞杂的工作，领导者要面临许多复杂的环境治理问题以及不同部门间协调与合作上所存在的问题。特别是贵阳市生态文明建设委员会成立之后，之前单纯的业务性工作转变成复杂的综合性工作，对领导者协调能力的要求也变得更高，因此，领导者必须要提高自身的协调能力来应对这些复杂的综合性的工作和问题。要提升领导者的协调能力，可以从以下几个方面来进行：首先，领导者对贵阳市生态文明建设委员会的各项工作都应该要有一定的了解，树立起较强的系统观念和整体意识，培养驾驭全局的能力，对生态文明建设中会出现的问题了然于胸，在面对相关的协调问题时才能够又好又快地解决；其次，领导者应该加强与各个部门及其工作人员的沟通和交流，多多听取下属部门的意见和建议，以增进相互之间的了解，增强共识，从而有利于领导者协调生态文明建设和环境治理中出现的问题。

第三，重视协调过程。

一是规范部门间协调程序。规范部门间的协调程序是为了避免出现协调随意性的情况，使协调程序化、规范化。规范部门间的协调程序，在环境治理的过程中应该增加程序性商议协调。相关决策从制定到实施的每个环节都让各方参与并充分表达意见，对部门间的协调应该在对相关部门的想法和意愿都了解清楚的情况下进行，使政策制定和执行的过程同时也成为协调相关职能部门行为的过程，保证政府部门行为的协调一致。

二是加强对环境应急过程中协调的管理。环境突发事件由于其非常规性，政府部门间的协调更具有高度的复杂性，这就对部门间的协调提出了更高的要求。对于环境应急过程的协调管理需要做到以下几点。首先，建立区县级部门在环境应急方面的制度和规范。要尽快建立相关的制度和规范，完善联动服务机制，规范和约束相关单位在环境应急方面的行为，避免推诿敷衍等问题的发生。其次，设立专门的区县级的环境应急小组。增加人员编制，设立专门的环境应急小组，对庞杂的环境紧急事件进行处理。加强对区县级人员的演练，提升处理环境紧急事件的能力。最后，加强对环境应急过程的监督。发挥各级部门、大众和媒体的力量，对环境应急过程进行监督。充分发挥区级平台协调监督的作用，对处理过程进行监督，对处理结果进行评估。

4. 提升部门间合作意识，促进部门间合作

第一，培养部门之间的协作文化。

文化是一种无形的力量，其有助于建立起部门间的软环境，并且在支配行政行为和协调部门行政人员的关系中具有很重要的作用。良好的协作文化能够促进部门间的协调和合作。

贵阳市生态文明建设委员会的相关部门在整合之前大多来自不同的政府部门，各个部门都有其独特的文化，贵阳市生态文明建设委员会的成立不仅是整合各个部门，也应该在尊重各个部门文化的前提下建立起具有自己特色的协作文化。可以从以下几个方面来培育协作文化。首先，树立“整体性政府”的观念，“整体性政府”倡导部门之间的相互协调和合作，并将政府整体的利益视为组织的最高利益，强调政府内部整体的联系。通过树立“整体性政府”的观念来消解政府部门之间文化差异，构建整体性协作文化。其次，加深对部门文化的了解。各个部门在整合前都有自己的行政文化，部门之间应该在尊重其他部门文化的基础之上加深对整体部门文化的了解。可以通过组织各个部门开展丰富的文艺活动以及学习交流活动来加深各个部门之间的相互了解，加深对整体部门文化的了解，从而在尊重部门间行政文化的基础上培养起整体的部门协作文化。

第二，建设电子化政府。

信息整合是整体性政府构建的重要保障，是政府部门间合作的基础。信息的传递与共享在部门间的协调和合作中具有非常重要的作用，部门间的信息传递的重要途径就是要建立起电子化的政府，搭建一个整体性的信息传递平台，实现信息的共享。发达的电子化政府能够将数量庞大的行政机构和部门连接起来，形成一个信息交流的整体，它既能提升相关行政部门的管理绩效又能降低政府的行政成本，从而避免出现“信息孤岛”。建设电子化政府可以从以下几个方面来进行。首先，建立信息交换平台和信息资源共享库。贵阳市生态文明建设委员会虽然建立了自己的门户网站，但是只依靠此类网站并不能将信息完整全面地传递到各个部门，同时各个部门也不能及时地将信息传递给贵阳市生态文明建设委员会，特别是较为分散的各个直属部门和区县生态局。因此，应当建立起内部信息交换平台和资源共享库，以地区或是环保工作类型进行分类，将实时工作信息进行汇总，这样不仅使生态文明建设工作透明化，也提高了信息资源利用的时效性，打破了信息资源的分割局面，实现了信息资源的协同建设与管理。其次，培养电子化政府建设的专业人才。加强贵阳市生态文明建设委员会工作人员的现代信息意识和通信技术能力的培训，实现先进服务文化与先进服务技术的无缝隙连接。

随着社会的发展，生态文明建设和环境治理问题复杂性、综合性日益增强，如果只是依靠零散的几个部门，生态文明建设和环境治理工作必然难以进行，加强部门间的协调是生态文明建设和环境治理的必然要求，也适应了社会发展的需求。贵阳市生态文明建设委员会的建立，作为生态文明建设和环境治理中全新的政府间部门协调的模式，在一定程度上满足了生态文明建设和环境治理的需求，也在一定程度上解决了过去机构重叠、职能交叉、权责不清、部门林立、数量过多、协调困难的问题，为今后环境治理政府间部门协调提供了具有可操作性的实践框架。

小结

从贵阳市生态文明建设委员会这一样本来看，它的建立和运用符合整体性治理的宗旨，即需要解决谁参与、在什么组织结构和基础上来取得大家真正想取得的东西这一难题。它也部分地解决了整体性治理比较强调的责任问题，通过效率、责任的组织层级和组织机制来实现目标。在管理层次上，通过权责的重新划定、绩效评估和协调监督来实现责任机制。

生态委这一整体性治理的样本也充分地说明，整体性政府还是以官僚制为基础。整体性治理所要求的协调机制主要包括价值协同的协调机制、信息共享的协调机制、诱导与动员的协调机制等。各个方面的实现手段也都是在官僚制的基础之上，它通过协调机制致力于缓解冲突，通过共同目标的强化与塑造，以此来增强整体性治理中网络结构的凝聚力，最终达到1+1>2的协同效应。[①] 整体性治理也同时强调政府内部机构和部门之间的功能整合，力图将政府横向的部门结构和纵向的层级结构有机整合起来。从这一点来看，目前生态委的实践说明，在全省甚至全国的环境管理相关体制还没有进行组织上的统一调整的前提下，地方实验要付出较大的改革成本。

整体性治理强调用“整合”化的组织手段和形式，通过正式的组织管理关系的重组以及新建各种伙伴关系、形成组织的网络化结构等方式来实现最大限度地利用有限的资源，协商解决公共问题，系统化地提供公共服务。生态委的实践也同时说明，对于一些现有的环境管理的碎片化问题，尽管加强部门间和区域间的协作可以部分缓解，但是与组织结构的重新调整而带来的合作是不能相提并论的，因此，整体性治理较为适合解决我国环境治理的碎片化问题，能够带来一些实质性的改变。因为，同时存在官僚制过盛和官僚制不足问题的当前中国，官僚部门之间的领域问题导致一些协作是有限度的，环境管理的跨部门协作面临着严重的组织逻辑困境。打破这一困境的途径就是整体性治理。实践证明，对于威权体制下纵向等级权威的协调是最有力的协调，整体性治理就是在这种官僚制权威基础之上进行权力重构和责任落实。

在整体性治理的视野中，政府改革方案的核心是通过政府内部的部门间及政府内外组织之间的协作达到以下四个目的：“排除相互拆台与腐蚀的

---

① 胡象明、唐波勇：《整体性治理：公共管理的新范式》，《华中师范大学学报》（人文社会科学版）2010 年第 1 期。

政策环境；更好地使用稀缺资源；通过对某一特定政策领域的利益相关者聚合在一起合作产生协同效应；向公众提供无缝隙的而不是碎片化的公共服务。"[①] 整体性治理的理论议题恰好是针对部门主义、各自为政等现实沉疴而提出的，其重新整合的思路是逆部门化和碎片化。在实践方面，整体性治理的主张与大部门制和整合化的实践需要不谋而合，从而建构起"以问题解决"作为一切活动的出发点并具备良好的协调、整合和信任机制的整体性政府。

贵阳市生态文明建设委员会是贵阳市生态文明建设和环境治理的又一创新体制，它正处于一个初步发展和逐渐磨合的阶段。作为贵阳市乃至全国的生态文明建设中政府机构改革的先行者，它尽管存在一些需要解决的问题，但是在贵阳生态文明建设的过程中已经发挥了重要的作用，对于环境治理中探索转变政府职能、提高治理效能、提升政府形象、创新生态文明建设文化等方面都有极大的推动作用。贵阳市生态文明建设委员会伴随着部门在管理实践发展中的逐渐融合、内部联动和协调机制的完善、编制管理的创新、内部部门间协作文化的养成，以及电子政府的建设和信息整理的加强而日益发展，趋于成熟。

三　"河长制"：整体性治理视角下流域治理整合责任机制的探索[②]

正如前文所述，整体性治理比较强调责任问题，研究了实现效率、责任的组织层级和组织机制。具体来说，在管理层次上，可以通过审计、支出控制、预算计划、绩效评估和政治监督来实现责任机制；在法律层次上，可以通过法律争端问题的解决方式，特别行政法庭、准司法管制者等来实现责任机制。

2007 年太湖蓝藻爆发并引起了供水危机后，无锡市于当年 8 月开始了

---

① 高建华：《区域公共管理视野下的整体性治理：跨界治理的一个分析框架》，《中国行政管理》2010 年第 11 期。

② 此部分研究的部分成果已经发表，参见任敏《"河长制"：一个中国政府流域治理跨部门协同的样本研究》，《北京行政学院学报》2015 年第 3 期。

流域治理机制上的创新尝试，这就是河长制，即各级政府的主要负责人担任辖区内重要河流的河长，以负责河道、水源地的水环境、水资源的治理与保护。这一流域治理的地方创新迅速被各省市所效仿，成为地方政府环境保护和生态文明建设的一个“热词”。2014 年 3 月 21 日，国务院新闻发布会上水利部副部长矫勇谈及“河长制”，他认为“河长制”是地方创新的一条经验，水利部准备为这一套成功的做法提供技术支撑。

尽管河长制从出现伊始就在学术界引发争议，但目前关于它的研究非常少。为数不多的论文也大多是地方政府官方话语的简单复制。从学术研究的角度进行探讨的文献就更少，相对突出是《基于新制度经济学视角的“河长制”评析》和张玉林的《承包制能否拯救中国的河流》。

这种现象引发了笔者的好奇：一方面是地方政府和大众媒体对这一流域治理创新机制的一片叫好，另一方面是对流域治理机制诟病不断的学术界对此却几乎没有跟进。笔者希望弄清楚的基本问题是：河长制真的能够改善流域治理的碎片化现状吗？如果能的话，它是通过怎样的机制来发挥作用以加强流域治理的跨部门协调的，又有哪些因素影响这种协调。①

为此，笔者选择了贵州省实施河长制最早的三岔河进行了案例研究。三岔河发源于贵州省威宁县盐仓镇，属乌江流域南源一级支流，流经威宁等 9 个县（区），是黔中水利枢纽工程的源头水，其环境保护工作直接关系着黔中水利枢纽工程的水流域安全及其下游的可持续发展，2009 年贵州省人民政府办公厅下发《关于在三岔河流域实施环境保护河长制的通知》（黔府办发〔2009〕59 号），将市人民政府主要领导和区人民政府主要领导定为“河长”，希望通过新的流域治理模式打破部门管理的边界，通过统一规划、落实责任、加强部门协作等方式，实现主要领导对于本辖区的河流水环境质量负责。

（一）三岔河流域“河长制”治理模式的实施背景

1. 流域概况

贵州同时位于长江、珠江上游流域，又是典型的喀斯特生态脆弱区，

---

① 任敏：《“河长制”：一个中国政府流域治理跨部门协同的样本研究》，《北京行政学院学报》2015 年第 3 期。

水环境问题非常敏感而重要，特别是伴随着近年来经济增长速度加快以及人口的快速增长，水资源水环境问题日益突出。三岔河流域面积达到7624平方公里，流域长度为325.6公里，流向为自西向东，在贵州省毕节地区黔西县水头寨附近的东风水库与另一支流六冲河汇合，形成鸭池河。另外，贵州史上最大的水利工程——黔中水利枢纽工程的源头水就在三岔河，而这是一个以灌溉、城市供水为主，兼顾发电等综合利用的大型调水工程，是黔中地区经济社会可持续发展的生命工程、战略性工程。

流域内矿产资源丰富，尤其是煤炭资源是地方工业的基础，[①] 大规模、高强度的资源开发对当地生态环境造成了一定程度的破坏，加上其他工业企业的排污和城镇居民排放的大量生活污染物，三岔河特别是中上游水体受到了较为严重的污染。

2. 三岔河流域面临的环境问题

流域水环境的污染严重。一是近年来人口数量急速增长，三岔河流域上游种植业、养殖业的快速发展，左右岸两侧工业企业和城镇居民排放的大量污染物，使三岔河流域水环境遭受巨大污染，污染主要是生物污染和化学污染，流域的自然生态环境发生了改变，使得流域的水质受到了损害，这也影响了流域的水资源和水生态的综合状况。二是工业化、城镇化步伐的加快，上游地区过度垦殖和自然资源的过度开发加重了环境污染程度。三岔河流域工业和居民燃煤废气排放量不断加大，导致了严重的尘埃污染，局部地区形成严重酸雨和降尘。三是不合理的开发利用资源导致树木破坏、森林资源退化，这又加剧了水土流失问题，进而使得土地石漠化问题出现了恶化。四是三岔河流域出现了河道水量减少现象，导致了水资源环境退化。五是物种生存条件恶化使得生物多样性受到严重破坏。这些对三岔河流域生态环境构成了很大威胁，局部辖区内生态功能已经出现了退化，尤其是下游河段，如果这种污染行为持续下去最终会导致整体流域基本上满足不了社会功能、经济功能的需求，在调研访谈中当地人如是说：

以前我们经常带着孩子在河里游泳，但是现在企业排放污水、村

---

① 陈高泽：《三岔河渐渐变得清澈了》，《乌蒙新报》2012年9月20日。

民也不停地排放生活垃圾到三岔河流域内，现在的三岔河流域受到的污染很严重，水变脏了，别说是游泳，走到河旁边就感觉难受，更不用说饮用三岔河流域的水了，只能饮用井水以及一些山泉水，我们现在认为三岔河就是一条黑河，一个臭水池，走都要避着走。[①]

六盘水市是20世纪60年代兴起的城市，在这个以煤炭、电力建材、冶金为支柱的重工业城市，煤矿、洗煤厂分布各处，加之历史原因，部分企业选址缺乏规划性，技术不够先进，没有完善的环境保护设施，环境污染治理欠账较多，在如今这个发展快速的社会，生活污水、农业污水和工业污水，给境内所有水域都带来了巨大的压力，三岔河在这样的环境中，流淌40公里，受其污染程度之深，可想而知。[②]

3. 三岔河流域“碎片化”治理的主要表现

回顾历史，三岔河流域的演化发展主要经历了三个主要阶段。第一个阶段，三岔河流域保持了河流的自然属性和健康，受到的人为干扰不明显。第二个阶段，也就是大规模开发阶段，为了防洪和供水的需求而大兴水利工程建设，加上人为经济活动，植被的破坏严重。第三个阶段是流域自然环境的恢复阶段，沿岸居民逐渐意识到为了获得经济效益而付出的自然环境代价，并开始受到大自然的“报复”，为了使流域自然环境实现可持续发展以及保障人们的生存权，人们开始讨论如何恢复三岔河流域的自然生态环境。

早在2004年贵州省人民政府就意识到过度开发三岔河流域而带来的环境问题，并采取相关措施进行三岔河流域的整治，但是流域整个管理体系中带有浓重的“碎片化”色彩，部门职能划分不明确，机构设置不合理。流域的“行政权力”表现突出，各自为政，权力资源表现为碎片化，不能很好地整合。具体来说，“碎片化”治理带来的问题主要表现在以下一些方面：政府作为单一治理主体，存在明显的行政分割和权责不清，并且有时还会利用强权优势，进行各项资源的垄断，严重阻碍三岔河流域综

① 毕节市威宁县村民访谈，2013年11月15日。

② 六盘水市钟山区大湾镇镇政府工作人员访谈，2013年12月10日。

合管理的进程；在管理手段方面，以单纯行政管制手段为主，相对单一，造成体制性失效；流域水污染治理过程中缺乏公众参与机制，整个三岔河流域不能建立起一个真正的民间环保组织；三岔河流域水污染治理的相关制度性安排不完善，制度缺失和缺陷均存在。各管理主体在三岔河流域公共事务的治理中“各自为政”、“条状块状管理”，这是造成三岔河流域管理整体弊端的主要原因，碎片化的治理格局体现在利益分割、部门分割、行政区域分割，严重的分割治理又使得权力分散，流域各涉水机构部门间的矛盾不断，资源得不到集中利用和很好地整合，出现了权力不清和责任不明，造成行政效率的低下和资源的浪费。

可以说，三岔河流域缺乏以流域这样的自然地理概念为基础的全面的、系统的生态环境治理思路。例如，中游地区本是风景优美的山水田园，也是旅游胜地，但出于经济发展的需要，地方政府以煤、电、化工等的工业化发展为取向，导致流域中游地区水环境急剧恶化，山水田园不再。又如，三岔河流经的地区未形成一个整体的流域保护措施和经济发展指南，各县对三岔河流域也没有整体的认识。各县各自制定自己的发展规划和保护措施，没有形成全流域的“一盘棋”。这种行政上各自为政、经济上以本区域利益最大化为目标，环保上“自扫门前雪”，甚至“不扫门前雪”的状况必须改变。为了有效解决上述问题，探索怎样以流域整体为单元，通过一定的体制机制的创新实现跨部门与跨行政区的协调统一，充分利用生态系统的自然特性进行统一规划、统筹发展，使得流域的生态、经济、社会等功能协调发展，进而实现流域的可持续发展，就成为该流域环境保护和经济发展的重大课题。2009 年贵州省人民政府办公厅下发《关于在三岔河流域实施环境保护河长制的通知》（黔府办发〔2009〕59 号），将市人民政府主要领导和区人民政府主要领导定为“河长”，希望通过新的流域管理方法来打破部门管理和行政管理的界限，改善“碎片化”管理的现状，通过统一规划、多方参与、责任到位、信息透明等方式，将各政府统一在一个行动框架下，形成利益相关方的交流与沟通平台，以此解决三岔河流域的问题。2010 年 7 月贵州省环保厅编制完成了《三岔河流域环境保护河长制项目规划》，自 2011 年起按照规划要求，逐年下达各“河长”工作任务，以此深入推进三岔河流域水污染防治，切实改善流域水环境状况。

（二）三岔河流域“河长制”的实践

自实施河长制以来，三岔河流域内相关单位以“坚持科学发展，构建和谐流域，造福人民群众”为己任，把“河长制”作为事关生态建设、事关民众生活、事关转型发展的大事、要事抓紧抓实，根据“疏堵结合、重点先行、先易后难、逐年改善”的整治原则，迎难而上，乘势而为，以铁的决心、铁的手腕和铁的措施整治三岔河流域环境污染，投入大量的人力、物力、财力，多管齐下，治理三岔河的工业、农业和生活污染源，初步形成了“政府主导、企业参与、群众支持”的治污格局。

1. 三岔河流域“河长制”治理的实施主体

在三岔河流域“河长制”治理模式中，“河长制”的实施以政府为主，三岔河流域内的六盘水市、安顺市政府和毕节地区行署以及纳雍县、威宁县、织金县、普定县、平坝县、西秀区、钟山区、六枝特区、水城县9个县（区）地区行署主要负责人担任本辖区内三岔河流域主要河流的“河长”，作为三岔河流域水环境的责任人，对完成省下达的水环境保护年度目标和任务实行总负责。在河长的组织辖区内，河长又负责组织相关单位制定并实施所承担的河流年度水环境综合整治工作计划中的任务，相关单位负责人来确保计划、项目、资金和责任“四落实”，最大限度地调动利益相关方的资源，并对资源进行优化整合。在“河长制”的治理模式下，不仅工商、水利、环保、发展和改革、农业、审计、财政、监察、经济信息化、煤炭等职能部门明确职责，而且街道办事处、城管局、档案局等政府管理机构皆有分工。与此同时，政府行政执法单位采取联合执法形式，加大了《中华人民共和国水污染防治法》、《中华人民共和国环境保护法》等法律法规的执法力度。同时，“河长制”重视同非政府组织、企业、民众的合作，并争取把握第三部门、企业、民众的力量，把握一切可以利用的力量治理三岔河的工业、农业和生活污染源。

据煤场工人讲述：

当初钟山区区长以河长身份，来到大湾镇大湾村督战河道的综合整治。在现场，大湾村村集体的配煤场因为没有围墙，环保设施不完善，被当即限期整改。河长义正词严地说：限你两个月把这个墙围起来，你围不起来我什么事也不干，我就来运你的煤，在大湾我这样的事做了很多，我做事的风格你知道，我运了煤，然后来养运输队足够了，你赶紧和大家说好，把它围起来，做事不能光顾眼前这点利益，你应该眼光长远，你想长期干这个事就把它围好，让环保部门允许，法律也通得过，是吧。①

2. 三岔河流域“河长制”实施的具体措施

第一，要求加大工业污染源监管治理力度。流域环境保护河长制实行河流分段负责，各“河长”要认真组织分析本辖区河流污染问题，制定并实施相应的治理方案。对治理未达标或造成环境影响的进行挂牌督办；对未完善环保设施的，责令尽快建设污染物处理设施，并向环保部门申请验收。

强化对沿河两岸矿产资源开发利用的监管。依法加大沿河两岸矿产资源开发利用项目的清查，对未经环保审批但已开工的矿产资源项目，责令其补办环评及环保审批手续，经环保论证对环境会产生重大影响的污染项目坚决予以限期整改或取缔，责令恢复生态环境；督促流域内洗煤厂、焦化厂等企业生产废水实现闭路循环，禁止外排。

督促煤矿企业完善矿井废水处理系统，达标排放废水；规范企业废渣堆放和处置方式，防止造成二次污染；按照国务院《关于进一步加强淘汰落后产能工作的通知》（国发〔2010〕7号）的要求，继续淘汰落后产能企业。

第二，要求提高城镇生活污染治理水平。强调水环境功能区环境管理，保障饮用水源安全；严格执行饮用水源保护区管理规定，禁止在集中式生活饮用水源保护区内排放污水和从事可能导致水环境污染的工作，禁止新建、扩建与供水设施和保护水源无关的项目；逐年在镇乡建成垃圾填埋场及污水处理站，确保污染物达标排放；沿河镇乡街道要定期对辖区内河道进行清淤，加快生活垃圾中转站的建设，妥善解决废渣、生活垃圾排入河

① 六盘水市大湾村煤场工人访谈，2013年12月13日。

道的问题，禁止向河流倾倒垃圾及在沿河两岸堆放垃圾；沿河镇乡街道要积极创造条件筹建城镇污水处理站和无害化垃圾处理场；加大城市监管和执法力度，对乱倒、乱排、乱丢的行为实行严管重罚。

第三，要求全面开展（种）养殖业污染治理。结合社会主义新农村建设和农村社区建设，广泛深入开展农村环境综合整治，把循环经济理念引入（种）养殖污染治理，控制农药使用，养殖业方面要求每年产猪350头以上的规模性养殖场必须建设循环沼气工程，做到切实加强规模（种）养殖业污染防治；对家庭散养户的畜禽养殖舍（点）推广"一池三改"（沼气池、改圈、改厕、改厨），切实解决农村"脏、乱、差"问题。

第四，加强生态环境保护和建设。禁止无规划地盲目开发建设，对未纳入规划、未开展环境影响评价、造成生态环境破坏的项目，依法予以取缔；加强对集中式水源保护区及千人以上饮用水源点的生态建设，制订生态建设规划，减轻长江中上游水环境污染负荷；引导开展环境优美镇乡建设，探索解决农村城镇化进程中的生态环境问题，并以点带面，逐步建立一批生态环境优良的镇乡。

第五，加强财政支持和资金筹措。各地要加大对流域环境保护资金的投入，同时要多渠道、多方位积极筹措资金用于流域水污染防治，重点支持流域河长制项目实施。根据河长制的具体要求，三岔河流域的河长努力确保计划、项目、资金和责任"四落实"。

"一落实"，计划是指贵州省人民政府办公厅下发的《关于在三岔河流域实施环境保护河长制的通知》要求三岔河流域内的地区行署主要负责人担任本辖区内三岔河流域主要河流的"河长"，对本辖区内三岔河流域负责。河长必须以辖区内三岔河河段的具体情况作为依据，从而组织制订相应的"治河"计划并在规定时间内保证计划的落实。

"二落实"，项目落实也就是计划落实的保障，河长根据辖区内特殊情况制订相应的计划，为了保证计划顺利完成，"河长"要带领相关部门制订配套的项目计划书，比如需要建设城市污水处理厂、垃圾收集池、垃圾清理车，取缔排污场，并开展流域综合治污活动，进行流域河道清理、垃圾处理、工业企业废水处理和企业废渣清理工作，关闭违法排污企业、双无小型煤矿厂等，建设新农村排污设施，启动生活污水集中整治处理措施，通过落实此类项目，污水治理工作将会取得成效，河流水质才会持续改善，全年的计划才能完成。

“三落实”，要加强资金使用的监督和管理，确保专款专用，提高资金使用效益，不得将资金挪作他用，使三岔河流域环境保护河长制项目保质保量并按时完成资金的落实。所有项目的完成都离不开资金的支持，省政府要求各辖区加大资金投入，保质保量地完成任务。省级环保基金每年划拨1000万元用于支持河长制项目的实施，各地也加大投资力度，2010~2013年省级单位累计投入10.9亿元用于三岔河的治理。资金的来源只依赖政府是不能满足治河需要的，就六盘水市治水投入资金而言，三年来市区两级共投入资金76331.894万元，其中政府投入59634.394万元，企业投入16697.5万元，修建了垃圾池753个，配置垃圾车62辆，绿化河道双向34.28公里，建成大型湿地公园，设城镇和农村生活污水治理项目5个，实施重金属处理项目4个，完成企业污染治理项目45个。[①] 只有确保资金落实，才能够有效地治理水环境，才能保证项目的实施、计划的完成。

“四落实”，责任的落实是重中之重，“河长制”本身是从河流水质改善领导督办制、环保问责制所衍生出来的水污染治理制度，其最大的一个特色就是通过一些措施加强计划项目资金等工作的落实力度，确保治污工作顺利进行。“四个落实”环环相扣，相辅相成，缺一不可。

（三）三岔河流域“河长制”治理模式的运行机制

1. 责任机制

责任的本质体现控制的问题，因此明确责任是政府间协调的难题。由于西方的政治生态和管理体制的特点，单个组织是否执行上级权威的指令和政策偏好可能因为代议民主而成为一个两难问题。这就是西方国家部门政府间协调中表现突出的“权威缺漏”问题。[②] 这一难题在我国的政治制度和行政体制下却能够迎刃而解。

---

① 数据来自对贵州省环保厅及水利厅的资料进行的收集整理。

② Bardach, Eugene, Cara Lesser, “Accountability in Human Services Collaborative: For Who?” *Journal of Public Administration Research and Theory* 2 (1996): 197-224.

河长制的首要任务就是明确责任，2009 年 6 月 17 日，贵州省人民政府办公厅下发《关于在三岔河流域实施环境保护河长制的通知》，正式明确三岔河实行综合环境治理目标河长负责制，严格实行分段治理、分段管理、分段考核、分段问责；六盘水市、安顺市、毕节市市长担任本辖区三岔河的主要河流的河长，钟山区、水城县、六枝特区、威宁县、纳雍县、织金县、西秀区、普定县和平坝县人民政府县长区长担任辖区内的河长，对本辖区内三岔河流域负责。河长要组织制订并实施所负责河流的年度水环境综合整治工作计划，确保计划、项目、资金、责任四落实，省环保厅、监察厅、水利厅每年初联合对各个河长的情况进行检查和考核。河长的成绩纳入政绩考核，对河流环境保护年度目标完成不好的地区，评优创新施行一票否决，并对该地的实施项目施行区域限批。为落实责任，各市、县（区）政府都会依据省环保厅下达的每个年度的三岔河流域环境保护河长制目标任务，制订各自的年度执行河长制实施方案。①

我们以六盘水市钟山区为例，钟山区成立了年度境内三岔河流域环境保护河长制领导小组，由其区长任组长，分管领导任副组长，区直有关部门领导为成员。领导小组下设办公室在区环境保护局。钟山区区政府先后印发了《关于印发钟山区境内三岔河流域环境综合整治专项行动工作方案的通知》、《关于印发钟山区境内三岔河流域环境保护河长制实施方案的通知》和《关于印发钟山区境内三岔河流域环境保护河长制考核办法（试行）的通知》等文件，将河长制主要目标及任务分解到区直相关部门和各镇乡街道，并实施“一票否决”制和问责制。在实施方案中，细化和量化了整治的总体目标和工作任务并作了详尽的工作任务分解。钟山区人民政府与相关部门和镇乡街道以及驻区国有大中型企业签订了目标责任书，详细列出目标任务和工作要求。全区 9 个镇乡街道的行政“一把手”担任各自辖区内河流的“河长”，实行领导包推进、镇乡包总量、部门包责任的“三包”政策，实现了对区域内河流的“无缝覆盖”，强化了对河流水质达标的责任落实。

---

① 任敏：《“河长制”：一个中国政府流域治理跨部门协同的样本研究》，《北京行政学院学报》2015 年第 3 期。

2013年钟山区三岔河流域环境保护河长制任务分解如表4－3所示。

表4－3　2013年六盘水市钟山区三岔河流域治污工作分配

目标任务	责任单位	配合单位
1. 督促钟山区大湾镇完成城镇生活污水处理工程	大湾镇	区住房和城乡建设局
2. 督促钟山区汪家寨镇开工建设城镇污水处理工程	汪家寨镇	区住房和城乡建设局
3. 督促钟山区大湾镇开展生活垃圾无害化填埋场的可行性研究、环境影响评价等前期工作	区城市管理局	区发展和改革局
		区住房和城乡建设局
		区环境保护局
4. 督促钟山区汪家寨镇、大河镇、双嘎乡修建垃圾池40个	汪家寨镇	区环境保护局
	大河镇	
	双嘎乡	
5. 督促钟山区大湾镇完成海开小河湿地处理工程	区环境保护局	大湾镇
6. 督促钟山区汪家寨镇对三岔河流域支流红卫河进行清淤	汪家寨镇	区环境保护局
7. 督促钟山区月照乡实施农村环境综合治理工程	月照乡	区环境保护局
8. 督促钟山区大湾镇实施山根脚村重金属废渣治理工程	区环境保护局	大湾镇
9. 督促钟山区全有福玉顶养殖场、得天养殖场、安乐养殖小区、六盘水丰茂农业科技有限公司、大河镇强健蛋鸡养殖场5家养殖企业开展雨污分流、建设干清粪、污水尿液储存池和沼气池等工作	区农业局	区环境保护局
		大河镇
		大湾镇
		月照乡
10. 督促钟山区汪家寨镇、大河镇、双嘎乡对辖区内配煤场进行规范整治工作	区煤炭局	区环境保护局
		汪家寨镇
		大河镇
		双嘎乡

资料来源：六盘水市环境保护局。

省环保厅有关官员的访谈中对此这样说：

我们主要是管实用，最早的河长制我们是2009年在三岔河流域做，那个时候是做得挺好的。所谓的河长就是我们要求下面解决政府问题，

> 虽然法律规定政府要对地方环境负责，但是落不到实处，再加上政府这种体制，都是分管领导。我们说有些东西是分管领导定不了，也推不动的，那么我们怎么办呢？就通过河长解决这个问题。我们要求每个市、州、县一把手就是河长，省里面把这个保证环境质量的任务下放到地方，我们把这项工作通过河长制落实。比如说贵阳市南明河这段，我就关注质量，这条河流整个就市长负责，我就先把这个整顿权给他，然后就要求他一年达标。①

"河长制"责任机制的实质就是领导干部的"包干制"。包干制的最大优越性在于从制度上解决了激励的问题，在这种制度下，责任不仅非常明确，而且完全落实到人，河长的加薪、晋升和评优都与流域的治理成效挂钩，其工作效率高，执行力度大，容易在短期内出成绩。毕节市就对环境治理不利的负责人实施"一票否决"制，规定对环境治理中没有完成任务的、没有达标的党政领导实行"一票否决"。毕节市针对三岔河的治理中行动不积极的、成果不显著的、任务没有按期完成的、质量不过关的责任人，对其考核直接为不合格，直接影响到责任人的职业生涯。此外，安顺市在下达到各地方政府部门的节能环保目标责任书中，强调了三岔河流经的各地方对管辖流域实施分段管理、分段考核和分段问责，必须在规定的期限内完成治理任务，如果其没有按时保质地完成任务，责任人的所有政绩都将被"一票否决"，不得再提拔。②

（1）"河长治污"是对环保问责制规定上的细化

近几年来公共事件频发催生了人民对问责制的思考和探索，环境问题作为关系广大人民的民生问题，其问责机制的建立有利于环保部门领导和相关企业管理者承担环境污染责任，"河长制"的实施是问责制的进一步延伸。近年来，作为突发性公共性危机的重要内容的环境突发事件越来越引人注目，在2005年，松花江出现了严重的水污染事件，至此国家在水污染

---

① 贵州省环保厅工作人员访谈，2013年11月13日。

② 任敏：《"河长制"：一个中国政府流域治理跨部门协同的样本研究》，《北京行政学院学报》2015年第3期。

领域制定了领导问责制。2006 年颁布实施的《环境保护违法违纪行为处分暂行规定》中，对水污染的问责制度做了较为详细的说明。2007 年，国务院批准颁布的国发 36 号文《节能减排统计监测及考核实施方案和办法的通知》对企业排放的污染物做了明确规定，并再一次落实了污染责任，三岔河实施的“河长制”与目前普遍意义上的问责制相比，其优势主要体现在：环境保护的问责制只在出现重大水污染事件时起作用，而地方官员和企业管理者普遍具有侥幸心理，但“河长制”是将这种问责贯穿到了整个河流治理的过程中。贵州省颁布实施的《关于在三岔河流域实施环境保护河长制的通知》中说，治理水污染的成绩和问题都将与河长的政绩考核挂钩，这一联动机制是长期的、严格的。倘若任务目标按时完成，河长的成绩就好、奖励便多，倘若任务没有完成，或者是出现了较为严重的水污染事件，就会追究河长的责任。原环保总局对贵州六盘水市采取了“区域限批”的政策，这一政策也被借鉴到“河长制”的实施上来。综合来看，贵州三岔河的“河长制”与其他地区的“河长制”大同小异，它是把党政一把手直接任命为河长，河长的地位较高，权力相对较大，处理起流域问题来，更能够及时有效地调配资源，流域内发生的问题，也会落实到党政一把手的身上，这样河长的责任无形中被放大了，由此倒逼河长更加称职。每一条河流、每一个湖泊水质是否达标都能落实到一个具体的人身上，这样更有针对性。在一定时间内，相关部门会对水质进行多次检测，检测的结果作为年度综合考核的依据，如果这一时间段内的某次检测，三岔河的水质不能达到规定标准，那么问责制就会随即实行。由此可见，三岔河实施的“河长制”，由于承担的责任大，其河长对三岔河的水质保护和治理环境污染的效果较为优秀。

（2）“一票否决”制度

“一票否决”制度的产生有其背景。首先是法律背景。2007 年，国务院批准颁布的国发 36 号文《节能减排统计监测及考核实施方案和办法的通知》中，对企业污染物的排放做了具体规定，明确了考核方式。“一票否决”制度的法律依据便在于此。《主要污染物总量减排考核办法》的第九条第一款中规定了对环境保护的考核工作需要由国务院审批，然后交给当地的主管部门，看党政领导人的完成情况，以及完成的工作是否体现了科学发展观的要求，对完成情况不乐观的领导实施“一票否决”制。其次是实施背景。国务院发布该通知以后，各地方政府积极响应，也相应出台了一系列的法律法规来规范污染物的排放。这些规定在响应国务院号召的同时，还结合了本地具体的实际。这些规定大多数都明确了“一票否决”制，这为一票否决制的实施创造了制度条件。“一票否决”制，是参与投票的人当中，只要有一人投反对票，则这项决策就不会成立。其明确的目的性和对滥用职权的限制性，同时使用到环境保护工作中，使一些地方政府单纯追求经济发展而不管环境破坏程度的行为得到了有效的限制。通过贵州省三岔河在流域范围内实施的“河长制”我们可以发现，应让地方主要党政一把手担任“河长”并挑起治理辖区内流域水环境污染的责任。现在很多地方邀请环保局长下河游泳，虽然有一定的戏剧性，但也说明了党政领导对环保的责任需要重视起来。水质是否达标今后将成为评价和考核领导干部的标准，且这一标准是可以量化的标准。三岔河“河长制”的实施过程中，有一个与以往硬性强调责任不同的特点，其把年度综合考核与流域治理联动起来，年度奖惩与流域治理指标呈同向变化。河长的加薪、晋升和评优都与流域的治理成效挂钩。这与以往强调的大众投票式的一票否决不同的是，它并非在项目上的不同意实施，而是一旦犯错，就会把以前的政绩都抹掉，用压力来促使任务的完成，由此可见，环境保护和流域治理问题已经成为我们不得不面对的发展难题。这种治理的思路与近几年我国实行的一票否决的责任机制是一致的。以前的经济发展方式过分粗放，很多地方官员为了强调经济政绩而以牺牲环境利益为代价，把环境因素作为考核官员的否决性标准，有利于经济和环境的协调，有利于地方的可持续发展。

（3）“挂牌办公”制度

为了加强组织领导，加大推进力度，紧密联系群众，“河长制”治理模式有相关规定要求三岔河流域辖区内施行挂牌办公制，这是“河长制”为解决环境保护重点难点问题而出台的一项重要制度，挂牌办公制遵循“政府负责，依法监督，公开透明，责任追究”的原则。按照省河长制管理的统一要求，三岔河流域辖区内制作和竖立了“河长制管理公示牌”。公示牌信息里清楚说明了河道基本情况，标出了河长的姓名和电话，罗列了河长职责，公示牌竖立在河岸的醒目位置，以方便接受来自社会的监督、投诉和举报。“挂牌办公”制度在流域治理中起到了积极的作用。

我们走访发现，六盘水钟山区群众可以说无不知晓环保局当时的副局长李鸿，和李局长交流期间就有听到李局长接到村民有关工厂排污违规的举报电话。

“河长制”的“挂牌办公”制度加强了宣传力度，增强了公众的环境忧患意识和责任意识，环境信息的公开有利于广大民众的参与，每一个民众都能成为公共环境的监督者、知情者，这在保障公众对公共环境的知情权的同时，也督促辖区内“河长”完成年度目标，从而更好地达到治理效果。

（4）考核办法

治污工程的考核内容及方式必须标准化，每年省环保厅就会根据实地情况下发目标任务的相关文件，每个流域段河长根据总的目标任务再制定本辖区内的治污任务。为了量化考核内容，2009 年 8 月，省环保厅研究制定了《三岔河流域水质监测断面分布及监测办法》，分别在 9 个县（区）的跨界区域增设了 8 个水质监测断面，并根据该流域河流煤泥污染特点，将悬浮物纳入地表水监测考核指标。2010 年 4 月，省环保厅研究制定了《三岔河环境保护河长制实施情况考核办法》，对各河长完成目标任务的情况进行量化考核，明确了水质目标和项目指标等考核内容。比如 2010 年省环保厅下发《关于下达 2010 年度三岔河流域环境保护河长制目标任务的函》（黔环函〔2010〕136 号）的文件，而钟山区根据文件制定《2010 年度钟山区境内三岔河流域环境保护河长制度实施方案》明确任务和要求，制定《2010 年度钟山区执行河长制管理工作绩效考核标准》，考核目标是确保三岔河流域大湾镇大格纽段出水断面达到《地表水环境质量标准》（GB 3838-2002）Ⅲ类标准，汪家寨镇虹桥段出水断面达到《地表水环境质量标准》（GB 3838-2002）Ⅳ类标准。由监察厅、环保厅、水利厅抽人组成考核组，对各河长的年度任务实施情况进行考核，考核时间一般为年度末，考核采用百分制进行计分，90 分及以上为优，80～89 分为良，70～79 分为中，70 分以下为未通过考核。

省人民政府对河长制考核实行一票否决制，对年度考核结果为优良的单位予以奖励，对考核未通过的单位，按照《贵州省主要污染物总量减排攻坚工作行政问责办法》（黔府办发〔2009〕61 号）进行问责，对完不成主要任务的单位，将进行诫勉谈话。

2. 协调机制

部门协同的动因分析中，必须明确一个基本问题，那就是尽管我国流域治理存在“九龙治水”、职能交叉、元制度冲突等现实问题，但是全球化的背景以及流域公共事务的“外溢性”导致越来越多的问题没有办法由专门的部门和专门化的方式去进行解决，有学者认为，今天的世界上，权力是分散而非集中的，任务是去分化的（de-differentiated）而非可以分割和专门化的。[①]“河长治河”在本质上是一种流域水环境资源整合的方案。在“河长治河”模式中，“河长”作为当地的党政主要负责人能对水污染治理中相关职能部门的资源进行整合，并有效缓解政府各个职能部门之间的利益之争，实现集中管理，使流域水资源保护和水环境治理的状况得到改善。这种制度设计可以把各级政府的执行权力最大限度地整合，通过对各级政府力量的协调分配，强有力地对流域水环境各个层面进行管理，有效降低分散管理布局所可能产生的管理成本和难度，能够有力协调和整合涉及流域水资源管理的多个部门的资源，并按照流域水资源自然生态规律（流动不可分割性）实行统一协调管理，提高管理效率。[②]

在横向协同层面上，“河长制”在政府不同部门间搭建起了“桥梁”，也在不同的地方政府之间搭建起了“桥梁”。以前，河流水污染的治理和管理，沿岸企业和居民以及环保部门都无法确定谁来管和听谁管的问题，“河长制”确立以后，河长对本河流的治理最具发言权和责任，其下达的任务指标对整个流域都有作用。这就避免了以前多部门管理无人沟通，多地方政府共同管理无人协调的问题。“河长制”的确立，有利于解决类似于这样的问题，专人专职，河长既担任管理者，也是责任人，这无疑是政府间横向协同的一剂良药。

在纵向协同层面上，“河长制”分派给了河长艰巨的任务，其任务当然是凭一己之力无法完成的，为此，三岔河流域的“河长制”实际上有明确

---

① Milward, H. Brinton & Keith, G. Provan, *A Manager's Guide to Choosing and Using Collaborative Networks* (IBM Center for the Business of Government, 2006), p. 575.

② 任敏：《“河长制”：一个中国政府流域治理跨部门协同的样本研究》，《北京行政学院学报》2015 年第 3 期。

的组织机构，设立了地级市、县级市和乡镇三级管理的模式，其工作人员由这三级的领导小组和领导小组办公室组成。其机制本身所体现出的就是一个纵向的、上下联动的机制。上至省级单位、下至乡镇领导，流域治理的情况可以迅速有效地在各部门之间传递。一旦出现应急情况，河长可以迅速地作出反应，并向上级领导汇报，从而在第一时间处理河流问题。这种对人力、物力的整合，让河长制变成了真正统一部署、共同实施的系统协同。①

> 市里领导担任河长之前，钟山区、六枝特区、水城县三个地区都按照自己的想法对三岔河进行分散治理，每个地区不同单位的工作人员只是按照局里的领导指挥行事，从来也不听取企业以及群众的意见，对三岔河流域治理缺乏一个统一的目标，缺乏一个总体的想法。而出现“河长”以后，市里“河长”下达统一的治污命令，县里“河长”对各单位也会定期开会共同讨论以及交流集中整治三岔河流域，有时甚至会邀请企业和群众代表参加会议。通过在会议上的讨论、协商以及任务的统一分配，大家对三岔河的治理方针达成共识。有了这个前提，大家就能够拧成一股绳，而不是以前那样像只无头苍蝇乱撞。②

此外，河长制也促进了治水机构与利益相关方关系的协调。相关居民和企业有了河长这个责任主体，在治污工程淘汰工业落后、污染严重的小洗煤厂，并积极引进有实力的企业到当地安家落户，在对企业排污进行整改并补助资金等方面有了更加紧密的联系网络，不少企业业主纷纷行动起来，为河道治理出一份力，如杨富国配煤场投入 40 多万元进行规范化整治，修建了围墙和场地防尘、场地水回用设施。

河长制也改善了政府与公众的关系，其以行动为引导，改变群众思想观念。大家认识到，要搞好三岔河流域的环境整治，必须从群众的思想转变入手。整治期间，政府干部职工不分节假日，早出晚归，长期坚守岗位。

---

① 任敏：《“河长制”：一个中国政府流域治理跨部门协同的样本研究》，《北京行政学院学报》2015 年第 3 期。

② 六盘水市环保局工作人员访谈，2013 年 12 月 10 日。

对干部职工通过辛勤劳动换来的环境改善，群众非常感动，他们自觉参与保护环境的工作，争取树立"人人都是治污者"的理念。只有村民的思想改变，行为才会改变，才会主动参与"保护三岔河"的各种活动，比如村民义务清理河道，村民杨国才、谢阳招停下了在威宁的工程，专程从30公里外把挖掘机运回大湾，支援河道治理工作，无偿清理三岔河河道10.2公里。另外"河长"要求在辖区内必须挂牌村规民约，有效地联动村民参与治污行动，保障公众的有效参与。

（四）三岔河流域"河长制"治理模式实施的成效

对于"河长制"的成效，目前从全国范围来看，环保部门官员、行业媒体以及推行该项制度的地区的官方媒体纷纷加以肯定和支持。环保部门官员表示将治污责任明确到具体的官员，效果明显；地方的官方媒体则强调这项举措的创新意义，认为它"抓住了牛鼻子"，因此也取得了明显成效，正所谓"河长上岗，水质变样"。当然，怀疑这项制度创新无非是"新瓶装旧酒"，难免流于形式的声音也有。但是，这些判断没有更多的材料来加以佐证。

在对三岔河"河长制"的现场调研中，笔者通过对部门相关官员进行访谈，走访当地居民，查阅历史资料和图片等多种渠道，切实感受到了"河长制"对三岔河流域治理带来的巨大改变。可以说，三岔河流域实施河长制以来，流域内的河长们在履行职责以及确保流域内的环境保护和生态建设等工作中，确实提高了责任意识，在治污强度、资金投入、水质达标率、老百姓满意度等方面都有了明显改善。具体表现为：一是宣传广泛，公众环保意识增强；二是资金到位，基础设施完善；三是突出重点，生态建设速度加快；四是技术检测，环境质量得到提高。"河长制"为切实保护和改善黔中水利枢纽工程水源地水质发挥了很大的作用。当然，监测断面水质综合达标率在2010年为55.3%，2011年为76.8%，2012年为90.9%，2013年为95%，2014年为96%，实施河长制五年来，综合达标率提升了40.7个百分点，极大地说明了治理的成效。三岔河流域水质得到明显改善，为整体推进流域环境保护发挥了很好的作用。[①] 从目前的研究来看，"河长制"的跨部门协同至

① 数据由贵州省环境保护厅提供。

少在短期效应方面是明显的，它确实在很大程度上克服了我国目前流域治理中的碎片化问题，大大促进了相关治水部门的合作。

1. 宣传广泛，公众环保意识增强

省规定各辖区三岔河沿岸竖立宣传牌坊、粉刷宣传标语，在各村组发放环境保护村规民约，在电视台播出河长制专题节目，在通信网络上发布信息。通过几年的宣传，人们爱护家园、保护河道环境的自觉意识有了较大提高，河长制工作逐渐深入人心，全区上下众志成城，形成了共同治理三岔河的浓厚氛围，并树立了“人人都是治污者”的理念。最终实现了责任意识、治污强度、资金投入、水质达标率、老百姓满意度五个方面的明显提高。

> 原来的河水比较好，小时候能够游泳、洗澡、摸鱼，河边的草长得好，后来河水受到污染，又黑又脏，死牛烂马样样往里丢，白色垃圾，还有什么种地的草都往里面丢，我们看着水变黑了心里难受。现在好多了，政府宣传治污工作的重要性并组织大家一起治理河流，现在大家也意识到了环保，也得到了享受，所有垃圾往垃圾场里面倒，所有老百姓再也不好意思把垃圾往河里倒，并且我们偶尔帮忙感觉自己能为家乡出点微薄之力是应该的。①

2. 资金到位，基础设施完善

自三岔河环境保护河长制实施以来，省级环保基金每年 1000 万元用于支持河长制项目的实施，各地也加大投资力度，六盘水市、安顺市、毕节地区政府（行署）和 9 个县（区）三年累计投入 10.9 亿元用于三岔河的治理，资金来源包括政府、企业以及个人。比如六盘水市钟山区三年内共投入三岔河流域治理资金 5.63 亿元，其中政府投入 4.96 亿元，企业投入 6697 万元；修建了垃圾池 545 个，配置垃圾运输车 32 辆，绿化河道（双向）27.87 公里，清理河道（主流及支流）25.3 公里，建成城镇污水处理厂 1 个（德坞污水处理厂）、湿地公园 1 个，完成农村污水处理项目 3 个（德坞乌砂寨农村污水集中处理项目、汪家寨沙坝场村农村污水集中处理项目、

① 毕节市威宁县村民访谈，2013 年 11 月 16 日。

月照乡丰源生态农庄污水集中治理项目），完成三岔河垃圾填埋场渗滤液处理工程；在建河道人工湿地处理项目1个，取缔沿岸洗煤厂和配煤场共100家。[①] 2014年内还启动了大湾污水处理厂建设。通过几年的努力，如今三岔河流域周边基础设施逐渐完善，水环境保护力度已有了大幅增加。

3. 责任落实，部门联动效能提高

“河长制”工作是一项系统工程，涉及领域众多，包罗生产、生活的方方面面，不能片面地就项目、河流开展工作。六盘水市、安顺市和毕节地区以及部分县（区）均制定了三岔河流域河长制实施方案，并把任务分解落实到各县、乡（镇）和有关部门，其还把环境保护河长制延伸到乡镇及主要企业，并且成立了以市监察局为组长的三岔河流域河长制考核小组，负责对各地实施河长制情况进行考核和问责。三市九县始终以“河长制”工作为主要载体，政府统筹协调，各镇乡街道和发改、环保、财政、经信、农业、林业、水利、建设、国土等部门各司其职，统一、详细、系统地推进了三岔河环境保护工作，做到每一个环节上有部门管理、有专人负责，有效避免了管理缺位，提高了工作效率，促进了三岔河流域环境问题的逐年改善。

> 三岔河水质变好可以说是我们环保人的一个梦想，在实现这个梦想的过程中，除了投入大量的人力物力财力外，还承受了关闭上百家企业的一时之痛。不过通过不懈的努力，三岔河的水质正在一天天地好转，梦想也在一步步地实现，我觉得我们的付出是值得的。[②]

4. 重点突出，生态建设速度加快

“河长制”治理模式中将污染治理深入推广到村、寨、组。对农村连片住户的生活废水，采用人工湿地等工艺集中处理，对散居住户采用单独治理的办法，解决农村生活污水污染河流的问题。另外，以沿河两岸的规模化养殖场和养殖小区为重点，推动农村面源污染治理。同时，加强生态环境保护及生态建设，在历史遗留的土法炼锌场地覆土种草，进行生态恢复，

---

① 数据由六盘水市环保局提供。

② 六盘水市环保局工作人员访谈，2013年12月10日。

大力实施植树造林和封山育林工程，加快生态河堤建设进度，防止水土流失，最终使三岔河流域的环境状况好转。

5. 技术检测，环境质量得到改善

三岔河流域环境保护河长制实施以来，取得了明显成效，为切实保护和改善黔中水利枢纽工程水源地水质发挥了很好的作用。流域内 12 个市县区严格按照贵州省主要污染物总量减排攻坚行动要求新建设了一批农村排污设施，启动了生活污水治理机制，并确保稳定运行，达标排放，城市污水处理率达到 60% 以上，通过努力，省内污水治理工作取得了明显成效，从监测结果来看，流域水质得到明显改善。

（五）三岔河流域“河长制”的模式及存在的问题分析

1. 关于“河长制”跨部门协同的模式问题①

从目前的研究来看，“河长制”的跨部门协同至少在短期效应方面是明显的，它确实在很大程度上改变了我国流域治理中的碎片化现状，大大促进了相关治水部门的合作。这种跨部门协同的模式依然属于在我国居于主导地位的“以权威为依托的等级制纵向协同模式”。具体来说，它属于周志忍教授提出的“混合型权威依托的等级制协同模式”。

首先，不同于一般的依托于职务的和依托于组织的权威等级制模式，这种模式将两种模式予以混合，形成一种新型的混合型权威依托的等级制模式。它通过将最高权威落实到政府的主要领导，从而打破了形成部门间掣肘的政策空间和领域分割，明晰了政策空间的模糊地带，填补了部门领域的“无人地带”，通过政绩考核这种强制方式，建立起相对正式的有约束力的协调机制。

其次，它吸收了以组织权威为依托的权威等级模式的优势，即在官僚制内部的组织结构上的协调的优势，这种优势体现在职责分工、领导体制和运作方式几个方面，这些方面都极大地提高了组织在协调的制度化、规范化方面的程度。三岔河“河长制”协同机制在机构设置、人员配备、信

① 任敏：《“河长制”：一个中国政府流域治理跨部门协同的样本研究》，《北京行政学院学报》2015 年第 3 期。

息交流和管理的规范性等方面都积累了很多宝贵的经验。这的确大大弥补了传统的部门间联席会议制度在协同方面流于形式的缺陷，同时使得“河长”这一角色不仅仅是一个“挂名首脑”，有助于摆脱“以职务权威为依托”协同模式对领导者个人观念和个人能力的过度依赖。

这种混合型协同模式尽管有了创新，但是，以依赖权威为特征的等级制纵向协调的基本特征没有改变，这种协调体制基本还是沿袭了高度依赖的等级权威，信息流动的方式还是以纵向流动为主，因此，在官僚制典型的强制性协调特征上没有根本突破。这样，它也无法克服以权威为依托的等级制纵向协同存在的逻辑悖反。即周志忍教授所言之：用官僚制的看家武器突破官僚制，用过时机制解决今天面临的问题。简单地说，就是这种协同机制生存的大环境依然是强调分工和专业化的传统官僚制，当跨域管理的矛盾尚未达到临界点，当官僚制层级节制和横向分工尚能适应当前的管理需求时，“强制性协调格局”能够达到良好的效果。但是，当今社会，越来越多的社会公共问题将具有跨界限、跨领域的特征，前瞻型的政府必须考虑“后工业社会”和信息时代带来的影响，越来越多的复杂性公共事务将难以有效结构化，“河长制”这种目前暂时有效的混合型权威依托的等级制模式也很有可能越来越力不从心，难以应对严峻的考验和挑战。这些挑战表现在以下几个方面。

第一，协同的“能力困境”。基于能力和知识的有限性，政府主要领导人如果在很多时候都要担任“河长”之类的具体职务的话，必然对其所具知识、信息、精力、能力提出更高的要求，通常再高明的领导人也会力不从心，何况还要承担推动、指导、监督等多重责任，这种要求并不现实。

第二，协同的“组织逻辑困境”。当前各地运用的“河长制”，已经发展成为一个二级甚至三级的网络体系，即随着任务的分解，河长们各自下面还有若干“河段长”。组织逻辑困境因此就表现为：各种次级河长的增加必然导致了协调者的不断增加，河长之间的协调也就是协调者之间的协调又成为新的问题，它有可能发展成为制约协同的额外因素。可以想象当协调者的协调问题达到一定的程度时，部门间协调可能反而退居其次。

第三，协同的“责任困境”。尽管“河长制”跨部门协同较好地解决了责任问题，但主要领导人的责任意识和协同的主动性压力主要来自外部，而且可能是与其承担的其他责任（如本地经济发展）相冲突的，这种责任机制虽然给河长戴上了“紧箍咒”，但无法解决其责任意识不足的问题，特别是内在动力缺乏的根本问题，因为GDP和经济增长的数据毕竟对于河长们来说可能更加重要。所以河长制在外力强迫下的协调有可能面临缺乏持久的动力机制而流于形式的危机。于是可能出现有的河长比较尽责，有的河长则比较松懈的现象。我们在三岔河的调研中就发现，不同市县的河长的工作尽责情况还是存在明显差异性的，上下游之间的河长也会因为分时段偷排造成的问题暗自产生矛盾。

2. “一票否决”的考核与以GDP为导向的地方政府绩效考核的冲突

三岔河流域治污工作考核结果在“一票否决”制中不是唯一的考虑标准。在经济发展成为政绩考核主要方面的形式下，“河长制”治理模式中确立的流域水资源治理的“一票否决”制，只是地方政府及其职能部门承担的工作责任的一种，但以GDP为导向的地方政府政绩考核体制并未撼动，涉及地方经济快速增长这一票是否较水环境治理这一票更具分量还很难说，更不用说其他工作的责任。所以要真正实现“河长制”问责机制，必须规划完善现有的责任体系与问责制度。目前三岔河流域实施的“河长制”治理模式问责的依据是断层面的检测报告，虽然改善了之前的权责不清的局面，但是现有治理模式中即使真正进行问责，“河长”们和具体执行部门也会出现互相推诿或互相扯皮的问题，以至于使最后的问责成为摆设。

正如省环保厅某工作人员所说：

现在我们推动流域工作的两个主要措施：一个是河长制，另一个是生态补偿机制，这两个什么概念呢？其实呢，就说企业和政府不一样，我们去推动企业做环保工作没问题，但是现在需要对整个流域进行综合的一个控制，流域的综合控制缺水，推动政府来做工作得用什么方法呢？因为我们的政府不像企业，政府毕竟是公共服务部门，那我们怎么办？说白了点，一个是行政处罚，另一个是经济处罚。“河长制”解决行政处罚问题，那么经济处罚就是我们的生态补偿机制，但是行政处罚有个关键的问题，就是针对个人进行问责，但是问责的程度不深，很多时候最终的问责结果只是领导约谈，作用不是特别明显。①

如果治理不达标，就仅仅采用“约谈”方式进行问责。行政层面的问责机制的构建显然是不够强有力的，约谈虽然在一定程度上是一种威慑，反映了上级领导的不满，以及对责任主体进行追究的想法，但终究怎么追究？如果没有完善相关的法律法规作为后盾，来使得问责机制落到实处，最终可能导致在执行过程中的困难以及最终结果的不真实。很多时候，问责机制的内容和程序表面上看是一个完善的机制，实际上如果公众进行仔细分析，会发现问责机制依然存在政府工作人员应承担哪些具体责任、问责过程是怎样的、最终如果没有达到标准会受到何种处罚、公众如何详细具体地了解相关信息等问题，所以这样的问责也是缺乏程序公开与公正的“问责”，既难以确保问责的实效，也不能满足依法行政的要求。作为以环保问责制为主要管理手段的“河长制”，并没有完全打破我国行政结构中行政权力管理的模式，也没有减少具体相关职能部门的责任。

另外，环境保护产生的居民生存权和发展权的矛盾也凸显出来。

在“河长制”实施以前，沿岸居民从三岔河河道里打捞出没有完全过滤的煤渣，经晒干后自用或卖出，月收入甚至能达1万多元，以此获得巨大的经济效益，从而来满足家庭的基本需要。沿岸居民从“污染的三岔河”中获得的经济收益十分可观。实行“河长制”以后，三岔河的水变清了，优化了沿岸居民的生活环境，但是另一方面由于政府没有给予沿岸居民部分补贴，沿岸居民失去了原本维持生计的收益，家庭经济主要承担者只能背井离乡外出打工以满足家庭的基本生活。以此来看，三岔河流域水环境的改善虽然给沿岸居民带来了良好的生活享受，但经济效益的丧失也让部分居民有所怨言。沿岸居民的经济补偿措施不够完善，最终居民生存权和发展权矛盾难以调和。

十多年前，我们大湾镇的儿童下河挖河床上沉淀的煤，孩童都能背着几万元到处跑，但是治河项目实施后，虽然我们看着变清的水很

① 贵州省环保厅工作人员访谈，2013年11月13日。

开心，但是我们失去了这方面的经济来源，家里人只能外出打工养家糊口，并且三岔河流域政府实施的治河项目过程中涉及很多土地协调问题，虽然我们知道政府工作人员的不容易，他们也总是想方设法和我们打成一片，摆道理讲政策，但是毕竟没有相关政策来补贴我们的经济损失，也不能有效地对我们进行土地补偿，水变得再清，我们没有了生活的依靠也不是办法。①

3. 制度效应的持续性有待提高

“河长制”虽然对考核与问责过程已经有详细规定，但是部分“河长”依然能够抓住考核体系的漏洞。在考核体系中，由于考核小组对治理效果的考核时间是基本确定的，实地调研发现部分河长抓住考核时间的漏洞，在考核日期即将来临之际，临时责令相关企业暂时停止运营，企业停止营运持续数日后考核小组进行成果考核时会发现水质确实得到了改善，但实际情况却是就几天的时间水质得到改善而已。这种考核体系漏洞的出现导致三岔河的治污工程难以得到有效的进展。

4. 同行政辖区的政府间协调存在衔接问题

三岔河流经毕节、安顺、六盘水三市九县，但实地调研我们可以听到不同辖区的政府之间的抱怨。比如六盘水市西北部的钟山区大湾镇，是六盘水市钟山区在威宁县、赫章县边缘地带的一块“飞地”，作为威宁县、赫章县、钟山区三个县的交界地，有极强的区位优势，被称为“三县立交桥”，钟山区“河长”对三岔河大湾镇河段的治理取得了良好的成效。但是据钟山区有关部门领导介绍，地处上游的毕节市存在“治理怠慢”的问题。虽然下游水的治理工作取得了良好成效，但是上游水的治理不力仍然影响整个治理工程的进度。地方政府间的协调存在一定的问题，导致每位河长仅负责辖区内的治污工作，对于其他河段的治理工作不方便多言。每个地界交接处都有监测点，治理好的地区和治理差的地区在监测上可以判断，但流域治理是一个系统工程，地方政府间协调不利，会造成人力、物力的巨大浪费，无法真正实现三岔河治理成效。

① 六盘水市大湾镇的个体经营户访谈，2013 年 12 月 12 日。

5. 公民参与的积极性尚未完全释放，民间环保组织等社会力量参与不够

“河长制”治理模式中一个明显的缺陷在于虽然完成了对国家机关部门系统内部行政人员的动员，但是社会力量在流域管理中的参与不够。新环保法的实施让环保部门感到压力很大，执法力量不足。事实上所有的环境问题如果仅仅依靠政府非常有限的力量治理长远看都会面临这个问题。环境问题的解决必须依靠社会力量，包括一些民间环保组织、环保志愿者等，它们是环境管理的第三种力量，其出现改变了管理环境仅仅依靠政府和企业这两个主体，在某种程度上实现了管理环境更为牢固的“三元结构”。公众参与到环境管理事务中，不仅可以减少环境所遭受的损害、捍卫保护环境的权益，还可以在环境管理中改变环境权益各主体之间的冲突以及对抗局面。最终改变政府对环境管理的绝对控制，将环境管理转向“社会制衡”。但“河长制”的现实是，目前社会公众参与环境管理还仅仅停留在呼吁阶段，还没有实现对环境的实质性管理，尽管它在协调环境管理主体利益冲突中发挥了一定的作用，但是效果不明显。

（六）关于影响“河长制”跨部门协同的效率的因素问题

菲利普斯（Phillips）于20世纪60年代提出了影响公司之间合作的4个要素：①介入合作行动的组织的数量；②是否存在一个主导性组织及其发挥领导作用的程度；③组织之间价值观和态度的相近程度；④其他组织合作行动产生的影响。[①] 这为本书分析“河长制”跨部门协同的效率问题提供了一个分析框架。

第一，介入合作行动的组织的数量影响着协同的效果。

在三岔河的案例中可以发现，从河长制的任务分解对象和目标责任签订对象来看，几乎涵盖了所有政府主要部门，可以说，为实现流域公共利益最大化，地方政府几乎动员了所有的人财物资源整合能力。三岔河是贵州省“河长制”搞得最好的，地方政府之所以如此重视，除了生态文明建设的大环境外，还有一个非常重要的外在因素的约束，就是黔中水利枢纽工程，这个绝不能让它成为黔中大地污水库的战略工程给当地政府套上的一个“紧

---

① 周志忍、蒋敏娟：《中国政府跨部门协同机制探析》，《公共行政评论》2013年第1期。

箍咒”，迫使“河长制”在地方化的过程中必须做到资源配置的最大化。

第二，主导性组织及其发挥领导作用的程度也影响着协同的效果。

主导性组织和跨界型领导是“河长制”跨部门协调的运行基础。主导性组织在不同地方的河长制中由不同的组织来承担，有的地方是水利（水务）部门，有的地方是环保部门。笔者认为，水质矛盾较为突出的应由环保部门承担，水量和水资源矛盾比较突出的则可以由水利部门来承担。三岔河的案例中则是由环保部门来承担。环保部门对河长制工作的认知程度和投入程度也影响着“河长制”是真抓实干还是流于形式。从学术研究的角度来看，主导组织环保局官员的个性化特征会影响主导性组织的工作效率，这在我国也是事实。从一定程度上这也暴露出上文所说的我国政府组织同时存在的另一个官僚制不足的问题，即官僚组织中规则、制度的不足和人治问题的存在。也许这正是各地实践中“河长制”存在效果差异的一个重要原因。

第三，组织之间价值观和态度的相近程度的影响。

组织之间价值观和态度的相近程度决定着组织的一致性程度，从某种意义上来说，流域治理的部门协同都是在一个大的一致的组织领域内进行的，或者共同的公共事务，或者共同的涉水机构，但是在大的一致性的范围内，不同的协调机构和不同的协同模式在组织领域的一致性方面显然也是存在很大差别的。例如，横向协同模式中，不同部门间的协调就存在组织领域的一致性程度较低的现象，虽然互补性较强，但是兼容性较差，目标的共同性和问题的共识性程度较低，在一些大的原则和观点上可能出现较大的分歧。这也是横向协调机构往往止步于达成的框架，而在具体的贯彻实施方面步履维艰的重要原因。“河长制”的制度设计使得组织领域的一致性有了一定程度的提高。但是对于依托于混合型权威的河长制协同机制来说，组织领域是否存在高度的一致性没有一般的部门间横向协同那么重要。

第四，其他组织合作行动产生的影响。

流域水资源的流动性特征决定了“河长制”的协同绩效还要依赖于上下游其他行政区地方政府的合作行动。三岔河的案例中尽管上级机关通过严格的考核，具体到用打分、排名等方式来促使进行政区范围内各个地方政府的集体行动，但是依然存在各行动主体认识和行动的不一致而带来的矛盾和问题。

第五，跨界领导对协同效果产生的重要影响。

具有共同利益的群体并不一定会为实现共同利益采取集体行动。个人的自发自利行为往往导致对集体不利甚至是有害的结果。这就是集体行动的最大困境。零碎化的威权体制使得权力在最高层之下往往是碎片化、相分离的，没有哪个单独部门的权威超过另外的部门，取得这些主体的一致性同意是必要的。在协同机制下，参与者的表达能力、聆听能力、协商能力、调停能力等对于最终的集体行动而言都是非常重要的。从这个意义上看，跨界型领导对于协作非常重要，能否通过在多种利益之间进行斡旋和干预，帮助他们找到立场背后的利益，从而看到可能的共同利益以实现协作的行动者，将是决定集体行动是否成功的关键。[①] 这样的跨界者应具备四种基本能力：建立和维系有效人际关系的能力、通过影响和谈判进行管理的能力、通过组织间协同实践累积起来的对复杂情形和相互依赖的管理能力、在竞争性的权力结构发挥诚实的中介者的能力。一些学者称这种领导为“连接人”，即能够发现问题并将各种解决性资源相联系，而不是尝试在真空中解决问题的人。[②] “河长”就是这样的跨界型领导，而且是非常强有力的，这就是“河长制”跨部门协同效率较高的重要原因。

（七）整体性治理视角下“河长制”的完善

如前所述，整体性治理强调用“整合”化的组织形式来实现在资源稀缺条件下对资源的有效利用，来应对溢出性公共问题的协商解决，来提升公共服务的综合供给绩效。整体性治理的理论议题恰好是针对部门主义、各自为政等现实沉疴而提出的，政府改革方案的核心是促进政府内部的部门间及政府内外组织间的协作，形成利益的捆绑，排除相互拆台的政策环境，从而建构起“以问题解决”作为一切活动的出发点并具备良好的协调、

---

① Milward, H. Brinton & Keith G. Provan, *A Manager's Guide to Choosing and Using Collaborative Networks* (IBM Center for the Business of Government, 2006), p. 578.

② 刘亚平：《协作性公共管理：现状与前景》，《武汉大学学报》（哲学社会科学版）2010 年第 4 期。

整合和信任机制的整体性政府。

本书认为，河长制的总体制度设计与治理目标是与整体性治理的内核相互契合的。它通过一定的责任机制的安排促使政府部门之间、行政区域之间打破壁垒和隔离，以流域水环境问题的解决为制度安排的出发点并配以有力的协调机制，但是确实存在“以官僚制的手段来解决官僚制的问题”的不足。为此我们应当做到以下几点。

1. 从国家层面上实行绿色 GDP 的政府绩效考核制度

河长制实施的最大症结在于，经济发展的帽子和环境保护的帽子同时扣在行政一把手的头上，河长们必然面临着孰轻孰重的选择。当环保的压力比较大、上级把考核比较当回事的时候，河长们被迫做出重视环境保护，甚至牺牲经济发展的选择。但是，在我国当前依然以 GDP 为主的政绩考核体制下，这种选择对于河长们可能就是一种无奈。

过去半个世纪，经济增长让数以亿计的人脱离贫穷，GDP 的增长更是改善了无数人的生活，它极大地推动了人类社会发展和进步。但是人类社会发展到今天，越来越多的人已经认识到，仅仅基于经济进步的人类发展模式是不完整的。因为不能解决基本人类需求、不能让公民具备改善生活质量的能力、不能保护环境、不能为人民提供机会的社会，就不是成功的社会。

1968 年美国参议员的罗伯特·肯尼迪发表了一段演讲，演讲中明确提出一个观念，即 GDP 只是个数据，“它不包括我们孩子的健康，他们教育的质量和游戏的快乐。不包括我们诗歌的美丽，我们婚姻的坚强，我们公众辩论中的智慧，和我们官员的正直。它不包括我们的机智和勇气，不包括我们的智慧和学问，不包括我们的同情心，不包括我们对国家的热爱。总之，它衡量一切，却把那些令人生有价值东西排除在外”。

人类社会已经到了对 GDP 进行反思的时候了。可以说，当 1934 年 1 月 4 日，一个叫西蒙·库兹涅茨的年轻人向美国国会提交了一份报告“国民收入 1929～1932”后，今天每一个国家都进行 GDP 统计，那份报告依然塑造着我们的生活并成为我们今天衡量一个国家成功与否的标准。但是，在那份最初的报告里库兹涅茨自己还提交了一份警告，他说道：因此，一个国家的国民福利勉强可以通过测定上述定义的国民收入推断出来。他的信息是清楚的：GDP 是一个工具，它帮助我们测量国家经济表现，它并不能用来测量我们的幸福感，而且它也不应该成为制定所有政策的导向。但是，我们的社会已经成为生产 GDP 的巨大发动机了，尽管我们知道 GDP 是存在缺陷的。它忽略了环境，它也算上了炸弹和监狱，但它却无法算上幸福或者和谐，它也谈不上公平或正义。

改革开放以来，为实现高速的经济增长，我国执政党紧紧围绕分权的压力型体制，要求各地以“经济建设为中心”，大力发展生产力，提高 GDP 总量和财政收入，开始了政绩合法性建设的 GDP 中心化。

压力型体制指的是一级政治组织（省、市、县、乡）为了实现经济赶超，完成上级下达的各项指标而采取的数量化的任务分解的管理方式和物质化的评价体系。因此，从中央到地方、从上到下地分解任务并层层施压进行指标考核就成为一种典型的政治承包制度。这种体制下，地方政府行为的微观激励机制有两个：一个是非货币激励的官员晋升机制，另一个是物质性的财政激励机制。自 20 世纪 80 年代以来，地方官员的选拔和提升的标准由过去的纯政治指标变成经济绩效指标，尤其是地方 GDP 增长的绩效。政府官员倾向于追求任期内的阶段性目标，向上级考核机构发出有关自己能力和绩效的信号，从而得到晋升。

可以说，如果中央政府选择的考核机制不改变当前的 GDP 为核心的模式，地方政府就很难真正地自愿集体行动，依然会从各自的角度选择各自的发展模式，甚至以牺牲环境为代价来求得经济发展。各个行动主体在目标取向、行为动机、激励机制、信息水平等方面的差异甚至不可调和的矛盾，最终导致在环境保护与经济发展的激励不兼容的情况下出现了环境保护的目标替代。

绿色 GDP 可以分为狭义绿色 GDP 和广义绿色 GDP。狭义绿色 GDP 着眼于环境保护，一般是指从 GDP 中扣除自然资源耗减价值与环境污染损失价值后的剩余的国内生产总值。广义绿色 GDP 是一个以全社会福利为目标的概念，是要在 GDP 之上减去某些不能对福利做出贡献或对福利有副作用的项目（如环境污染等），加上某些对福利做出了贡献而没有计入 GDP 的项目（如自给性产品、闲暇的价值等）。[①] 早在 2004 年，国家环保总局就与国

① 丘丽云：《绿色 GDP 与干部政绩考核》，《广东社会科学》2006 年第 2 期。

家统计局联合启动了绿色 GDP 研究项目，但是，这一项目由于属于“单兵突进”，顺利推行并不容易，可以说并未获得地方政府的支持，甚至出现了部分试点省份要求退出的情况。2015 年以来，环保部发布消息称，将召开建立绿色 GDP 2.0 核算体系专题会，重新启动绿色 GDP 研究工作。消息虽然令人振奋，但许多人并不看好，有人提出了在核算的技术层面的难题等障碍。本书认为，最大的障碍是这种制度是部门推进的，如果不改变这一现状，真正从国家层面上推进并用以替代传统的政绩考核体系，绿色 GDP 2.0 的前景依然不容乐观。

2. 从制度层面上完善现有的考评机制

应切实建立以考评结果为基础的奖惩机制，探索建立绩效评估与财务预算和项目经费管理相结合的联动机制，将政府绩效评估结果与自身建设结合起来，强化绩效评估的激励和约束功能。积极推动建立绿色 GDP 政府绩效评估与公务员考核的衔接机制。

“河长制”在各个地方怎么搞、具体责任怎么认定、如何考核，目前在立法方面是缺失的，正如前文所述，我国的水资源和水环境包括水生态都存在元制度“打架”的问题，这就给河长制的考评机制带来了麻烦，尽管有了河长可以让各个部门进行联动，但是考评的制度依据又是来自哪里，怎样让“河长”的问责落到实处缺乏统一的制度规范。因此，在目标分解、考评细则的具体化等方面各个地方都是自行探索，五花八门，不一而足。所以，必须加快解决《水法》、《水污染防治法》等的统一协调问题，加大对于水污染防治规划制订与批准的执行力度。在此基础上考评细则的完善应当从以下几个方面入手。

第一，责任形式上，在绿色 GDP 还只是理论层面的探讨的前提下，先要结合重点流域水污染防治专项规划的规定，将河长制的问责与地方政府的政绩考核体系对接。比如，对连续两年考核不达标的河长应当真正实行并真正落实严格的“一票否决”制。第二，责任主体上要进一步细化，即总体上以流域辖区内党政机关一把手为责任主体。但若“辖区内的河流为复数，则相应由其他分管党政领导担任具体工作”[①]，如果有“河长”调任

① 何琴：《河长制的环境法思考》，《行政与法》2011 年第 8 期。

别处，新任“河长”参考过去经验并向上级领导汇报，拟定新的治理措施。第三，问责主体，“环保部考核省一级河长、省一级环保部门考核市一级河长、市一级环保部门考核县一级河长”①，其间要求同级之间也参与考核，要综合横向和纵向的考核意见并结合群众意见最终决定考核结果。第四，考核时间，对“河长”的成果考核的时间要不确定化。

完善科学的政绩评估指标体系方面，“河长”绩效评估指标的设置既要有一定的通用性，也要体现一定的差异性。各自的辖区内流域污染情况不同和经济发展水平不同，因此对“河长”的绩效考评指标应当设置一定的系数和权重，以避免、减少“河长”成绩评价的不公平性。

另外，还要加强对考核制度的监督。抑制“河长”的机会主义动机。“河长制”的完善仅仅依靠行政问责制尚不到位，必须要建立一个全面完善的监督机制。目前“河长制”治理模式中的监督机制主要依赖体制内监督，如行政系统内部监督、司法部门的监督以及法律监督。因此，第三方监督机制，即广大民众的监督引入十分必要。就我国政府官员所拥有的公共权力而言，其责任对象应是人民，所以应该由广大的人民群众对国家机关工作人员的工作进行问责。因此建议在公示牌上加上考核的结果，形成问责到民的机制。

按照宪法的规定，检察机关、审判机关、行政机关都要对作为国家权力机关的人民代表大会负责，而人大代表拥有完全的质询权。由人大对国家机关工作人员的工作进行监督、问责，不但是人大履行自己职责的表现，也更有利于国家行政单位工作信息的透明公开和公众监督。第三方监督机制的存在可以有力保证河流治理目标的贯彻落实。此外，还要设定硬性指标以及采取有效的奖惩措施。

最后，要完善“河长”工作的惩罚机制。当事人分担的风险以及对待风险的态度，是制定一个有效机制的重要考虑因素。一个集体中某成员所承担的风险份额，一般由该成员回避风险程度的大小而定。比如，在确定奖惩金额时，可以参照其设定的河流治理目标，从而建立一个通过评价片区治理成果来实现奖励的机制。基于此观点，可以制定这样一个机制来实

① 何琴：《河长制的环境法思考》，《行政与法》2011 年第 8 期。

现流域治理：在完成基本任务的基础上，可以由河长来各自设定他们愿意达到的治理目标；相同等级的行政官员可以展开关于相同质量河流的河长职务的竞争。同时也应注意的是，“河长制”虽按行政交界面划分并落实了更高层级国家机关领导干部的治污工作，但由于水的自然属性，流域污染治理工作必须被看作一个整体，所以设计的考核制度必须既激励各市（县）区展开流域治污成果竞争，又要想办法形成相互激励配合的机制，实现上下游的联动以及协调配合。所以，如果想达到“共赢”的目标，有效的竞争、激励措施以及促进有效合作的机制就显得十分必要。

3. 完善“河长制”的其他支撑体系

第一，要完善奖惩机制。进一步完善以考评结果为基础的奖惩机制，并探索建立环境绩效评估与地方政府财务预算甚至细化到和项目经费管理相结合的联动机制，将环境绩效评估结果与政府全面综合性工作进一步结合起来，以此来强化绩效评估的激励和约束功能。当然，下一步还要通过绿色 GDP 2.0 试点的经验来积极推动绿色 GDP 政府绩效考核与公务员考核的衔接机制。

第二，要畅通信息沟通渠道。流域管理的发展方向是流域综合管理。流域治理归根结底是各利益团体共同参与制定管理决策并监督执行的过程，这就需要建立流域信息共享渠道，无论是对河长的考核、监督还是在调动企业、居民的参与积极性方面，都需要良好的信息沟通机制，才能确保工作的顺利开展。当地政府应定期披露河流治理的动态，对涉及“河长制”实施的相关企业和居民派专人给予沟通和协调，在了解当地企业和居民困难的同时，也让企业和居民意识到青山绿水对于地方可持续发展的重要性。只有互相理解，才能使“河长制”顺利开展，全面铺开。

第三，要构建公众参与的外向型机制。河长制的一些问题，特别是“用官僚制的手段来解决官僚制的问题”，仅仅从政府管理体系内部进行改良，依然无法从根本上解决。

20 世纪 60 年代，公众开始进入环境法这一领域。公众参与环境政策制定、环境政策决策首次被美国的《国家环境政策法》予以肯定，并赋予了公众参与的权利。之前，民众很少参与环境保护，政府在环境保护这一领域中一直处于绝对主导的地位。但是，政府在这一领域管理中逐渐暴露出的不足与局限性，使得越来越多的民众参与到环境保护中来。从而在某种程度上实现了环境保护广泛的民众参与。关于公众参与，有很多文件都对其进行了比较详细的阐述，比如20世纪90年代的《里约环境与发展宣言》以及《21世纪议程》。虽然我国诸如《环境保护法》等法律法规对公众参与也进行了一些相关规定，但是远远不能实现将这些简单的法律法规运用到实际中。因此建立健全相应的保障公众参与的机制就十分必要了。

公众参与在“河长制”治理模式中体现了一种自下而上与自上而下的有机结合，它是流域综合治理非常重要的一方面。公众参与到流域管理中能够广泛收集各方的信息和意见，从而可以更好地进行决策。同时，公众广泛的参与也能够更大程度地获得公众对决策的支持，从而减少决策执行中的困难。此外，公众参与也可以更好地实现公众对流域管理的监督，使得管理更具有成效。最近几年，公众参与的平台及模式也表现出多种形式。社会的发展进步，使得人们越来越关注与其息息相关的水资源以及生态环境，也有越来越多的人开始参与到流域管理中来。在流域管理中，应该保障公众的参与权、知情权以及监督权。在保障公众参与权方面，可以通过建立相关的网站和论坛等公众参与的平台，从而保障公众更好地参与进来；在保障公众的知情权方面，可以实现政务公开、完善信息公开制度等来保障公众的知情权；在保障公众的监督权方面，需要充分发挥新闻媒体的舆论监督作用，建立完善的意见反馈制度，从而真正实现公众对流域管理的监督。

信息公开制度以及公众听证会制度在构建公众参与制度中占有非常重要的地位，它们的建立与完善是构建公众参与制度所不可缺少的。关于信息公开制度，美国在这方面做得比较好。比如美国《情报自由法》以及《知情权法》的出台都很大程度地实现了信息的公开，保障了公众的知情权。又如欧盟所成立的欧洲环境局，也是信息公开的一个表现。《中华人民共和国环境保护法》第十一条规定：“国务院和省、自治区、直辖市人民政府的环境保护行政主管部门应当定期发布环境状况公报。”目前我国很多城市都会公布关于环境的信息，人们也可以通过一些网站查询环境信息。总之，目前“河长制”治理模式中公众的参与还处在一种被动的局面。公众、专家和政府都应该参与到流域管理中去，流域管理要实现这三者的有机结合。在流域管理领域中，应该构建一个平台帮助公民更为便捷地了解环境信息。在这个平台中，不能只有少数人可以表达自己的意见，普通民众也可以很好地参与其中并且表达出自己的意见。流域管理机构应该提高政策开放水平、加大宣传力度，让公众积极参与到政策制定的过程中，以此获得公众对政策执行的支持。同时，应公开信息，提高信息的透明度，实现民众对流域管理的监督。目前，“河长制”治理模式中流域管理信息公开范围还仅仅局限在年度水情信息报告以及环境的公报上，公开的范围十分狭窄。因此，信息公开的范围亟待拓宽，应提供多方面的、综合性强的信息报告。此外，政府相关的网站也亟待完善，这样公众才可以通过政府网站便捷地获取到水资源以及流域管理所采取的政策、措施等重要信息。

就环境政策听证会制度的完善方面，应实现民众参与的整体性、系统性，即完善民众参与的流程，不仅在事后阶段实现民众参与，在事前阶段更应实现民众参与。正如美国《国家环境政策法》中提到的，“对人类环境有重大影响的行动决策过程、行动法案、决策方法和依据等都必须向公众详细说明，公众可以通过随后举行的听证会对政府的决策进行评价和建议”。听证会中意见表达和反馈都要有具体翔实的法律规定。只有这样，才能形成各流域的相关机构相互监督、分工负责的局面，才能建立良性的循环监管体系。

最后，权利与救济并存，建立法律救济机制是完善公众参与的题中之义。就环境保护领域的公众参与而言，法律诉讼是其最后的解决途径。但我国的现行法律规定，行政诉讼的原告必须与诉讼事务有直接利害关系，即诉讼主体资格奉行直接利害关系原则。而这样的法律规定就导致了环境保护诉讼中原告的主体资格过于苛刻，很多非政府组织因没有诉讼资格而不能参与到环境公益诉讼中来。这样的局面并不利于“河长制”中环境保护与公众参与的发展。因此，适度调整公益诉讼的主体范围和程序，保证广大公民和非政府组织都有权利参与到公益诉讼中来，营造良好的法律、制度环境，是今后一段时期完善“河长制”治理模式中公众参与的重要内容。

小　结

研究同时发现，无论是“生态委”的创新还是“河长制”的突破，基于整体性治理的政府协调模式依然是立足于科层制的。这种基于科层制的协同模式尽管有了创新，但是，以权威为依托的等级制纵向协同的基本特征没有改变，即沿袭了权威的高度依赖和信息的纵向流动，因此，在官僚制典型的强制性协调特征上没有根本突破。这样，它也无法克服以权威为依托的等级制纵向协同存在的逻辑悖反，即周志忍教授所言之：用官僚制的看家武器突破官僚制，用过时机制解决今天面临的问题。简单说，就是这种协同机制生存的大环境依然是强调分工和专业化的传统官僚制，当跨域管理的矛盾尚未达到临界点，当官僚制层级节制和横向分工尚能满足当前的管理需求时，“强制性协调格局”能够达到良好的效果。但是，当今社会，越来越多的社会公共问题具有跨界限、跨领域的特征，前瞻型的政府必须考虑“后工业社会”和信息时代带来的影响，越来越多的复杂性公共事务将难以有效结构化，这种目前暂时有效的混合型权威依托的等级制模式也很有可能越来越力不从心，难以应对严峻的考验和挑战。

令人欣慰的是，我们发现为解决流域治理的碎片化问题的地方实验出现了突破式的创新，那就是，它在如何突破“科层”的边界这一核心问题上有了实质性的举措。虽然科层制协调有着其自身的明显优势，威权体系在规范流域地方政府的权力产权边界、减少相互之间的协调交易成本以及提高协调的时效性方面有着一些优势，但是它无法突破官僚制，无法根除官僚制基于体制的弊端，它会导致“汉夫悖论”，即官僚制的问题需要进行协调，而协调中又避免不了运用官僚制的手段，如此产生更多的协调的诉求。

第五章

基于市场型治理的流域治理政府间协调机制的新探索

从前文所述的流域公共治理的政府间协调机制的发展和创新来看，主要的协调思路和机制采用了科层制的治理方式和相应的协调机制，即便是协作性治理和整体性治理思路下的创新，也是对基于对传统官僚制理论的修正，其运行载体和方式依然以科层的方法为主。这种传统的地方利益协调的思路主要是靠政府的行政手段，很少依靠市场力量，通过各种基金安排、补助投资、政策倾向以及行政指令等手段来设计协调流域不同地区以及部门利益的制度安排，这种流域治理基本没有脱离科层制协调的范围。无论是通过授权流域管理机构，实行流域法治，实行一体化的流域行政区划，还是绿色 GDP 的绩效考核制度，实施河长制，或者是机构合并而组成环境管理的整体性政府，均属于科层制治理的基本思路。

科层制协调有着其自身的明显优势，威权体系在规范流域地方政府的权力产权边界、减少相互之间的协调交易成本以及提高协调的时效性方面都有着其他机制不可比拟的优越性。市场型协调机制则采取完全不同的思路，它是通过市场力量的引入发挥其对资源配置的决定性作用，从而减少或消除辖区内流域水资源使用的负外部性。

协调问题和治理模式是密不可分的。在制度经济学中，市场是对科层协调的最普遍的替代方法，其基本假设是协调可以通过政策过程中追逐自身利益的参与者的“看不见的手”来进行，这种类型的协调包括参与方为了获得更高水平的集体福利自愿地交换资源。在流域碎片化治理遭遇科层制边界的阻碍时，市场型协调的思路不失为一种有益的尝试。

一 本章的理论工具：市场型协调

市场型协调机制的基本原理是，流域水资源的配置使用的负外部性导致了资源配置的无效率，主要原则是产权界定不清，而解决这种外部性问题的最有效方法是界定产权。因此，市场型协调机制注重采用流域水权交易、政府间生态补偿、排污收费以及排污权交易等策略来抑制或者消除流域水资源配置中的负外部性。20 世纪 80 年代以来，西方各国在政府的改革浪潮下共同形成了一条所谓的“新公共管理”路径，这也是基于对市场机制的重新发现和利用。下面以流域生态补偿为例，对这种新型的协调机制的理论基础进行梳理。

（一）流域生态补偿的理论渊源与补偿路径

流域生态补偿应包括三个层次的含义：一是对流域内因保护流域生态环境而遭受损失、投入保护成本以及丧失发展机会的地方和人们给予经济、政策等方面的补偿；二是对因流域水污染而造成损害的地方和人们给予赔偿；三是对因流域内及跨流域调水、取水的水源所在地的人们为保护和提供水源所做出的牺牲给予补偿。流域生态补偿的范围应当涵盖损失、成本和机会三个层次，即因水生态环境保护或水污染遭受的直接损失，保护项目或治理污染项目的投入成本和因水生态环境保护或水污染所丧失的发展机会。流域生态补偿的目标则是为了实现流域生态环境的保护和合理开发利用来建立起一种有效的激励和约束机制。尽管在实践中，流域生态补偿常常与扶贫政策有着紧密的联系，但是，理论上要明确的是流域生态补偿本身不是一种扶贫机制，也不应当是一种扶贫机制，而应当是一种激励和约束机制，即激励环境保护的投入，或者约束对环境的过度利用和破坏。

流域生态补偿的理论主要来自两个方面，其一是外部效应，其二是拥挤性公共产品的非排他性与非竞争性。

1. 外部效应

从马歇尔发现和阐发外部经济概念开始，外部效应问题便吸引了大批学者的关注和研究。外部效应是指“一个经济主体的行为对另一个经济主体的福利所产生的效果，而这种效果并没有通过货币或市场交易反映出来”①。这种效应发生在市场交易或价格体系之外，故称之为外部效应或外部性。外部效应可以被区分为正的外部效应和负的外部效应两种情况。正的外部效应是某个经济主体的行为使他人或社会受益，而受益者无须花费成本；负的外部效应是某个经济主体的行为使他人或社会受损，而造成这种外部不经济的主体却没有为此付出成本。不论是正的外部效应还是负的外部效应，只要存在，就会导致私人的边际效益与成本和社会的边际效益与成本发生偏离，继而导致资源配置的扭曲。流域水资源是可再生的自然资源，水的流动性使得水事活动具有高度的关联性，对流域水资源的不同利用方式都会引起大量的外部效应。例如，流域上游地区人民的植树造林会产生正的外部效应，即涵养水源、水土保持和空气调节等；流域工业企业对水资源的利用，会对其他用水户产生负的外部效应，即水污染和流域生态失衡等。这种外部效应的普遍存在，从事植树造林、涵养水源等生态保护的主体付出的成本和获得的收益不对称，因而会失去继续保护流域生态环境的积极性和主动性；以破坏生态、污染环境为代价换取经济发展的主体，由于将成本转移到了下游，就会反向激励其继续破坏生态和污染环境。

要消解外部效应，或者说将外部效应内部化，就是要对外部效应的边际价值定价。当存在正的外部性时，应将外部效应加到私人边际效益之中，从而使得该物品或服务的价格等于全部的社会边际效益；对于负的外部性而言，做法则是将外部边际成本加到私人边际成本里，使该物品或服务的价格等于全部的社会边际成本。外部效应内在化的具体操作方法有两种：一是以庇古为代表的传统方法，二是科斯提出的市场交易的方法。前者是通过政府干预，后者则是通过产权安排。

20 世纪 20 年代，庇古提出通过征税与补贴等政府干预措施，可以弥补

① 转引自方复前《公共选择理论——政治的经济学》，中国人民大学出版社，2000，第 38 页。

市场机制的不足，使外部效应内部化。当正的外部效应出现时，政府给予生产者补贴，使社会效益和私人效益相等，以便鼓励其扩大生产。相反，当负的外部性出现时，政府对生产者征税，使社会成本与私人成本相等，以便限制其生产。流域生态补偿的做法就是征收流域生态税费和政府财政转移支付，这种政府主导模式基本符合这一思想。但庇古方案存在前提条件的约束，那就是政府必须掌握私人边际成本与社会边际成本，但在操作中由于环境外部性具有外延扩散性，政府往往很难对作用范围及受益程度进行准确界定。即使从技术上看受益范围能够明确界定，但也会出现由于不同的受益者所处社会经济条件的不同，而对同样的生态产品形成完全不同的效用评价这样难以解决的问题。因此从技术上看，要想准确计量生态环境外部效应的大小是不容易的。而且，由于存在信息不对称、监督不力等问题，加上政府自利性，比如尽可能多征税，并倾向于将税负转嫁给消费者，我们得到的结论是，庇古的征税与补贴方案不足以有效地解决外部效应问题。

与庇古的传统方式相同，著名经济学家斯蒂格勒也认为政府在矫正外部性方面可以发挥较大的作用，不过与庇古的经济措施有所不同，他主张政府用行政措施来进行管制与指导。[①] 在污染外部性问题上，斯蒂格勒的管制手段就是发放许可证和总量控制。如在流域污染排放中，对企业排放的污染制定强制性的排放标准，企业必须达标排放；对企业的排污行为发放许可证，企业必须拥有许可证才可以排污，许可证明确了可排放的污染数量，企业不得超过规定数量排污，否则就要承担处罚。但是这种行政措施也存在一定弊端，它缺乏灵活性、工作量大，当环境条件发生变化的时候，政府的反应可能滞后。

1960 年，科斯发表了论文《社会成本问题》，在这篇论文中，科斯指出传统方式的分析存在一些缺陷，比如忽视了外部效应问题的相互性，更没有从社会总产值的最大化或损害最小化去思考问题。他进一步提出政府应该从庇古的研究思路中解脱出来，寻求新的手段。他的理论基本观点是，即使政府不干预，有关各方之间通过自愿谈判和交易仍是可以解决外部效

① 许云霄：《公共选择理论》，北京大学出版社，2006，第 69 页。

应问题的，而且其结构也是有效率的。具体的分析前提是：当交易谈判涉及的当事人较少、市场交易费用小于政府干预的成本，这种情况下市场机制比政府干预效率更高。“科斯定理”的基本原理是，通过初始产权的界定，市场可以自己来提高资源配置的效率，从而实现外部效应的内部化。科斯定理应用很广，在流域生态补偿实践中，也出现了越来越多的市场交易模式，如水权交易、排污权交易等。但是通过科斯的分析我们也清楚看到，三个假定即产权是明晰的、产权可以自由交易、交易费用为零是市场交易有效率的重要前提。[①] 我们发现，在流域生态补偿的实践中，这三个假定是很难实现的。这个症结就使得流域生态补偿的市场交易模式的应用性受到了很大限制。因为流域水资源存在高度的流动性，加上自然资源产权的难以界定，以及交易利益相关方众多造成的交易中的高费用，市场主体与众多受益者之间进行直接谈判磋商达成交易的可能性很小，所以科斯方案存在很大局限性。政府需要在这个问题的解决过程中，即使是在市场交易模式中也要发挥更多的作用。肯尼斯等学者更是指出，像水资源这样的公共资源根本不可能做到明晰产权，即使明确了产权，由于环境污染、生态破坏往往具有长期影响，后代人的利益也很难得到保证。[②]

除了以上主要的解决外部效应的方法外，法律和道德约束、非政府组织的参与等也能在一定程度上改善外部效应问题。在现代法制社会，法律约束也是解决外部性问题的有效手段之一。法律具有强制性，能够规范生产者的行为，限制其负的外部效应的产生。同时，生产者的自我道德约束也能促使其积极从事具有正的外部效应的活动，减少负的外部效应。而随着第三部门与公民社会的发展，非政府组织在减少负的外部效应的活动中，发挥着越来越大的作用。如活跃于环境保护等领域的各种绿色团体，通过它们的行动给排污企业施加压力，为改善环境做出努力；通过募集善款，到流域上游地区开展生态保护项目等。

所以，建立流域生态补偿机制，进行不同形式的补偿，也就是要解决流域资源的外部效应问题。从政府的经济、行政手段，到市场交易与非政

---

① 方复前：《公共选择理论——政治的经济学》，中国人民大学出版社，2000，第 44 页。

② 转引自聂国卿《我国转型时期环境治理的经济分析》，中国经济出版社，2006，第 23 页。

府组织的参与，每种方式都各有所长，却又不能独立地解决外部效应的所有问题。而如何综合发挥各种方式的优势，正是本节所要讨论的问题。

2. “公用地悲剧”与“搭便车”

1954年，萨缪尔森（Samuelson）在《公共支出的纯理论》（*The Pure Theory of Public Expenditures*）中首次提出了“公共物品”的概念，他通过对比私人物品和公共物品，提出任何人对这种物品的消费都不会减少他人对其的消费。经济学中，社会物品有公共物品和私人物品之分，与私人物品相比，公共物品具有非竞争性和非排他性两大基本特征。非竞争性物品使每个人都能够得到，而不影响其他任何人消费它们的可能性；非排他性物品使所有人都无法被排除在消费之外，这些物品能够在不直接付费的情况下被享用。一般来说，生态环境具有公共物品的两大基本特征，非竞争性使生态环境的消费者只看到眼前利益，对生态环境过度使用，最终全体社会成员的利益受损；非排他性导致整个生态环境保护过程中生态效益与经济效益脱节，在缺乏有效激励的情况下，很少会有人愿意对生态环境保护投资，而这种投资恰恰是整个社会所急需的。

流域资源环境及其所提供的生态服务所具有的公共物品属性决定了其面临拥挤、过度使用、无人保护等问题，造成“公用地悲剧”。生态补偿正是通过一定的政策手段实施生态保护外部性的内部化，让生态保护成果的“受益者”支付相应的费用；通过政府实施政策解决好生态物品这一特殊公共物品消费中的“搭便车”问题，激励公共物品的足额提供；通过制度创新处理好生态投资者的合理回报问题，激励人们从事生态保护投资并使生态资本增值。

由于存在“公用地悲剧”和“搭便车”的可能性，流域上下游政府间通常不会主动合作，都希望免费享受他人所提供的便利。上游政府开展植树造林、涵养水源和水土保持，同时因限制林业或其他产业发展陷入财政窘境，植树造林所带来的收益不仅是上游地区享受，还给下游地区带来了巨大收益。但是下游政府通常选择“搭便车”而不付费。要解决“搭便车”问题，学者们提供了两种截然相反的方案。第一是依靠政府的方案。奥普尔斯认为，“由于存在着公用地悲剧，环境问题无法通过合作解决……所以具有较大强制性权力的政府的合理性，是得到普遍认可的”。[①] 而提出“公用地悲剧”的哈丁本人也认为，“在一个杂乱的世界上，如果想要避免毁灭，人民就必须对外在于他们个人心里的强制力，用霍布斯的术语来说就是‘利维坦’，表示臣服”。[②] 但是依靠政府的控制实现的最优状态，是建立在信息准确、政府的监督能力强、制裁可靠有效以及行政费用为零这些假定基础上的。显然，这些条件是难以完全实现的。第二是私有化或者说市场化的方案。按照罗伯特·J. 史密斯的观点，“在自然资源和野生动植物问题上避免公共池塘资源悲剧的唯一方法，是通过创立一种私有财产权制度来终止公共财产制度”。[③] 韦尔奇也支持全面的私有产权，他认为，“为避免过度放牧造成的低效率，完全的私有产权的建立是必要的”。[④] 但是，与容易清楚界定产权的其他物品不同，像水资源这样的流动资源，很难清楚地界定其私有产权。因此，就只能依靠政府或公共部门来提供公共物品，如政府通过税收等方式使每一个社会成员都为公共物品的供给做出贡献。这也正是要建立生态补偿机制的重要原因，在流域上下游间建立生态补偿机制，使上下游都承担起流域生态服务供给的成本，共同享受流域生态服务的收益。

要消解流域水资源及相关环境服务的外部效应，避免“公用地悲剧”和“搭便车”问题的发生，实现社会公平和可持续发展，必须建立起一种有效的激励机制和惩罚机制，建立起有效的生态服务供给机制。从我国目前流域生态补偿的实践来看，具体有以下几种方式：上级政府的财政转移支付、地方政府间的横向财政转移支付、政策扶持、市场交易、非政府组织参与等。前三种方式可以归为政府的路径，市场交易的方式虽然运用的是市场的原理，但在现有的制度框架内，它也是一种政府行为（即本书所主张的政府主导下的市场交易），最后是以公民社会（即非政府组织）作为一项有益的补充。

① 转引自〔美〕埃莉诺·奥斯特罗姆《公共事务的治理之道——集体行动制度的演进》，余逊达、陈旭东译，上海译文出版社，2012，第22页。

② 转引自〔美〕埃莉诺·奥斯特罗姆《公共事务的治理之道——集体行动制度的演进》，余逊达、陈旭东译，上海译文出版社，2012，第23页。

③ 转引自〔美〕埃莉诺·奥斯特罗姆《公共事务的治理之道——集体行动制度的演进》，余逊达、陈旭东译，上海译文出版社，2012，第27页。

④ 转引自〔美〕埃莉诺·奥斯特罗姆《公共事务的治理之道——集体行动制度的演进》，余逊达、陈旭东译，上海译文出版社，2012，第28页。

（二）政府主导：补偿而非购买

国外学者在研究流域生态补偿问题时所使用的术语一般是“Payment for Ecosystem Services”或者“Payment for Environmental Services”，直译就是购买生态服务或购买环境服务，而我国所采用的却是生态补偿（Ecological Compensation）的概念。这不仅仅是概念上的差别，更暗含了制度环境背景与政策运行方式的差异。生态服务购买基于市场机制，以平等交易为主要方式；生态补偿以政府行政手段为主，虽不排斥市场交易的方式，但即便存在交易也是政府主导下的交易。这种差异是由我国的政治、社会环境背景所决定的，在我国不具备成熟的市场交易体系，如果将国外的生态服务购买搬到我国，是无法达到政策目标的；相反，中国政府对行政的驾驭远远成熟于市场机制，运用行政手段将更好地实现生态补偿政策的目标。因此，政府是流域生态补偿机制的主导。

1. 国外的环境服务购买

目前国际上生态服务付费（PES）或生态效益付费（PEB）主要通过以下几种方式进行。第一种是直接公共补偿，即由政府作为主体直接向生态系统服务的提供者进行某种方式的补偿，这是最普遍的生态补偿方式。我国也有类似的方式，比如天保工程（天然林保护工程）、退耕还林（还草）工程和生态公益林保护等。第二种是通过限额交易计划进行的，最典型的是排污权交易，如欧盟的排放权交易计划。由政府或环境评价管理机构先对环境中的生态系统在一定范围内允许的破坏量进行评估，然后严格设定一个界限，接着由位于规定管辖范围内的机构或个人进行选择，要么直接选择遵守这些规定，要么选择接受补偿来弥补给自己造成的损失。抵消措施的信用额度为商品进行交易，来获得市场价格，这同样也可以达到补偿目的；还可以选择私人直接补偿，即由私人直接向生态系统服务的供给者进行购买。第三种方式是生态产品认证计划，消费者可以通过选择，为经济独立的第三方根据标准认证的生态友好性产品提供补偿。[①] 从各国实施生

① 中国生态补偿机制与政策研究课题组编《中国生态补偿机制与政策研究》，科学出版社，2007。

态补偿的具体实践看，许多案例是围绕森林这一陆地分布最为广泛的生态系统的环境服务展开的，而且多以市场机制为基础。

在流域补偿方面，各国实践也各有特色。比如澳大利亚主要采用联邦政府的经济补贴的方式来推进流域的生态补偿；南非将流域保护与恢复行动的生态补偿与扶贫计划挂钩；美国流域保护中实行票据交换机制，旨在用市场的手段规范对流域的管理。大多数国家的流域保护补偿还与森林环境服务相结合，在补偿机制的设计中政府只是起着中介的作用，主要靠市场机制来发挥作用。

与国内所采用的生态补偿的概念不同，国外的环境服务购买或生态系统服务购买这个概念强调的是双方地位平等，即通过契约和市场交换，一方得到生态服务这个商品，另一方则得到了报酬。

国外环境购买的实践进行时间较长，已经取得了一些成绩，本书选择了美国纽约市向水源地提供生态补偿、哥斯达黎加森林生态补偿、澳大利亚马奎瑞河“灌溉者支付流域上游造林协议”三个案例对这一购买机制做简单的说明。

纽约市为了确保饮用水的安全，与其水源地的农民之间达成了一系列行动方案，由纽约市提供全部费用，以换取农民们有效控制污染从而保护水源。这一实践从 20 世纪 90 年代开始，已实施多年，取得了较好的效果。这一系列行动方案的达成和实施，源于 1989 年美国环境保护局颁布的《地表水处理规则》(*Surface Water Treatment Rule*)，这一法规要求，饮用水如果不符合严格的健康标准，就必须进行过滤净化处理。如果纽约市对来自特拉华（Delaware）等流域的水安装过滤净化系统，其安装成本以及运营费将非常高昂。因此，只有有效控制水源地的水质，使其达到健康安全标准，才是纽约市最佳的选择。在如何保护水源地水质问题上，纽约市与上游地区的农民等众多利益相关者经过多年的协商和谈判，终于达成了协议，并制定了流域管理战略。上游的农民们承诺改革他们的作业方式，并在纽约市的帮助下确保清洁水的供应。流域管理战略确立的生态补偿分别体现在几个具体的行动方案中，这些行动方案都是以农民的自愿参与为基础的。“流域农业行动方案”是最重要的一个方案，将纽约市提供的资金用于上游农场进行友好作业活动。参与的农民可以得到技术援助，控制农场的污染物生成。所涉及的技术和管理费用、购置设备的费用、改善基础设施的费用等，全部由纽约市承担。参与的农民还有资格获得其他形式的补偿。“加强保护行动方案”（*Conservation Reserve Enhancement Program*）向在河两岸退耕的农民提供补偿；“完整的农场基础行动方案”（*Whole Farm Easement Program*）向放弃土地开发权利的农民提供补偿；“自然资源能力行动方案”（*Natural Resources Viability Program*）帮助流域农民开发自然资源的潜在市场；“Catskill 家庭农场合作社”（*Catskill Family Farms Cooperative*）为蔬菜和其他有助于农民获取规模效益和市场力量的产品开发适宜的市场。①

另一个成功的案例是哥斯达黎加对森林生态效益的补偿。它的森林保护资金主要源于可确认的贸易补偿（Certified Tradable Offsets，CTOs）。② 20 世纪 90 年代中期，哥斯达黎加出台了一系列关于森林地带保护的改革方案。1996 年通过的新森林法，表明了森林的四种环境服务功能：二氧化碳的固定、水文方面的服务、生物多样性的保护、提供美丽的景观。该法允许土地所有者对他们所提供的这些服务获得补偿。其中，对于森林提供的流域服务可以进行量化并市场化。森林对流域提供的潜在的服务包括防止沉积和使河水流动规则化。潜在的受益人或者顾客包括水力发电站和城市水的消费者。对于后者目前还没有进行收费，而前者主要是有一个私人电力公司。该公司的两个水力发电设备的流域面积分别是 2377 公顷和 3429 公顷。该公司在水文服务方面以每年 10 美元/公顷的价格支付给土地所有者，用于维持和修复在这个区域的森林覆盖。对于这个投资，公司的理性是让森林覆盖保持稳定的水流。③

澳大利亚的案例也值得借鉴。由于农业耕作和放牧，森林和林地植被迅速减少造成土壤盐碱化和水土流失日益严重，这种局面已威胁到澳大利亚几百万公顷的生产型农田，也影响到了一些城市的供水。为了解决这个现实问题，澳大利亚很多地方都进行了生态补偿的尝试，比如马奎瑞河“灌溉者支

① 窦玉珍、冯琳：《美洲地区生态效益补偿比较研究》，载王国清主编《中国环境科学学会学术年会优秀论文集》，中国环境科学出版社，2006。

② Sierra，Rodrigo，Russman Eric.，“On the Efficiency of Environmental Service Payments：A Forest Conservation Assessment in the Osa Peninsula，Costa Rica，” *Ecological Economics* 8（2006）.

③ 王伟中等：《生态补偿：国际经验与中国实践》，社会科学文献出版社，2007。

付流域上游造林协议”就是其中的一个成功实践。马奎瑞河位于澳大利亚东部，其上游源区出于经济利益的驱动而进行了大规模砍伐森林等活动，加剧了土壤盐碱化以及水土流失。在这种情况下，位于马奎瑞河下游的农场主选择了生态补偿的途径以激励上游林地所有者减少砍伐，保护森林来涵养水源。他们具体是这样做的：由下游的600个农场主组成的食品和纤维协会、加上新南威尔士州的林务局和马奎瑞河上游土地所有者一共三方参与，共同制定和达成了“灌溉者支付流域上游造林协议”。这个协议规定，由食品和纤维协会向新南威尔士州的林务局支付“蒸腾作用服务费”，为其获得的流域生态环境功能性服务价值付费，即生态服务购买；新南威尔士林务局利用这一经费，采取在上游源区私有土地上种植脱盐植物、栽种多年生深根系树木等措施，保持土壤中水分，避免土壤盐碱化。私有土地所有者能获得相应的年金，但林业产权归林务局所有。下游农场主的付费标准是17澳元/100万升水，或者85澳元/公顷，支付10年。[①]

2. 国外环境服务购买的运行环境：市场机制

从以上三个案例可以看出，国外环境服务购买的机制实际是一种市场交易的机制，就是将环境服务看作一种商品，由需要环境服务的下游企业或个体向生产这一商品的上游农民支付费用。当然，除了市场主体购买生态服务外，也有大量由政府购买生态服务的。政府购买是由政府代表受益的所有公众向提供环境服务者支付费用，实际上就是政府的补贴。如巴西的巴拉那州议会通过了一项法律，“要求从州级税收商品和服务流通所得收入（ICMS）中拿出5%的资金作为生态ICMS，根据环境标准进行再分配，其中2.5%分配给有保护单元或保护区的区域，另外2.5%分配给那些拥有水源流域的地区，以鼓励保护林地的活动”。[②]

环境服务购买在国外能取得成果，最根本的原因在于那些国家具有使这一机制充分发挥其优势所需的制度条件。这些制度条件包括成熟的市场机制及坚实的法律基础。

美国和澳大利亚都是联邦制的国家，联邦成员即各州之间、各州内部

① 李静云、王世进：《生态补偿法律机制研究》，《河北法学》2007年第6期。

② 郑海霞、张陆彪：《流域生态服务市场的研究进展与形成机制》，《环境保护》2004年第12期。

地方政府之间，并不存在单一制国家体制下的自上而下的强大科层制协调机制。联邦政府虽然也有一定的财政转移支付和司法判决等手段来协调州政府之间以及地方政府之间的关系，但这不是主要的方式，州政府和地方政府有强大的自主权，可以作为各自辖区利益的代表来主动寻求互相协商与合作。位于中美洲的哥斯达黎加是一个拥有强大的宪法制衡系统的民主共和国，成熟的市场经济使得它的经济发展水平在中美洲名列前茅。

在这些国家，由于已经建立了相对比较完善的市场经济体制，市场在经济和社会资源配置中可以发挥主导作用，政府直接介入经济协调的机会也比较少。正如有学者指出的那样，"西方发达市场经济国家的政府与市场经历了数百年自然而充分的发育与不断磨合，因而市场机制运行完善，政府与市场关系吻合，各种环境因素相应具备，政府对市场的干预较少，效率也是比较高的。"①

3. 我国流域生态补偿的成功模式

我国流域生态补偿是在已出台的相关法律的指导下进行的。我国存在两类流域生态环境服务的方式，一是政府主导的交易，二是市场主导的交易。其中政府主导的交易又分为两类：一是强调行政行为，如三北防护林工程；二是强调利益的引导，以补贴或补偿的方式激励森林生态环境服务的供给。在流域生态保护方面，比较成形的一种是浙江金华模式，水权交易与异地开发相结合；梅江模式是签订以水土保持为目的的合同；闽江模式设立专项资金重点安排畜禽养殖业污染治理、农村垃圾处理、水源保护、农村面源污染整治示范工程，工业污染防治及污染源在线监测监控设施建设等项目；新安江模式遵循谁受益谁补偿、谁破坏谁治理、谁共建谁共享的受益补偿机制，根据实际情况和受益方的经济承受能力实施区别补偿原则，遵循公平效益的补偿原则，建立国家、地方、用水户多层次的合理共建共享机制；浙江模式是生态付费，从 2008 年开始，除宁波市（计划单列）以外，处于浙江省八大水系源头地区的 45 个市、县（市）每年将获得不同额度的省级生态环保财政转移支付资金，为从体制层面建立激励和约束机制，还对水体和大气环境质量设立警戒指标标准，配套奖励和处罚措

---

① 牛增福：《要素市场发育与政府效率》，经济科学出版社，1998，第 16 页。

施，无论是奖是罚，上下游都有福同享，有难同当。[①]

与国外环境服务购买不同，国内学者们从一开始便采用了流域生态补偿这个概念。这一概念的产生和使用，与我国的社会文化背景和制度环境不无关系。

4. 流域生态补偿的制度背景：政府主导

从公众的心理惯势来看，历史上，中国是一个具有中央集权主义传统的国家，专制政府对社会的控制十分严密，百姓也习惯性地服从于政府的权威。中华人民共和国成立以后，虽然建立起人民民主专政的政权，但是从政府与社会的关系来看，政府仍凭借其强制力对社会的各个领域进行干预，百姓也适应于政府的“包办”。改革开放以后，政府逐渐转变职能，给市场与公民社会更多的自由和空间，但历史长期形成的这种对政府依赖的思维和行为惯性却不是一时能改变的。遇到问题，公众都是寄期望于政府来解决。流域生态补偿作为一种新生事物，其如何建立及运行理所当然也成为政府的职责所在。

从经济的发展来看，在近代历史上，资本主义的萌芽较晚，且受封建主义的压制，始终未能像西方资本主义国家那样形成强大的资产阶级与自由市场。中华人民共和国成立以后，实行了高度集中的计划经济体制，资源配置都是通过计划手段来实现。改革开放以来，我国在由计划经济体制向市场经济体制的转轨过程中，“由于计划经济管理方式已经渗透到社会经济生活的各个角落，它的强大惯性作用，将不停地阻碍着市场经济体制的形成和完善，阻碍着市场在经济管理和资源配置中功能的发挥”。[②] 因此，中国不具备西方国家那样成熟的市场体制，没有提供给生态服务进行交易的市场环境。此外，市场化程度不高、产权未能很好地界定、法制不健全等都导致了在流域生态补偿机制上，不能单纯地依赖于市场进行调节。

从解决外部效应问题的科斯理论来看，只要产权界定清晰了，很多外部性问题就自然能够解决，也就是说，通过市场交易就可以解决大部分问

---

① 该部分主要内容参考中国生态补偿机制与政策研究课题组编《中国生态补偿机制与政策研究》，科学出版社，2007。

② 谢庆奎：《中国地方政府体制概论》，中国广播电视出版社，2004，第107页。

题。但是科斯观点还有第二个条件，就是交易费用为零。实行流域生态补偿即便是产权清晰的，也同样面临着大量的交易费用。因为沿江河有太多的居民、农户、企业等利益相关方，让他们分别或集体地进行市场交易，从技术上看是不可能的，受到交易费用太高的限制。我国尚未构建起水权制度，加上我国的市场体系还非常不健全，流域生态补偿只能以政府为主导。

在我国，政府主导不仅表现为政府与市场之间的政府主导，还表现为政府与政府之间的上级政府主导。这是因为中国自古以来就是一个中央集权的单一制国家，从传统和现状上都表现为中央对地方的绝对控制。“封建专制传统源远流长，民主法制和地方自治的传统淡薄，地方政府没有地方利益的要求和居民自治的传统。”① 中华人民共和国成立以后，中国选择了政治和经济高度一体化的政治体制。中央集权的体制在中华人民共和国成立初期开展的大规模经济建设中，通过集中化的资源配置、强有力的政治动员和命令机制，显示出巨大的作用。但是，这种高度集权的体制压制了地方的主动性和积极性，形成了地方政府层层对上负责，决策缺乏科学性和灵活性。改革开放以来，中央积极调整与地方的关系，将财权、事权等方面逐步下放给地方，但是科层纵向控制的特征依然没有改变。在这样的体制背景下，地方政府会对上级政府产生依赖，即遇到问题时依赖上级政府的决策和帮助，尤其是涉及跨行政区的问题时，不是努力寻求平级政府之间的协商，而是期望上级政府进行协调和解决。政府间横向协调的平台和机制也较缺乏。在流域管理上，《中华人民共和国水法》第五十六条规定：“不同行政区域之间发生水事纠纷的，应当协商处理；协商不成的，由上一级人民政府裁决，有关各方必须遵照执行。”这也为上下游政府依赖上级政府统筹、协调生态补偿提供了依据。

因此，在生态补偿领域，离开上级政府的主导，生态补偿的机制就难以建立。江西省环保局的官员这样看待流域生态补偿机制：

我国现行的财政体制不允许两个省份之间财政转移，我们认为生

① 谢庆奎：《中国地方政府体制概论》，中国广播电视出版社，2004，第81页。

态补偿不管是哪个行政区域，应该是利益关系方的共同上级财政来解决，比较合理。广东省上缴财政，中央财政应该用于解决区域性的问题，而不是江西找广东要钱找香港要钱。政府行为不能市场化，北京做了带头，北京市政府拿出两个亿给河北张掖地区搞生态防护林，是自愿的。但是主导的还应该是政府，不能把补偿市场化，我感觉现阶段政府的生态补偿应是主导的，当然社会公益等行为是补充。①

这位官员的观点实际反映了我国流域生态补偿的现实制度基础和环境：在现有制度框架内，政府是流域生态补偿的主导者，而上级政府又是解决具体流域生态补偿问题的主导者。

5. 国外环境服务购买与我国流域生态补偿的差异性剖析

与国外的环境服务购买相比较，我国的流域生态补偿在理念和机制上都有一定差异，分析这种差异性，有助于我们理解为什么要实施生态补偿而不是进行生态服务的购买。

第一，看待流域生态服务的商品化程度的理念不同。国外生态补偿的主要方式是通过生态服务购买，也就是说首先从观念上来看，国外是将生态环境所提供的效益看成一种生态服务，而这种生态服务又是可以通过市场进行交换的，是一种商品。在这样的理念下，生态补偿不仅是建立在一种道德基础上，而且是建立在更具约束力的市场规则基础上。这样的好处不仅是能明确生态服务的受益者和补偿者，使生态补偿能像购买商品一样直接、有效，更重要的是，它使人们从观念上重视生态服务、重视生态环境，利于生态环境的保护。目前，我们所缺的正是这一点，尽管生态补偿被越来越多的人所认识和接受，但是仍有许多人把上游或相关人群保护水资源环境看成是一种理所当然、天经地义的行为，没有把它当成是一种重要的生态服务，因而也就谈不上对其补偿的重视。

第二，产权制度的差异。将流域生态服务商品化在我国面临的一个重要障碍就是产权的难以界定。产权的明晰是商品交换的基础，无论是哥斯达黎加还是澳大利亚的成功经验，其进行补偿或者说进行生态服务购买的

① 江西省环保局访谈记录：JXHB. 8. 30。

基础是流域内土地资源的产权明晰，其大部分的土地都是私人所有的土地，要保护森林，就需要林地所有者的保护行动，因此，他们是明确的被补偿对象，并且可以与下游就生态服务与补偿进行平等的谈判和协商。我国的林地只有一部分归国有，大部分是集体所有、个人承包。如何明确产权以及基于产权之上的利益是推进流域生态补偿的市场交易模式的关键。

第三，市场交易方式上的差异。我国现有流域生态补偿的方式比较单一，典型方式是以中央财政转移支付为主，也有一些地方政府的财政转移支付，且多是纵向的，缺少横向间的补偿。生态补偿资金渠道主要还是依靠政府财政资金，国家有限的资金难以保障生态补偿的持续进行。从国外的经验来看，通过多种方式的补偿，尤其是以市场交易为基础的补偿，能明确补偿双方的责任与义务，更有利于实现生态保护与补偿的目标。

第四，在征收生态税上的差异。中国目前还没有纯粹的生态税和环境税，而西方发达国家大多开征了各种专门的生态税和环境税，在经济合作与发展组织国家，如瑞典、丹麦、荷兰、德国等都设置了诸如碳排放、垃圾填埋、硫排放、能源销售等税种。生态税和环境税既能帮助纳税人树立的环保意识，也能筹集到资金用于生态保护与补偿。当然，我国政府目前也在考虑开征环境税。总之，开征环境税或生态税，还有待政府与立法部门的协调和努力。

第五，非政府组织和社会参与的差异。实施生态补偿的关键在于解决资金的问题。从国外生态补偿的实践中可以看出，非政府组织特别是国内外基金的捐助也是一种发挥重要作用的补偿方式，通过非政府组织筹集到的资金，能给予补偿对象直接的资金补偿；同时，通过非政府组织开展的各种服务项目，能给予补偿对象经济援助以外的技术、服务的支持，弥补政府生态补偿政策的不足。

6. 我国的流域生态补偿的路径选择

从以上分析来看，流域生态补偿的概念适合我国国情。特别是强化政府在流域生态补偿的作用，是我们现阶段必然的选择，这不仅体现了理论的合理性，也符合我国的现实国情。在尚未达到成熟市场经济条件的当前环境下，盲目地强调市场的作用，抛开政府的主导作用来试图解决生态补偿问题只能是一种想象，不具备现实性。从目前我国流域生态补偿的实践来看，也是以政府主导的财政转移支付为主。

生态补偿的理念符合我国的国情，但是我们并不排斥环境服务购买或生态服务购买，而是应当在流域生态补偿的实践中，引入这些市场交易的模式，完善流域生态补偿机制。我们应该看到购买服务的优势，那就是关系简单明了，目标容易实现，但它发挥作用也必须以市场机制的成熟、产权的清楚界定为前提。此外，还需要成熟的法律体系规范市场交易的行为。在现有的制度背景下，生态补偿的市场机制要靠政府调控、引导、推动。

随着各地政府对流域水量、水质问题的关注，流域生态补偿机制的建立也被提上国家和部分地方政府的议事日程，一种新型的即将成为主流的协调机制可以说是呼之欲出。2005 年以来，国务院先后颁布的《国务院关于落实科学发展观加强环境保护的决定》、《国民经济和社会发展第十一个五年规划纲要》和《国民经济和社会发展第十二个五年规划纲要》等，都明确地提出了要尽快建立生态补偿机制的重要任务。如《国务院关于落实科学发展观加强环境保护的决定》中要求："要完善生态补偿政策，尽快建立生态补偿机制；中央和地方财政转移支付应考虑生态补偿因素，国家和地方可分别开展生态补偿试点。"2007 年 8 月，国家环保总局印发了《关于开展生态补偿试点工作的指导意见》。环保总局提出，要推动建立促进跨行政区的流域水环境保护的专项资金。对于流域水环境保护的生态补偿，各地应确保出界断面水质达到考核目标，根据出入境水质状况确定横向补偿标准，并推动建立促进跨行政区的流域水环境保护的专项资金。在十八大报告中，更是明确提出了"深化资源性产品价格和税费改革，建立反映市场供求和资源稀缺程度、体现生态价值和代际补偿的资源有偿使用制度和生态补偿制度。积极开展节能量、碳排放权、排污权、水权交易试点的指导思想"。

《中共中央关于全面深化改革若干重大问题的决定》中，第五十三条明确指出："实行资源有偿使用制度和生态补偿制度。加快自然资源及其产品价格改革，全面反映市场供求、资源稀缺程度、生态环境损害成本和修复效益。坚持使用资源付费和谁污染环境、谁破坏生态谁付费原则，逐步将资源税扩展到占用各种自然生态空间。稳定和扩大退耕还林、退牧还草范围，调整严重污染和地下水严重超采区耕地用途，有序实现耕地、河湖休养生息。建立有效调节工业用地和居住用地合理比价机制，提高工业用地价格。坚持谁受益、谁补偿原则，完善对重点生态功能区的生态补偿机制，推动地区间建立横向生态补偿制度。发展环保市场，推行节能量、碳排放权、排污权、水权交易制度，建立吸引社会资本投入生态环境保护的市场化机制，推行环境污染第三方治理。”

在广东、福建、浙江、北京、贵州等地，小流域、小范围的流域生态补偿试点已经展开，并取得了一定的成绩。例如，福建省制订出台了《江河下游地区对上游地区森林生态效益补偿方案》，各设区市政府以2005年城市工业和生活用水量为依据，从财政中支出森林生态效益补偿资金，统一上缴省财政专户，对全省生态公益林统一标准按面积进行补偿；贵州省贵阳市对其饮用水源地安顺市的平坝县以财政转移支付的形式给予补偿，补偿金额以2005年150万元为基础，逐年递增10万元；浙江省政府于2005年8月出台了《关于进一步完善生态补偿机制的若干意见》，钱塘江流域成为浙江生态补偿机制的试点；北京对其水源地张家口、承德的农民给予经济补偿，以推动他们实施“稻改旱”，并提供部分资金，支持当地水源林的建设；山东省政府也于2007年7月出台了《关于在南水北调黄河以南段及省辖淮河流域和小清河流域开展生态补偿试点工作的意见》，由省、市、县共同筹集补偿资金。

为落实政府对本辖区环境质量负责的法律责任，按照“谁污染谁付费、谁破坏谁补偿”的原则，2009年贵州省环保厅通过调研，决定率先在清水江流域实施生态补偿机制试点。为此，贵州省环保厅设立了黔南州、黔东南州跨界断面和黔东南州出境断面水质控制目标。与此同时，贵州省人民政府出台了《贵州省清水江流域水污染补偿办法》。生态补偿机制规定，凡黔南州和黔东南州跨界断面当月水质实测值超过控制目标的，黔南州应当缴纳相应的水污染补偿资金（以下简称“补偿资金”），补偿资金按3∶7的比例缴纳省级财政和黔东南州财政；黔东南州出境断面当月水质实测值超过控制目标的，黔东南州也应当向省级财政缴纳补偿资金。各级财政归集的补偿资金纳入同级环境污染防治资金进行管理，专项用于清水江流域水污染防治和生态修复。这些地方政府的做法，以实际行动证明了生态补偿机制在流域水环境保护及区域协调发展上能起到重要的作用。建立流域生态补偿机制已得到了从中央到地方、从政府到社会的广泛认同，而地方政府在局部试点所积累的经验也有待进一步深化和推广。

流域是一个随着河流水系而自然形成的完整体系，而行政区域则是政治、历史、经济等多种因素共同作用下人为划分的区域，完整的流域通常被行政区域所分割，从而导致流域管理中的一系列问题。因此，如何突破行政区划的限制，实现流域管理与行政区域管理的协调，是流域公共治理协调研究的重要内容之一。

尽管流域生态补偿是一个新兴的研究课题，学者们在许多具体领域并未达成共识，但对于流域生态补偿建立的必要性则已得到学术界、政府和社会的普遍认可。鉴于此，在本书的理论研究中将不再讨论此问题。总体而言，目前国内学术界对流域生态补偿的研究还处于起步阶段，尚未建立起科学、完整的理论体系，实践探索和经验总结也相对不足。尤其是从公共行政的角度研究流域生态补偿机制的建构、研究政府在生态补偿中作用的文献很少，还未能形成较系统的理论体系。

二　清水江流域生态补偿的实践探索

在众多类型的生态系统中，流域水环境生态系统比较特殊。由于水流的单向流动性，流域地区间形成了一系列复杂的利益关系。清水江作为贵州第二大江，是长江上游重要支流，水环境保护不仅关系到贵州本省的可持续发展，更关系到下游省（市、区）的生产、生活用水安全，具有重要的战略地位。由于清水江水污染形势十分严峻，2009 年贵州省环保厅通过调研，决定率先在清水江流域开展生态补偿机制试点，为落实政府对本辖区环境质量的法律责任，贵州省人民政府也相继按照“谁污染谁付费、谁破坏谁补偿”的原则出台了《贵州省清水江流域水污染补偿办法》（以下简称《补偿办法》）。据了解，清水江流域水污染补偿机制是国内在河流管理层面上首次实行的水污染补偿机制，创新了补偿资金解缴的方式，在全国范围水流域生态保护上做出了榜样。自省政府批复了《贵州清水江流域水污染防治规划（2008～2010 年）》（以下简称《规划》）后，黔南州、黔东南州政府按照要求，认真组织实施，清水江流域水污染防治工作取得了重要进展。黔南州、黔东南州政府分别成立了清水江流域水污染防治规划实施工作领导小组，制订了具体实施方案，明确各县（市）政府、有关部门和相关企业的责任，并将《规划》任务进行分解，确保《规划》顺利实施。黔南州、黔东南州以《规划》实施为契机，强力推进流域工业污染治理。

《补偿办法》及《规划》实施以来，黔南州、黔东南州污染物排放量得到了大幅削减，清水江流域河流水质得到明显改善，重安江大桥总磷、氟化物浓度2010年比2008年分别降低了35.1%、28.6%，出境断面白市总磷、氟化物浓度比2008年分别降低了35.5%、68.7%。①

生态补偿是一个实践问题，也是一个理论问题。生态补偿机制是一种公共制度，"生态功能服务付费"理论、"市场失灵"理论（包括外部性理论、公共产品理论）等，都对生态补偿的内涵作出了很好的界定，但难以形成具有可操作性的政策。加之，我国流域的生态补偿机制作为一项分配政策，需要解决为什么要补、补什么、补多少、如何补、补给谁等一系列问题，这种分配政策实际上就是财政政策。从财政政策的角度来看就是政府为履行生态环境责任的事权所必需的财权，因此，财政是政府宏观调控的经济手段之一。

从理论上讲，将生态补偿置入生态环境－经济发展的大系统，对生态补偿机制中财政政策进行研究，特别是在责任机制、激励机制和约束机制方面有所创新，是完善生态补偿机制的关键所在，也有助于认识生态补偿与国家财政之间的关系，有助于在实践中建立和完善我国水流域生态补偿机制。

（一）清水江流域概况和传统治理工具

清水江是贵州省境内的第二大河流，也是长江上游重要支流。清水江流域（贵州段）位于贵州省东南部，是洞庭湖沅江水系的上游干流河段，其发源于贵州省黔南布依族苗族自治州的贵定县与都匀市交界处的斗篷山，流经黔南州都匀市区称为剑江河，经营盘、坝固（在都匀市市区至出境段称马尾河或清水河），出都匀市后称清水江，再经丹寨县、麻江县、凯里市、

① 东莞新闻网，http://news.timedg.com，最后访问日期：2017年5月4日。

雷山县、黄平县、施秉县、台江县、剑河县、锦屏县、黎平县、天柱县、三穗县等县（市）后流入湖南境内，在托口镇与渠水汇合后称沅江。清水江地处云贵高原向湘桂丘陵地过渡的斜坡地带，地势向东、东南倾斜，包括贵州黔南苗族布依族自治州、黔东南苗族侗族自治州境内3个市、12个县的全部或部分地区。清水江干流在贵州省境内总长459公里，流域面积17023平方公里，占全省总面积的9.74%，其中清水江流域在黔东南州内最长，长372公里，总面积为14363平方公里，占全州总面积的47.3%。清水江流域所跨行政区范围如表5-1所示。

表5-1　清水江流域所跨行政区域范围

贵州省2个地州15个县（市）	
都匀市	坝固镇、王司镇、大坪镇、洛邦镇、沙包堡镇、杨柳街镇、甘塘镇、小围寨镇、江洲镇、摆忙乡
福泉市	金山街道、马场坪街道、城厢镇、黄丝镇、凤山镇、陆坪镇、地松镇、龙昌镇、牛场镇、兴隆乡、藜山乡、岔河乡、仙桥乡、高石乡、谷汪乡
凯里市	城西街道办事处、大十字街道办事处、西门街道办事处、洗马河街道办事处、湾溪街道、三棵树镇、舟溪镇、鸭塘镇、旁海镇、湾水镇、炉山镇、万潮镇、龙场镇、凯棠乡、大风洞乡、下司镇、宣威镇、碧波乡
丹寨县	龙泉镇、兴仁镇、南皋乡
麻江县	杏山镇、谷硐镇、龙山乡、贤昌乡、坝芒乡、景阳乡
黄平县	重安江镇
施秉县	双井镇、马号乡
榕江县	郎洞镇、平阳乡、两旺乡
雷山县	丹江镇、西江镇、郎德镇、望丰乡、大塘乡
台江县	台拱镇、施洞镇、南宫乡、排羊乡、台盘乡、革一乡、老屯乡、方召乡
剑河县	柳川镇、岑松镇、南加镇、南明镇、革东镇、久仰乡、太拥乡、南哨乡、南寨乡、盘溪乡、敏洞乡、观么乡
三穗县	八弓镇、台烈镇、瓦寨镇、桐林镇、雪洞镇、滚马乡、长吉乡、良上乡
锦屏县	三江镇、茅坪镇、敦寨镇、启蒙镇、平秋镇、铜鼓镇、平略镇、大同乡、新化乡、隆里乡、钟灵乡、偶里乡、固本乡、河口乡、彦洞乡
黎平县	德凤镇、高屯镇、孟彦镇、敖市镇、平寨乡、德化乡、大稼乡、坝寨乡
天柱县	凤城镇、邦洞镇、坪地镇、蓝田镇、瓮洞镇、高酿镇、石洞镇、远口镇、坌处镇、白市镇、社学乡、杜马乡、注溪乡、地湖乡、竹林乡、江东乡

在清水江流域治理过程中，传统的政府间科层协调主要是通过采取管制、直接供给和财政资助等政策手段来实现的。

1. 主要政策手段

（1）管制

根据里根（Reagan）的看法，“管制指的是一种活动过程，是由政府对个人和机构提出要求或规定的活动，并经历一种连续的行政管理过程。”管制的主体是政府，其活动是由政府作出的，并且通过强制手段要求管制相关的目标团体及个人遵守和服从。如果目标团体或个人不遵守或不服从将面临惩罚。在政府政策工具箱中，斯蒂格勒是微观管制理论的重要代表，其“俘获”理论声名鹊起，充分揭示了管制可能带来的被企业所“俘获”等问题，可以很好地解释在目前的环境管制政策的执行领域出现的执行扭曲的问题。管制还可以区分为经济管制和社会管制两种。在清水江流域治理过程中，地方政府针对出现的问题采取了相应的管制措施。

为改善清水江流域河流水质，贵州省政府于2007年3月28日对该流域范围内的43家企业下达了限期整治任务。省环保局随即下发了《关于认真组织实施清水江流域污染源限期整治项目的通知》和《关于加强清水江流域水污染防治工作的通知》，对各地环保局和有关单位提出了明确要求。2007年5月9日，贵州省环保局向社会公布了2007年第一批共56家省级环境污染限期治理项目的名单。第一批限期治理名单包括贵州宏福实业开发有限总公司、开磷集团剑江化肥有限责任公司等排水大户在内的43家清水江流域企业，要求这些企业到2007年底实现达标排放。除清水江流域43个限期治理项目外，省政府还要求另外13个项目单位必须在2007年12月31日以前完成环境污染限期治理目标。针对三板溪库区的水污染问题，2007年10月29日，贵州省人民政府印发了《关于研究清水江三板溪库区水污染治理等有关问题的会议纪要》，会议纪要中落实了打捞工作措施和打捞经费。为确保清水江流域水污染整治工作取得实效，省环保局按照省政府要求，对清水江流域水环境污染整治工作进行了分解，明确了各处（室）、各单位的职责和任务，在省环保局网站上公布了“清水江流域（水）环境保护重点企业”和“清水江流域（水）污染源限期整治项目”及督办人，下发了《关于认真组织实施清水江流域污染源限期整治项目的通知》和《关于加强清水江流域水污染防治工作的通知》。同时，通过制定《贵州清水江流域水污染防治规划（2008～2010年）》、《关于下达2010年度剑河县环境保护工作目标任务的通知》、《清水江流域剑河段水污染防治规划实施方案》相关规章制度加强对清水江流域的治理。

贵州省环保厅出台文件规定，凡河流新建项目必须填报严格的申请表格，获得环保部门批准后方可投入生产，并定期向环保部门报告企业环境污染情况及技术更新状况。对涉水公共物品，如水价、电价作出相应规定。对涉及危害流域区人民生命、财产安全的现象，政府有权采取强制措施。为改善清水江流域河流水质，省政府在下达的限期整治任务和省环保局随即下发的《关于认真组织实施清水江流域污染源限期整治项目的通知》、《关于加强清水江流域水污染防治工作的通知》中都对各地环保局和有关单位提出了明确要求。

对重要污染企业、污染源对流域区生态环境可能引起的各种派生后果和外部性问题，政府部门亦可采取相应举措。例如对该流域范围内的43家企业下达了限期整治任务的同时通过采取大力推进工业污染治理，包括进一步加强对化工、酿造、制药等重点行业企业的污染治理来实现。同时也积极推进城镇污水和垃圾处理设施的项目建设，在农村地区，则采取措施来努力控制农业面源污染并开展农村环境综合整治。在政策手段方面，全面推行排污申报登记和排污许可证制度，重点针对无证或超标排污予以处罚；此外，对排污口的设置加强管理和监督，要求省、州两级重点污染源或污染严重的排污单位必须安装污染物在线监测装置；最后，还强化建设项目环境管理，认真督促建设单位真正落实环境影响评价和“三同时”制度、督促排污单位编制和完善污染事故应急预案，落实必要的应急处置措施，建立污染事故应急体系七项具体措施强化清水江流域污染防治。

2009年贵州省政府又推出三项措施推进清水江流域水污染治理。一是继续加大污染治理力度，对存在污染或污染隐患的单位下达限期治理任务，提高生产废水循环利用率，消除污染隐患。二是从源头上严格控制污染，开展强制性清洁生产审核，要求企业充分利用清洁生产技改高能耗、重污染传统工艺，采用轻污染生产工艺、节水、节材、节能等措施有效削减污染物排放总量。三是严格执行排污总量控制制度，根据清水江流域环境容量和环境保护目标，核定排污单位的排污总量控制指标，分解落实排污总量削减任务，力争用3至5年时间使清水江贵州出境断面水质达到规定水质类别标准。

（2）直接供给

直接提供（Direct Provision）是指直接提供公共物品或服务，这是在传统公共物品提供中最为广泛运用的政策工具之一。根据公共物品的相关理论，纯公共物品例如国防和外交通常由中央政府所提供，地方性的公共物品因为与公民偏好紧密相关，大多由地方政府所提供。这是政府工具箱中的一种传统而有效的工具。公民的偏好也较多地反映在这一方面，在一个存在赫尔希曼的“退出、声音与忠诚”的分析框架内，地方政府公共物品的直接供给会影响到居民的“退出”选择。

地方政府在清水江流域治理的协调过程中可以通过为流域区居民提供一系列服务来实现。如以某种固定的方式长期为流域区居民提供技术服务，天柱县在清水江流域区水资源开发过程中常为当地居民提供养殖技术服务、林业培育服务，无偿为居民提供技术指导，定期义务进行技术宣传教育等。麻江县政府在2010年政府工作报告中明确指出：“坚持以建设‘生态文明先进县’为目标，加强节能减排、环境保护和资源利用，可持续发展能力不断增强。加快重点环保设施建设，投资1400万元的县城污水处理厂建成并投入使用，建设污水主支管网27.888公里，日处理污水3000吨，基本实现了县城区‘雨污分流’，进一步推进了节能减排工作，提高了县城环境质量”。

（3）政府资助

地方政府、公民、社会组织及其他政府涉水部门提供资金，用以保障流域治理工作的顺利推进并协调地方利益。其中资金的来源多为政府预算、社会捐赠、部门费用收入等。政府资金的用途主要体现在以下几点。一是政府涉水部门的资金分配，这部分资金主要是涉水部门如水利部门、环保部门在日常工作的运转中所用到的部门资金项目，如贵州省环保厅建立专项基金项目用于进行清水江流域污染的补偿。二是政府的资助项目。对于流域的开发不仅体现在流域生态环境的良好发展上，还体现在流域生态环境的综合利用上，流域综合开发有利于航运、灌溉、养殖、林业开发、旅游观光等事业的发展。2008年12月，锦屏县在清水江边举行了鱼类人工增殖放流活动，将青鱼、鲤鱼、鲫鱼、草鱼四大品种共100万尾鱼苗放入清水江中。天柱县、麻江县加大资金投入营造经济林，落实天保工程，维护清水江流域自然生态环境。

（4）政府外的其他组织：家庭社区和志愿者组织

在任何社会中，志愿提供公共服务都有悠久的传统，政府也可以间接地通过削减服务职能而鼓励家庭和社区提供服务，或者政府直接将服务职能转交给社会或家庭。如贵州省清水江段出境口瓮洞镇的沿江居民，多是靠江水生活，他们从小就养成了保护清江水源的习惯，自发地维护本区域清水江的生态平衡。据瓮洞镇人民政府人员介绍，由于瓮洞镇与湖南省交界，经常有人在这一带捕杀野生动物，偷猎、偷渔，带来了恶劣的影响。由于是两省交界管辖地段，政府的执行力有限，而两地乡级政府的“联合执法”也往往流于形式，2008 年 7 月，瓮洞镇清水江沿岸一些居民自发组成村民护江小组，采取蹲守的方式，于 7 月底抓获一名不法分子，并交由相关部门。

志愿者组织是指由志愿贡献个人的时间及精力，在不为任何物质报酬的情况下，为改善社会服务、促进社会进步而提供服务的个人所组成的具有一定约束力的组织。志愿者组织的活动免受国家强制力和经济利益分配的约束。在清水江参加活动的志愿者组织主要有两类，一是高校志愿者组织，如青年志愿者协会、青禾公关协会等。他们在志愿服务过程中，多是进行义务宣传教育，向人们展示流域污染所带来的危害，以及维持流域生态平衡、保持流域生态系统健康良性发展应采取的措施。如贵州大学每年暑期都会组织一定数量的志愿者到各个地区进行志愿服务，环境保护与生态建设一直是志愿服务的重要内容。二是各政府部门下的志愿者服务，如环保、计生志愿者组织，消防、应急、防灾志愿者组织等，他们多是针对其服务的具体事项，定期到相应区域进行服务。环保志愿者组织每年定期到黔南、黔东南地区进行环保普法宣传义务教育。

2. 清水江流域传统治理面临的问题

（1）治理与发展的价值选择悖论

改革开放以来，我国经济迅速发展。然而，包括生态破坏、环境污染和资源浪费等在内的次生环境问题进一步恶化。如何兼顾经济发展与环境保护，是否重走西方资本主义国家工业化初期、中期先污染后治理，以牺牲环境为代价换取经济发展的道路值得我们思考。

西方的发展道路告诉我们，在工业化阶段的初期和中期，经济发展需要以牺牲资源和环境为代价。钱纳里在其“工业化阶段理论”中指出：“工业化后期，即在第一、二产业协调发展的同时，第三产业开始由平衡增长转入持续高速增长，并成为区域经济增长的主要力量时，环境质量将会随着经济的进一步发展而逐步改善”，需要满足诸多环境库兹涅茨曲线（EKC）既定条件。我国国情已然决定大多数情况下我们很难走出这个工业阶段理论的怪圈，资源短缺、环境恶化等曾经长期存在于西方发达国家的负外部效应近30年来在我国集中出现，且呈现结构型、复合型、压缩型的特点。

经济发展成为地方政府的首要目标，在以自然资源为主要依托的区域，经济发展与环境保护的问题更为突出，而清水江流域治理的最大问题也正在此。一方面要保证经济又好又快的发展，另一方面又要有“青山绿水诗画廊”的环境。然而，在这些地区的发展进程中面临的一个问题是随着经济建设的深入，当地的生态环境承受着越来越大的压力，生态保护与经济发展陷入了难以调和的困境。流域区政府为发展当地经济，势必要依赖当地得天独厚的自然条件，特别是在清水江流经区域，地方政府坚持“靠山吃山，靠水吃水”的发展观念，一些耗水工厂随之建立，为推动地方经济的发展做出了突出贡献。但这些高耗水企业在生产的过程中将大量的废水、废气、废渣排入清水江中，造成了上游排污、下游遭殃的现状。同时，由于经济利益的驱动及人口的不断增长，填河造田运动也在流域区内时时发生，流域区内的自然林也被大面积砍伐，烧山运动也在进行。

这导致了清水江流域水污染的问题无法得到根本解决。随着经济社会的快速发展和城镇化进程的不断加快，加上磷化工企业生产废水和城镇生活污水过量排放，清水江流域部分支流遭到污染，特别是磷氟污染问题严重。这威胁着清水江流域及长江流域的生态安全，对沿江人民群众的健康造成危害。清水江流域污染源主要来自沿江的重工企业。据统计，清水江及其大小支流，有20多个万吨级以上的电解锰厂，还有20世纪90年代兴建的许多硫化锌浮选厂及蜂拥出现的数百家钼矿厂。这些冶炼油厂将含有六价铬等剧毒致癌元素的废水、尾渣排放到清水江及其支流中，致使江水呈黑绿色，重金属严重超标，河中鱼虾水草几近死绝。针对清水江流域的治理，地方政府的各种办法、规定的出台虽然遏止了流域生态环境的继续恶化，同时也付出了巨大的人力、物力、财力，增加了行政成本。单纯地采取行政手段治理污染源，并不能完全解决清水江污染问题，应当寻求一种有效的市场型协调方式，使政府、社会、企业、公民都成为流域生态环境保护的积极参与者，从而使受益者有偿占用生态效益，保护者得到应有的经济激励，破坏者承担破坏生态的责任和成本，受害者得到应有的经济赔偿。要实现这一目标，生态补偿这样一种以调整流域治理主体及其经济利益的分配关系，促进生态和环境保护，促进城乡间、地区间和群体间的公平性提高和社会协调发展的工具的出现就有了十分重要的现实意义。

（2）传统的目标的多元化及目标的异化

地方政府跨区域合作治理已成趋势，跨域治理中如何形成一种扩大开发、横向合作、共谋发展的双赢之路是公共事务治理之道的关键。当前，全新的地方政府跨区域合作治理的理念正在形成，合作治理机制的不断创新已经成为我国区域发展和地方治理的重要途径，也是推动我国区域治理从习惯于传统的“自上而下”拉动型发展向自发的“自下而上”促动型发展模式转换的主要途径。目前的情况是，尽管跨区域性公共问题得到了更多的重视，但总体上说，存在许多使地方政府间跨区域合作治理难以进一步深入的障碍，这些障碍既有意识上的，也有体制上和措施上的。

流域跨界治理不仅发生在长江流域、黄河流域、淮河流域、海河流域这样的大流域，在一些中小流域，只要流域跨几个行政区（市、县、乡、镇都可作为基本的行政区单位）就可能产生跨界流域问题，突出的表现在流域水污染纠纷、自然生态资源的利用上。清水江流域同样存在这样的问题。

第一，地方政府的跨区域合作观念落后。科层治理下的地方政府习惯了用科层的纵向层级节制关系来协调问题和矛盾，加上领域的敏感性和部门的复杂潜规则等的影响，很多地方政府在行政性分权的地方竞争中缺乏信用观念，恶性竞争导致了地方保护主义问题突出，这都有悖于新形势的要求。

第二，地方政府间跨区域合作治理体制不完善。体制设计在跨区域合作治理的形成中发挥着无可替代的作用。而目前地方政府间跨区域合作治理的体制尚不完善，这极大地阻碍了跨区域合作治理的顺利进行。首先，目标责任制易引发短期化行为，政府各个部门为完成上级下达的考核指标，重数量而轻质量，更不考虑所引进企业项目与本地经济的关联程度。其次，合作组织成本较高，区域合作组织每次活动的组织费用十分惊人，这正是当前地方政府间开展跨区域治理、推进区域合作过程中一个必须面对的问题。

第三，地方政府间跨区域合作支持体系不健全。地方政府间跨区域合作治理是一项综合性举措，其实施需要强有力的环境依托，即必须使合作建立在基础扎实、结构完善、运作规范的地方合作支持体系之上，而这正是地方政府间跨区域合作治理最需要慎重考虑的重大问题。首先，目前的法律规范和政策规范差异性大，“政出多门”常常导致“政策打架”，公平、公正的协商环境还没有真正形成。其次，法律保障体系方面也有较大问题，目前我们的区域合作主要依靠公共政策，多是以决定、通知、意见等形式发布，未上升到法律层面，缺乏强有力的约束性和稳定性。最后，现有体制下地方的管辖范围较为模糊。地方政府间跨区域合作治理的顺利进行有赖于一个清晰的合作范围的界定。但现实中，我国政府恰恰没有一个明确的事权范围以及中央与地方之间的明确事权划分。①

清水江流域流经渝黔湘三省，这就需要在治理的过程中，处理好全局与局部、整体与个别、眼前与长远之间的利益。清水江流域的治理就必须处理好省域、省内州、县、乡镇甚至是村之间的关系。同时，要解决上下游之间的责任分担问题，尤其是上游地区的发展路径的选择，一旦上游地区被污染，整个流域的生态环境都将被破坏。

（3）政府间协调的政策工具的运用受功利意识驱使

政策制定者和政策执行者的自身利益会影响他们对于公共政策的有效选择和执行。各项政策的最终执行者是有着利益追求的人，政策工具的执行者往往有着较大的自由裁量空间，这导致政策执行往往与自身利益追求和行为倾向相联系。同时，由人所组成的单位与部门也会形成固定的小集体利益意识与部门利益规则，当公共政策或者某项政策工具的使用会威胁

---

① 李文星、蒋瑛：《简论我国地方政府间的跨区域合作治理》，《西南民族大学学报》（人文社科版）2005 年第 1 期。

到自身利益的时候，政策工具的使用者有可能抵制这一政策工具，从而使得该项政策很难顺利有效地得到执行，就难以实现既定的政策目标。

贵州省天柱县白市水电站的建立是在多方利益的角逐之下得以立项的。在白市建立水电站，会影响上游及本县其他乡镇，但是在经过多方考核、反复比较之后，最终同意建立白市水电站的方案。为搞好电站建设和移民搬迁安置工作，天柱县专门成立了移民开发局。

如在清水江流域贵州与湖南交界地区，采石淘砂现象较为严重，而对于越境采石淘砂的船只，地方政府采取的方式是，一经发现立即进行抓捕，而一旦采沙船逃至邻省管辖范围，则停止追捕。湖南方面亦是如此。

（二）清水江流域政府间协调的创新：生态补偿政策工具

1. 清水江流域生态补偿政策的出台

（1）清水江流域水污染补偿办法的试运行

2009年7月1日，经省人民政府批准，《贵州省清水江流域水污染补偿办法（试行）》（以下简称《试行办法》）开始在黔南州和黔东南州试行。

黔东南州人民政府于2009年10月发出督办通知，要求各县（市）人民政府和州直有关责任部门进一步高度重视清水江流域水污染防治工作，切实加强领导，采取有效措施，确保按时完成规划的各项目标任务。把清水江流域水污染防治规划的工作任务分解成十七个方面的责任目标，并分别明确了目标要求、责任主体及完成时限。要求把规划任务完成情况纳入当年责任目标进行考核管理，对不能达到目标要求的实行问责。要求州、县各部门坚持分工负责、各司其职、各负其责，环保部门要加强环境监管，严厉查处各类环境违法行为。

2009年7月至12月，清水江流域水污染补偿资金总额为131.3万元，这给当地政府特别是黔南州政府带来了震动；黔南州政府立即采取措施，对清水江流域污染企业按照污染程度进行排序，加大污染治理力度和环境执法力度，同时相关企业也积极采取措施，减少污染物排放总量。[①]

① 《贵州落实河长制，实行生态补偿，推动流域污染治理》，中国环境频道，http://www.cctvhjpd.com/Article/Show.asp? ID=17150&Page=3，最后访问日期：2017年1月23日。

2009 年 11 月，都匀市针对剑江河上游段河道两岸未建设防洪堤和已建防洪堤达不到标准的现状，迅速完成了《都匀市清水江剑江河段治理规划》和相关勘测设计，并将剑江河治理列入全国中小河流域治理规划。

剑河县为提高清水江流域剑河段水环境质量，在加强清水江流域重点排污单位污染治理、积极采取人工打捞漂浮物和生物治理清水江剑河段污染相结合的基础上，对清水江支流——源江河开展污染综合治理，在县城区各小区建设 100 多个化粪池，有效防治了清水江剑河段水体富营养化。为加强三板溪水库剑河库区生态治理，剑河县 2010 年 6 月分别在三板溪水库剑河库区的革东镇、柳川镇、南加镇三个主要库区河段投放了价值 10 万元的鲤鱼、草鱼、鲢鱼、鳙鱼等鱼苗 38 万多尾。

（2）清水江流域水污染补偿办法的正式出台

补偿机制试行一年多后的效果证明，清水江水质指标和其他项目指标有了提升，经考核均为“良”，效果非常理想。2010 年 12 月 29 日，贵州省人民政府正式颁布《贵州省清水江流域水污染补偿办法》（以下简称《办法》）。

2. 清水江流域生态补偿的政策体系

（1）清水江流域生态补偿机制的基本原则

清水江流域生态补偿机制的原则是“谁受益谁补偿，谁破坏谁治理，谁共建谁共享，根据实际情况与受益方的实际能力实行区别补偿”，遵循了相应的法律法规，为建立长效补偿机制奠定了基础。其主要原则有以下几个。

第一，政府调控的原则。政府主导的地位体现在政府从职能上有义务对生态环境的损害者、受益者和保护者予以界定，通过制定法规政策，设立具体收费政策或者共建共享标准，来完善生态环境的服务功能。《办法》正是通过行政手段，由政府承担相应责任，而在这种“责任”压力之下，政府就必须加大对各产业的监管力度，使其走上绿色运行轨道上来。

第二，协商和参与的原则。政府在制定收费标准方面，是综合考虑了区域的特点与生态环境的实际状况的。由于《办法》的运行还在初期阶段，协商对话与参与合作是一个必需的环节。公民社会的监督、第三部门的参与，在补偿机制的确立过程中发挥了至关重要的作用。

第三，可行性原则。《办法》的出台谋求的是一种平衡。《办法》是密切结合流域区实际，综合考虑黔东南州和黔南州的具体情况及利益相关者的意愿和承受能力而制定的，具有极强的可行性。

第四，区域协调发展原则。《办法》的落脚点是要处理好上下游之间的关系，促进区域的可持续协调发展，使生态环境与区域经济共同发展。

（2）清水江流域生态补偿机制的政策步骤

第一，确立补偿依据与程序。

补偿及补偿多少是根据水污染的监测断面的数据而来的。因此断面监测是生态补偿的基础，具体监测的主体安排如下。水量方面：省水利厅监测自动监测断面的水量，省水文水资源勘测机构组织黔南自治州、黔东南自治州两州的水文水资源勘测机构对未实施自动监测的断面水量实施人工监测；水质方面：省环保厅负责监测自动监测的断面水质，省环境监测机构组织黔南、黔东南两自治州环境监测机构对于未实施自动监测的断面水质实施人工监测；对于监测结果的数据反馈，由省水利厅于每季度第一个月 10 日前将上一季度断面水量逐月实测值汇总核准后通报省环保厅，而环保厅于每季度第一个月 15 日前将核准后的上一季度逐月各断面水质、水量监测结果通报黔南自治州政府、黔东南自治州政府。对于监测结果的处理，一旦发现黔南自治州、黔东南自治州交界断面水质实测值超过了控制目标，"黔南自治州就应当向省级财政和黔东南自治州财政按 3∶7 的比例缴纳水污染补偿资金（以下简称'补偿资金'），同样，如果发现黔东南自治州出境断面水质实测值超过了控制目标，黔东南自治州也应当向省级财政缴纳补偿资金"。

总结以上办法，我们可以发现补偿的依据就是所监测的各断面的水质、水量的实测值与控制目标之间的差距，如果实测值大于控制目标，则需要缴纳相应的补偿资金。在补偿资金的缴纳方面，分为两种情况，一是贵州省境内上游与下游交界面的水质、水量情况，如果实测值超过控制目标，上游需向省财政与下游缴纳相应比例的补偿资金。二是清水江流域在贵州省出境地的水质、水量监测值，这个省级补偿没有机制，所以贵州省采取了自我约束的办法，即如果实测值超过控制目标，则出境水所在地则向省级财政缴纳一定的费用。

第二，确立补偿标准。

如果实测值超过控制目标，缴纳的补偿资金是要经过一定的计算而得出的。贵州的规定是："按照贵州省水污染防治的要求和治理成本，清水江流域水污染补偿因子及标准为：总磷 3600 元/吨，氟化物 6000 元/吨。单因子补偿资金 = $\sum$（断面水质实测值 - 断面水质目标值）×月断面水量×补偿标准。补偿资金为各单因子补偿资金之和。黔南自治州按年度超标污染物累计总量计算补偿资金，黔东南自治州按年度超标污染物累计增量计算补偿资金"。

第三，补偿资金的管理与运用。

《办法》规定，地方政府应在收到省环保厅通报后 10 个工作日内缴纳补偿资金。逾期不缴纳的，省财政厅将通过从预算扣款方式如数扣回；补偿资金纳入同级环保专项资金进行管理，专门用于清水江流域水污染防治和生态修复，不得挪作他用；水质达到控制目标的，省级财政则可以给予地方政府一定的补助资金。

3. 清水江流域生态补偿的政策创新

清水江流域生态补偿制度的确立，为改善清水江流域生态环境，恢复生态系统起到了关键性的作用，特别是测量主体的多元化，补偿标准的责任化，补偿资金管理的科学化更体现了《办法》的有效性、可行性与科学性。如上下游之间的补偿，对出境水质超标仍需补偿的规定，让我们认识到了一个不仅重视经济发展，更重视区域之间合作，重视区域间生态平衡发展，而不是以牺牲一方的代价换取另一方经济发展的政府形象。

（1）测量主体的多元化

清水江补偿办法中，对于水质水量的测量是由多个主体参与共同完成的，最后由省环保厅进行汇总通报。这一过程体现了测量主体的多元化，而避免了一元主体操作过程中存在的操作"陋规"。省环境保护厅负责组织断面的水质监测，并实施统一监督管理；省水利厅负责组织断面的水量监测。具体的操作过程，除了使用由省水利厅、省环保厅负责的自动监测断面水量、水质的测量值外，还结合了地方政府会同省水利厅与省环保厅的一些下属单位对未实施自动监测断面的水量、水质随机进行测量的方法。

多方主体的不同分工，为流域水质、水量监测结果的真实性与可靠性提供了保障，为作出科学合理的补偿提供了强有力的支撑。

（2）补偿标准的责任化

补偿标准的比例分配也表明了流域管理主体之间的相互制约、相互协调与平衡。通过对补偿资金标准的确立，更加明确了责任，有利于推进流域生态环境的改善，这不仅体现了区域协调发展的原则，更有利于走出区域治理困境，有利于解决区域间的利益冲突，有利于推动区域走向共同发展的道路。补偿机制中创新了补偿资金解缴的方式，对于补偿因子及补偿标准的设定比较符合贵州实际。对于出境断面水质超标的情况，还要征收相应的补偿资金，这在全国当属首例。这里的出境，指的是清水江由贵州省注入湖南省的河段，对于出境水质的检测，可以说是地方政府责任意识的高度体现。

（3）补偿资金管理的科学化

补偿资金管理的科学化，是指对补偿资金的征收、管理、使用遵循科学的原则，具体体现在以下三点。一是补偿资金来源的稳定性。凡应缴纳补偿资金的有关政府必须在规定时间内向规定机构缴纳补偿资金，逾期不缴纳的，省财政厅将通过预算扣款方式如数扣回。这就保证了补偿资金的稳定性，有利于生态补偿工作的开展。二是补偿资金管理的合理化。将补偿资金纳入同级环保专项资金管理，专项用于清水江流域水污染防治和生态修复，不得挪作他用。这样的管理从制度层面了杜绝了部门对资金的占用，较为合理。三是补偿资金使用的科学化。考核断面水质、水量的人工监测费用及自动监测站运行管理费用从省级财政收缴的补偿资金列支。其余补偿资金则全部用于清水江流域生态环境修复与保护。这也体现了资金专款专用的原则。

（三）清水江流域生态补偿机制的成效和不足

实施生态补偿政策后，黔南州、黔东南州清水江流域环境质量明显提升。重安江监测断面是清水江从黔南州流向黔东南州的分界点，反映了黔南州境内清水江流域环境质量变化情况。该站监测数据表明，清水江水质状况持续改善，总磷浓度由 2008 年的 15.23mg/L 下降到 2015 年的 4.91mg/L，下降幅度达 68%；氟化物浓度由 3.03mg/L 下降到 1.337mg/L，下降幅度达 56%。黔东南州白市出境断面水体中总磷和氟化物浓度分别下降了 86% 和 85%，水质基本达到国家规定的标准。在补偿机制的共同作用下，在建立责任机制、激励机制、约束机制和理赔机制方面都取得了明显成效。

第一，激励政府保护环境。在安排财政资金时，当地生态以及环境保护力度日益成为一个重要因子。我国的环境保护财政支出进入政府预决算较早，只是并未像教育、社会保障等其他基本公共服务一样，享受到同等“类”待遇。到 2007 年，伴随着政府收支科目改革，环境保护正式以“节能环保”科目形式进入财政预决算“类”中。从绝对规模来看，中国环境保护支出呈现明显的上升趋势。从 2007 年的 995.82 亿元增至 2011 年的 2640.98 亿元，年均增长 28.35%，高于同期全国财政支出增长率。从相对规模来看，2007 年国家公共财政支出中有 2% 用于节能环保，到 2011 年稳步增长到 2.42%。2007 年，中央和地方（含税收返还和转移支付）环境保护支出分别占到本级财政支出的 0.3% 和 2.51%，到 2011 年，这一比重分别上升到 0.45% 和 2.77%。[①] 这说明无论中央还是地方政府，对环境支出重视程度越来越大，而且中央政府主要通过转移支付的形式来激励和保障地方政府加大对环境的投入力度。比如国家重点公益林生态效益补偿，财政部根据各省、自治区、直辖市、计划单列市重点公益林面积和平均标准，按照财政国库管理制度有关规定拨付。中央财政补偿基金拨付到省后，省财政厅会同省林业厅根据已批复同意补偿面积和补偿标准以及各地情况，确定补偿基金数额，并下达和拨付资金。省财政厅在拨付相关资金时，首先就要考虑上年度中央财政补偿基金使用情况、国家级公益林管护情况总结。黔东南州清水江流域公益林面积约 1200 万亩，2011 ~ 2013 年获得公益林补偿资金约 2.9 亿元。其次，水土流失综合治理类资金的发放需考虑综合治理面积、综合治理河长、保护人口等因素。2013 ~ 2015 年，仅黔东南州就获得资金约 1.1 亿元用于修建堤防、护岸等基础设施，受益人口超过 20 万人。

第二，激励企业保护环境。除落实相关税收减免项目、税收优惠等政

---

① 卢洪友等：《我国环境保护财政支出现状评析及优化路径选择》，《环境保护》2012 年第 17 期。

策外，财政补贴等财政支出政策在激励企业保护环境、促进环保产业发展上体现出强大的作用。在减少污染保护环境方面，先后有200余万元用于支持凯里市凯荣玻璃有限责任公司3MW烟气余热发电项目、州宏泰钡业有限公司4.5MW余热发电项目的顺利实施，并且推动了凯里瑞安建材有限公司实施清洁生产审核试点工作。在促进环保产业发展方面，约有160万元用于促使贵州黎平奥捷碳素有限公司年产15000吨活性炭生产线项目和凯里市恒益劲环境治理应用技术有限公司年产30万吨生物有机肥、6000吨再生塑料颗粒生产线项目上马。与用于生态建设与恢复的财政资金相比，300万元~400万元的资金总量并不大，却是相关企业下决心开展相关项目、上马相关生产线的重要推手。这些资金帮助企业获得了部分竞争优势，撬动了大量社会资金，将部分环境有害型产能转变为环境友好型产能。

第三，激励居民农民保护生态。财政政策激励群众保护生态，改变居民农民对环保的认识。各级政府运用财政支出，广泛开展环保宣传，提高居民农民对水环境保护和对《水污染防治法》等环保法律法规的关注度。同时加强完善居民农民环保设施，以黔东南州为例，2013~2015年先后投入1.2亿元，实施农村环境综合整治项目212个，建成规模化养殖场污染治理设施10个、畜禽养殖场配套沼气工程33处、农户用沼气池万余户；建设生活污水处理厂21处、生活垃圾卫生填埋场13个。

三板溪、白市水电站区域水生植物对周围居民交通、农民养殖生产带来了负面影响，政府采取的打捞措施，给予的资金补助以及宣传保护力度使水库周围居民自发采取行动，参与水库水环境保护。剑河、锦屏、黎平、天柱县将辖区内水域水生植物打捞工作经费纳入县级年度财政预算，每年安排专项资金，用于水生植物打捞，除此之外还制订下发了《三板溪、白市水电站库区水生植物打捞工作实施方案》，整合省、州、县三级水利、农业、环保、海事等部门财政资金，共完成77.8平方公里水域面积的水生植物打捞，累计打捞水生植物357万吨，共投入资金1740万元。

在理赔与约束机制方面也取得了成效。

第一，在各级政府间形成有效理赔机制。这种理赔机制事实上是由清水江流域水污染补偿机制来实现的。清水江流经黔南和黔东南两州，出省断面处于黔东南州，主要污染源处于黔南州，导致黔东南州治理压力大、治理效果不理想。《办法》出台后，黔南州、黔东南州、贵州省三级之间形成了理赔机制。在2009年之后的几年间，黔南州累计上交生态补偿资金约9600万元，黔东南州共获得清水江流域生态补偿资金约6700万元。

这种理赔机制与传统单向付款机制相比有以下优点：一是更加符合“污染者付费原则”，无论是上游的黔南州还是下游的黔东南州只要污染物超标就会赔偿；二是流域总环境污染治理成本更小，污染物适宜在上游处理的就在上游处理，适宜在下游处理的就在下游处理；三是能够较好地解决纠纷问题，赔偿机制有省级政府参与，能够避免同级政府协调难的问题；四是制度拓展空间更大。在此框架内，还可以实行排污权交易等措施加大环境治理力度。

第二，在企业行为方面形成了有效约束机制。上述财政政策执行后，环保压力和环保动力首先在政府层面产生，各级政府加大执行环保类相关政策的力度，特别是落实排污费等非税收入类政策，极大地约束了企业行为。由于相关费用过高，黔东南州的凯里造纸厂、凯里龙顺纸业、凯里鸭塘纸业、三穗县磊鑫纸业等企业纷纷停止营业，额外削减化学需氧量指标280吨、氨氮指标11吨。贵州恒昊投资有限公司黔东南分公司（凯里化肥厂）、贵州都匀水泥厂湿法旋窑生产线等企业因环保支付压力过大而停产。2015年，仅黔东南州就有8家铁合金企业、2家电解锰企业、1家水泥企业停止营业。在上述财政政策的联合发力下，环境污染成本日益提升，企业主动加大环保投入，限制自身排污，流域内化工企业厂区生产废水基本实现了循环利用。以瓮福（集团）为例，其先后完成了磷石膏渣场防渗、厂区防渗、污水循环利用“WFS”管线工程和发财洞废水污染治理工程。贵州川恒化工完成了龙井湾废水回用一、二期工程以及磷石膏渣场防渗综合工程。

清水江流域生态补偿政策的作用虽然明显，但也面临一些问题。

首先是财政投入力度不足。从发达国家保护生态环境的成功经验来看，环保投入占到GDP的2%~3%，才能对环境起到良好的保护作用。世界银行曾建议中国加大保护生态环境、控制环境污染方面的投资，最好占GDP的2%以上。虽然我国环保支出呈增长趋势，但是“十一五”期间的环保投资仍然只是接近发达国家或地区20世纪70年代的水平。我国目前的环保支出一定程度上还只是“问题”导向的应急投资。尽管我国对环境保护投资总量在不断提升，但是与改善环境质量的需求差异还比较大，仅2011年环境保护支出的决算执行率在23项财政支出中位列倒数第三，仅为94%，与2010年同期决算数相比，仅增长了8.1%。

因此对于基层政府来说，环保经费保障形势比较严峻，特别是贵州山区，随着环境监察、执法、排污核定、征收排污费、污染事故处理等一线执法力度的加大，相应的环境保护经费要求更高，原来完全或大部分依赖排污费的地方一级环保部门的专项经费与不断增长的环保工作形成较大反差，况且贵州属于西部经济欠发达地区，基层财政困难，缺乏保障资金，但是贵州加大环境保护的力度，特别是清水江流域的环境保护力度，对流域下游，乃至全国的环境保护都做出了应有的贡献。可是资金的缺乏，国家纵向投入的不足，对地方政府的环保事业激励有待提高。例如，在生态公益林方面，现有的激励机制难以确保长期性。就黔东南而言，公益林大多划在公路沿线及较为平缓的地带，有的还是当地木材主产区，一旦被划为公益林并进行生态效益补偿，其补偿费远远低于林木本身应有的经济价值，所以林农不愿意把自己的林地界定为公益林。在访谈中，我们了解到公益林保护资金按照每年每亩5元的标准给予补偿，到2014年才提高标准到每年每亩8元，其中还含有州、县配套资金。地方政府的财政困难，往往在补偿中导致资金不到位，无法激励林农心甘情愿保护林木。有的生态保护区因为保护生态环境、水源涵养而出现极其贫困的现象。

其次，生态补偿的财政调节手段单一也是一个问题。

从目前来看，我国的财政调节手段比较单一，缺乏相应的优惠激励政策。在税收环节中考虑到企业在生产或其他环节中保护了环境，少消耗了能源和资源等而获得的优惠政策主要是减税和免税，缺乏利用加速折旧、税前还贷、物价补贴、财政贴息等其他税收优惠方式。缺乏利用更加灵活的税收政策来鼓励无污染和污染少、消耗低的企业的大力发展，同时抑制重污染、重消耗、低产出企业的发展。另外从财政支出来看，目前除了预算内的财政资金对环保等相关领域与项目进行少量支持以外，缺乏利用其他灵活的政策手段激励市场经济主体对建立生态补偿机制的投资。除此之外，清水江生态补偿的方式以货币补偿为主，以一些项目工程为主要表现形式，这种补偿方式缺乏稳定性，时限一过受偿主体就很难得到生活保障，而赖以生存的生态资源又需要保护，另有归属。同时，政府通过公用征收等方式来进行生态维护，必将给当地居民带来发展权的限制。如果继续按照统一标准，以固定的模式进行生态补偿，受偿者（大多数为农民）在补偿届满后，由于没有相应的技术扶持，难以在社会上找到立足点，容易重操旧业，对流域环境进行破坏。

清水江流域2009年开始实施生态补偿，生态补偿费在征收过程中存在一些问题，如缺乏严格的法律依据，征收比例虽然上调，但征收标准仍然偏低，征收方式上仍然存在“搭便车”的现象，而且对资金的收取和利用管理不够严格，资金的利用通过财政部门下达专项资金，环保部门则把资金使用在其他环保项目上，包括水库打捞、水环境保护、农村排污设施建设等，还需加强对资金的监督以提高其利用效率。清水江流域很多地区都属于限制开发区，对于限制开发的区域，其发展权的限制应由国家、受益发达地区、受益企业和个人给予多方面长效性的生态资金补偿支持，但是目前缺乏一套完善的财税政策给予特殊地区特有的扶持和相应的资金补偿。

再次，政府财权事权不匹配，环保投入缺位问题没有有效解决。

我国分税制改革的重点问题是在财权的划分上没有考虑环境事权因素，中央、地方财税分配体制与中央、地方政府环境事权分配体制反差较大，国有大中型企业利润上缴中央，生态修复和污染治理包袱留给地方，许多历史遗留环境问题、企业破产后的生态环境恢复和污染治理问题都要由事发多年后的当地政府承担，贫困地区和经济欠发达地区财力更难以承担治污治理和生态恢复工程的投入，财政环境保护科目在相当一部分地方处于“有渠无水、有账无钱”状态，地方政府环境责任和财税支持条件不对等。对生态环境保护事权的划分界定不清晰是目前制约我国生态补偿财政机制的一个重要体制性因素，例如重要流域生态环境保护事务划分存在中央和地方事权划分不清晰，事权与财权不匹配，造成了中央与地方利益的不一致。地方政府更多的是追求本地区利益的最大化，因此在执行环境政策时，地方政府在发展经济和环境保护的选择偏好上总是倾向于前者，而将责任推给中央，也会导致中央财政转移支付不能有效解决目前的地方环保投入不足问题。从目前中央与地方的财税关系来看，财税收入上呈现向中央财政集中趋势，地方财税收入不稳定，甚至许多市县级政府财政实际已经破产，这就使中央不得不承担起转移支付的责任，支付高昂的成本。中央希望利用转移支付向中西部不发达地区和一些财力困难的地方政府输送更多的财力，但由于中央和地方事权和财力不匹配的根源问题没有解决，加之中央转移支付制度本身尚缺乏明确的法律规范，中央转移支付的支出结构不合理问题难以得到有效解决，从而也就更难以解决地方政府环保投入的缺位问题。

具体来看，中央财政对清水江流域的生态补偿力度小、补偿标准低、补偿资金少，未能实现足额补偿和发展补偿。中央政府在水流域保护、森林资源保护以及保护区建设、公益林保护方面投入了部分资金，但是只有公益林补偿基金才算得上是真正意义上的生态补偿资金。不过清水江流域大部分公益林都未能全部纳入国家公益林生态效益补偿范围。地方公益林则需要地方政府财政支出补偿按省、州、县4:3:3的比例分级安排。地方政府财力有限，很多县级配套资金没有及时跟上，导致补偿资金长期不能按时发放到护林员手中，缺乏长期的激励机制支持。生态补偿标准过低，难以起到“恢复、维持和增强”的效果。同时，这些补偿还没有考虑到清水江流域地区高寒缺氧，不少地方土层薄、降水少，植被生长期短、修复期长等高成本的因素。国家对整个西部地区采取“一刀切”的政策设计，导致清水江流域生态补偿经常是“低补偿”，甚至出现“踩空”现象，针对清水江流域水源涵养区的补偿也是杯水车薪，远不能满足其保护需要。

最后，缺乏跨省的横向生态补偿机制支持。

从受偿角度来划分，生态补偿机制可以划分为纵向生态补偿和横向生态补偿两种类型。目前我国所出台的有关生态补偿的规定多属于纵向生态补偿范畴，而在经济发达区向欠发达区，尤其是东部沿海地区向西部地区进行的经济和生态上的横向补偿机制基本处于空白状态，没有出台相关的财政政策给予支持。而一般而言，区域间、流域间甚至是一个地区内部，向社会提供大量生态服务的地区以及生态脆弱和环境敏感地区，基本上都是贫困地区或欠发达地区，如长江、黄河的上游地区，云南、贵州等省西部欠发达的山林地区。这种缺失不但造成了我国许多地方环境保护进展乏力，激励行为受挫，生态破坏、环境污染难以遏制，也对我国地区间差距的进一步扩大起到了推波助澜的作用。

清水江位于长江、珠江两大水系上游，是重要的生态保护屏障。虽然清水江流域实现了省内跨地区横向生态补偿的创举，促进了两州政府及流域企业和居民对流域生态的保护，但是黔东南州及黔南州的经济发展受到制约。珠三角和长三角的富裕地区不应该在享受到正外部性的同时，还不给予保护地区资金补偿，这样做只会导致清水江上游地区政府、企业和居民没能得到应有的资金补偿，因而难以激励其加大保护环境的力度，使生态破坏和水环境污染治理难以产生良好的循环效应。

（四）完善清水江流域生态补偿机制的建议

1. 责任机制的完善

首先，要加大纵向转移支付投入力度。

目前来看，清水江流域转移支付力度仍然不足，特别是政府间纵向转移支付力度不足，远远小于生态系统服务功能总经济价值。扩大生态补偿转移支付规模可以从以下几个角度入手。一是树立中央政府在生态保护财政转移支付体系中的权威地位，进一步提高中央财政用于生态补偿的额度，加大相关转移支付力度，形成事权财权相匹配的制度体系。二是督促各级地方政府做好相关配套跟进工作，加大地方财政中用于转移支付的配套力度，增加各级地方财政用于转移支付的总金额。三是优化转移支付结构，逐步减少专项转移支付规模，减少转移支付因人为控制而带来的主观随意性，提高用于生态补偿的资金使用效率。四是及时调整支付金额。在确定支付金额过程中，要考虑完成生态建设与保护任务所需各项服务的成本变化，考虑到资金实际购买力日趋下降的事实，及时对金额进行调整。总的来说，不仅要使纵向转移支付金额上升，而且要打造纵横交错的财政转移支付模式，促使中央政府及清水江流域相关地方政府形成生态补偿的合力，即能够消弭各级地方政府因为财力不足而产生的财政缺口，通过充足有效的纵向转移支付，为清水江流域乃至其他流域生态保护建设提供充足的资金，促进全流域经济、社会、生态协调发展。

这里需要特别强调法律法规体系建设的作用。科学有序的法律体系是生态补偿机制顺利运转的基础和保障。世界上许多发达国家都选择法律形式规范约束转移支付行为，确保转移支付力度及效果。比如，德国通过立法机构讨论确定转移支付的数额、目标、范围乃至原则。又如，日本通过严格的立法体系明确各级政府财政收支划分以及财政转移支付相关内容。《环境保护法》是我国环境领域的基本法，偏重于污染防治领域相关行为的规制，为制裁污染环境行为奠定了基础，但是没有为补偿保护生态环境行为提供依据，不能在基本法层面为政府加大纵向转移支付力度提供有力支撑。从另一个角度讲，贵州省政府出台的补偿办法，虽然是一个横向转移支付机制，但是因为有明确文件支撑，有详细执行规则，发挥了巨大作用。这说明，从完善法律体系角度入手，促使政府加大纵向转移支付投入力度，不仅是必要的而且是有效的。建议我国借鉴发达国家生态补偿转移支付相关制度经验，制定《生态补偿法》，以法律的形式确定转移支付的原则、资金来源、资金用途、计算方法、监督机制、相关责任等，通过法律的出台，进一步明确转移支付的义务和效力，加强对省以下类似清水江情形的地方各级政府的生态补偿转移支付的指导和约束。

其次，实现项目预算的“生态化”：任务性保障机制。

进一步理顺清水江流域各级政府事权职责划分，明确各级各地政府间事权划分，能够防止相互间推卸责任的情况，有效避免“上级请客、下级买单”的问题。环境保护作为一种有受益转移现象的公共物品，所需资金要在流域内中央政府、省级政府、各地方政府通过协同配合，共同加以提供。具体说来，对于属于全国性的生态服务部分，应当由中央政府提供，并通过种种方式，保障中央政府提供资金的充足性。对于属于区域性的生态服务部分，应该由各级政府或各级政府间的合作来提供。对于既具有全国性又具有地方性的跨区域生态服务部分，应该由中央政府和地方政府共同加以负责，中央政府的责任偏重方向主导和宏观协调，地方政府的责任偏重具体保护和建设，双方共同提供所需资金。对于这部分资金，特别是常态化项目资金，应该纳入预算。

最后，补偿资金与预防生态破坏、保护、开发相结合。

这不仅有利于提高补偿资金使用的综合效益，而且能够引导清水江流域经济社会发展方向，打造充分体现生态理念的现代产业体系，使之向生态友好型方向发展，减少生态补偿资金需求总量。具体来说，可以通过补偿资金引导清水江流域农业生产方式转变，积极发展高产、优质、高效、低消耗的现代山地农业体系，成规模、成体系的绿色食品加工企业，进一步生成绿色生态高附加值的集约型农业产业体系。可以通过补偿资金引导工业企业加大高效能、可循环技术研发力度，向集聚生产、集中治污、集约发展方向发展，进一步提高产业集中程度、提高产品质量、提高整体竞争力。可以通过补偿资金引导能源结构转变，逐步增加太阳能、生物质能、风能等新型能源的使用比重。可以通过补偿资金引导现代服务向民族特色旅游、大数据、物联网等资源禀赋特殊、比较优势明显的领域集中，提高服务业总体产值和从业人员收入水平。

预防生态破坏、生态保护、生态开发性利用离不开社会公众的广泛参与。补偿资金制度建设过程中，应有一部分资金用于生态补偿宣传，通过各种各样的宣传手段，提高公众的生态环境保护意识和生态补偿意识。事实上，生态补偿是一个专业性较强的概念，社会公众对其了解意愿低、认知程度低，因而加强相关宣传确实很有必要。在宣传过程中，可以重点宣传生态环境价值观，使得在全社会范围内形成保护生态环境、减少对环境不利干预的舆论氛围。可以重点解析生态环境保护收费与损害环境付费观念，促进形成污染者付费、利用者补偿、开发者保护、破坏者恢复的相关理念。

2. 激励机制的完善

首先，加大政府补贴：外部激励机制。

政府补贴对社会主体的刺激作用较为明显。此种方式，在清水江生态治理过程中还有进一步完善空间。一方面可以扩大激励性税收制度适用范围。通过税收优惠等方式，鼓励各类主体减少对生态环境的破坏，促进各类主体增加对环境保护的贡献量。比如，企业使用节能产品、进行节能减排设施建设、使用节能减排设施等可以允许其从相关税收额度中进行部分扣除。另一方面，可以通过设立生态补偿奖励专项基金，通过政府购买服务、政府直接投资入股、政府专项资金支持等手段，支持各类主体参与到生态保持、减少生态破坏的行动中来。在补贴企业时，可以侧重对企业正常经营中对生态有益贡献进行补贴，具体建立节能减排补贴、绿色采购补贴、清洁生产补贴等，促进企业主动承担生态责任。在补贴个人时，可以构建个人绿色消费补贴制度，使个人直接从减少环境污染行为中受益，进而使得生态补偿机制成为引发全民主动环保的“扳机”。

政府还应丰富财政政策手段，进一步激励社会主体参与到生态保护中来。比如，在扩大现有生态补偿范围的基础上，准许各地整合可用税费措施，在重要生态领域实行特殊税费政策，给予政策红利，引导重要生态地区的产业结构向更加环境友好、更加重视生态的方向发展。

其次，建立省际横向生态转移支付制度。清水江是长江上游，湖南省是贵州清水江保护的主要受益者之一。目前，清水江流域横向转移支付在贵州省内已经初步形成，但是省际横向转移支付机制还没有建立。建立省际横向生态转移支付制度，可以考虑以下几个方面。第一，要有中央政府参与。贵州生态补偿相关谈判较多，但是与相关省份取得突破性进展的实例并不多，其原因就在于全国性的生态补偿体制缺失，省际对话机制并不完善，特别是省际生态转移支付体制机制基本处于空白状态，省际对话、谈判乃至博弈历程十分艰辛。中央政府参与可以减少省际政府间博弈，理顺博弈双方沟通争议点和矛盾点，降低构建横向生态转移时的谈判成本，进而促使横向转移支付顺利形成。第二，需要确定合理的生态补偿标准。制定流域内自然资源、生态环境质量的价值量化的评价方法，综合考虑资源耗减、能源消耗、“三废”排放量等指标的权重，科学确定资源耗减、环境损失的估价方法，最终明确生态补偿的计量标准。第三，可以考虑建立贵州－湖南区域间横向生态转移支付基金。资金由贵州、湖南境内生态环境受益区域和提供区的政府财政资金拨付。拨付比例既要考虑区域内生态开发、生态受益的具体情况，也要考虑各地实际财政能力。基金具体运作过程中，要按照“谁开发谁保护、谁破坏谁恢复、谁受益谁补偿”的原则进行，突破地域限制，促进全领域环境保护。

3. 约束机制的完善

首先，加强政府内控机制。

第一，加强资金使用监督力度。资金使用监督的目的是通过政府各级各系统的共同努力，形成某种监督和制衡机制，保障生态补偿资金使用的安全性，提高生态补偿资金的使用效率。一是进一步明确各级政府及政府各部门生态补偿责任约束。可以考虑制定一系列规章制度，对政府及政府部门职责进行明确、分解、细化，确保职责清晰明了。特别是加强对各领导岗位的责任约束，通过这个关键少数，将职责传递到方方面面，达到每一个角落。二是进一步加强资金使用前监督。在资金使用前，可以考虑专家评估、居民意见测评等方式，提高资金利用的科学性。三是进一步加强资金使用过程中效果评价和绩效评价工作。比如，在现行生态补偿转移支付资金进行年度效果评价和绩效评价基础上，增加年中、季度评价，增加不定期评价，并且按照评价结果对资金金额、分配等进行动态调整。

第二，加强事后审计监督力度。事后审计监督是提高资金使用效益、形成约束力的重要手段。生态补偿资金经常存在被挪用、浪费、截留的危险，资金使用上相关部门特别是环保部门拥有较高的自由裁量权，主观性因素浓厚，因此资金使用往往处于一种低效率状态，难以起到生态补偿的应有作用。应该将生态补偿资金特别是专项生态补偿资金、转移支付资金纳入绩效审计范围，运用程序分析法、验证法、问卷调查法、分析性复核法等，对相关资金使用进行审核。应当结合生态补偿实际，构建相关资金使用的审计指标体系，检验相关资金筹集使用的合规合理性、到位率等因素。可以考虑在审计过程中对资金使用效益进行综合性分析，对各地资金使用按照经济性、效率性、效果等因素进行排名，促进各项资金的公平分配，提高资金使用的规范性和科学性。

第三，加强相关问责力度。有三个方面的情形应当特别注意。一是通过在监测数据上做假而骗取补偿资金的行为。这种行为不仅容易被排污企业使用，部分政府部门也有从事此种行为的冲动。除了应当追缴相关资金外，还可以视情节轻重，处以罚金。对于政府部门为不法行为人的，可以对部门负责人进行纪律处分。符合条件的，还应当移送司法机关进行处理。二是挤占、截用、挪用相关资金的行为。一般来说，对于财政紧张的地方政府，因为环境保护很难成为“显绩”，存在少数地方政府改变相关资金用途的现象。对于这类行为，可以先明确责任承担机制，在追回相关款项的同时，酌情给予相关责任人处分。三是不认真履行相关职责的地方政府，可以从调减相关资金等方面予以规制。

其次，建立流域生态安全保证金制度：企业内控机制。

在流域生态保护上，虽然生态补偿在区域内是政府、企业和社会公众共同推进的系统工程，但是企业的作用往往非常突出。一方面，企业往往是污染环境的“主力军”，对流域生态安全造成的最大损害往往是企业有组织地做出的。另一方面，企业往往又是治理环境、开展生态建设的“生力军”，成为各项流域生态保护、建设服务的最终提供者。建立流域生态安全保证金制度，主要是针对企业，变事后惩罚为事先提醒，倒逼企业建立生态污染、保护内控机制。在制度实施过程中，应该科学选择保证金缴纳主体，既覆盖一定的面，又避免加重企业负担。可以根据以往罚款缴纳记录，选择缴纳数额总体较大、年度浮动不大的企业作为对象，使其提前缴纳与罚款数额相关的“保证金”。完善保证金缴纳名单进出制度，实现能进能出，促使企业减少环境污染、增加环保投入。可以从污染物主要形成主体，比如瓮福（集团）等为切入点，通过缴纳保证金，促使企业在开采和生产过程中增加环保设施，进而实现环境治理的规模效应，从源头减少环境污染物。

小 结

对于流域水资源这样的公共资源，流域生态补偿正是这样一种控制的机制，能约束污染行为，也能鼓励生态保护的行为。

由于水的流动性，流域内人类的各项水事活动具有高度的相关性，而外溢性导致了对流域水资源的不同利用方式都会产生大量的外部效应。由于这种外部效应的普遍存在，从事植树造林、涵养水源等生态保护的主体付出的成本和获得的收益不对称，因而会失去继续保护流域生态环境的积极性和主动性，采取破坏生态、污染环境以换取经济发展的行为，由于将成本转移到了下游，就会反向激励其继续破坏生态和污染环境。从公共产品的角度而言，作为一种公共资源，这种公共物品的非竞争性和非排他性导致了人民在使用过程中特别容易产生两个问题：“公用地悲剧”和“搭便车”。流域上下游政府间通常不会主动合作，都希望免费享受他人所提供的便利。要消解外部效应，要解决“搭便车”问题，方法主要有两种：一种是依靠政府，另一种是依靠市场。此外，法律和道德约束、非政府组织的参与等也能在一定程度上改善外部效应问题。实施流域生态补偿机制，就是通过不同形式的补偿，综合运用政府与市场的方法，使上下游都承担起流域生态服务供给的成本，共同享受流域生态服务，解决流域水资源的外部效应问题。可持续发展理论也为流域生态补偿提供了人类与自然和谐发展的理论动因。在一定层面而言，它更是体现着流域生态补偿的伦理道德动因，体现着公平、公正、平等理念对流域生态补偿的呼唤。

中国经济社会发展以及水资源环境的现状，更迫切需要流域生态补偿机制的建立。近 40 年的改革开放，我国的发展模式是以 GDP 为主导的，每个区域的发展水平和领导人的政绩考核不是以这个官员是不是真正为促进区域经济发展作为标准，而是以 GDP 的增长量作为标准。要求流域上游地区不能发展或者限制其发展，这也是不公平的。保护环境必须和生存在那个环境里面的人类生存活动联系起来，如果剥夺当地人的发展权利，生态环境是不可能得到保护的。流域生态补偿是保障他们平等权利的有效机制。那么流域生态补偿怎样推动才能实现这种平等呢？本书认为，政府，尤其上级政府是流域生态补偿的主导者，能推动这种公平的实现。中国正处在流域生态补偿的起步阶段，在现有制度框架内，政府的主导作用，尤其是上级政府非常关键。上级政府是补偿资金的主要承担者，流域生态补偿机制建立的主导者。流域生态补偿作为一种新生事物，其如何建立及运行理所当然地成为政府的职责所在。同时，我国处在由计划经济体制向市场经济体制的转轨过程中，不具备西方国家那样成熟的市场体制，没有提供给生态服务进行交易的市场环境。此外，市场化程度不高、产权未能很好地界定、法制不健全等诸多因素，都导致了在流域生态补偿机制上，不能单纯地依赖于市场进行调节，只能以政府为主导。

所以，政府，尤其是上级政府，必须在流域生态补偿中扮演积极有效的角色。具体来说，流域生态补偿应综合运用各种补偿方式，从国外的生态服务购买到国内的财政转移支付，从全国性的生态补偿机制到各地方政府的试点实践，流域生态补偿的实践提供了多种具体的补偿方式，政府主导下的纵向财政转移支付与横向转移支付，产业转移、异地开发等政策扶持，以市场交易为基础的水权交易，非政府组织参与的补偿项目，这些机制在不同的背景条件下，取得了各自的成功。这些成功的经验说明，在进行生态补偿时应根据流域的不同情况，综合运用从政府到市场的各种补偿机制，以实现生态补偿的目标。

政府财政转移支付实际上源于庇古的补贴方式，以激励流域水资源及生态服务的正的外部效应。其中上级政府对下级政府的纵向财政转移支付是目前最常见的生态补偿机制。上级政府的财政转移支付机制可以分为中央政府的财政转移支付和地方政府的转移支付。公共资源归国家所有，中央政府代表全体公民行使对公共资源的所有权和使用权。所以在公共资源的保护和管理上，中央政府有着不可推卸的责任与义务。地方政府是否在辖区内实施纵向转移支付的生态补偿政策，最关键的决定因素是地方政府的财政能力。只有在财政能力有富余的情况下，地方政府才会考虑对下级政府以及当地居民实施经济补偿。上下游政府间的横向财政转移支付是生态补偿的又一重要机制。上下游政府作为平等主体，通过财政转移支付的方式实现生态补偿，在一定程度上可以理解为双方政府间的一种交易，只不过这项交易的双方主体是政府，这项交易不是基于市场机制，而是基于政府间的谈判与协商，或者上级政府的协调与指令。政策补偿机制能对当地予以政策倾斜和帮助，如产业转移政策、扶贫开发政策等。市场交易机制是在政府主导下形成的，交易的双方主体是地方政府。在这一市场交易机制中，上级政府的角色是“公共事物”的管理者、负责产权的界定与保护、法律与规则的制定、市场交易秩序的维护等；而地方政府的角色则是公共利益的代表者，作为区域水权或流域水权的代表者，直接参与到市场竞争中成为交易主体。下游（或者引水工程的受水地）所支付的费用不仅是水费、工程费，而且包括了生态补偿的费用。非政府组织参与机制是指在生态补偿中，由非政府组织来承担补偿义务，作为补偿主体，对流域上游或水源地的政府或居民提供资金或其他形式的补偿。

从贵州的流域生态补偿的实践中，我们看到贵州的做法很有启发性，更能直接地体现横向“补偿”的主体的权责关系，但是，试点成功的前提是水质问题相对突出，治污这个单一政策目标易于通过断面监测来实现技术上的补偿认定和计算，相对更能体现补偿工具的“市场”公平性，调节作用较大。

将生态补偿置入生态环境-经济发展的大系统，对生态补偿机制中财政政策进行研究，特别是在责任机制、激励机制、约束机制方面有所创新，是完善生态补偿机制的关键所在，也有助于认识生态补偿与国家财政之间的关系，有助于在实践中建立和完善我国水流域生态补偿机制。

把清水江流域现有生态补偿财政政策作为一个样本来分析，在责任机制方面应将加强转移支付力度、强化预算等任务性保障机制、促进补偿资金与预防生态破坏等方面相融合。在激励机制方面，应着手完善以政府补贴为主的外部激励机制和横向生态转移支付的内部激励机制。在约束机制方面，应当从政府内控机制、企业内控机制两个方面入手。综合运用财政各项政策工具，对清水江流域的保护形成激励，对清水江环境的破坏形成制约，形成长期有效的作用机制。

总的来说，补偿做法都是政府主导的，从对流域生态补偿的案例研究中，我们看到了一种市场和科层的结合，生态补偿这种市场性治理的协调机制还是通过科层机制来实现，但是，它确实因为市场手段的交易性和公平性，又突破了科层制的掣肘，使得解决碎片化问题取得了一些实质性的突破。

第六章

走向复合型流域公共治理：流域治理政府间协调的发展方向

一　从碎片化治理到复合型公共治理

（一）官僚制的悖论与基于协作的科层制协调的优势与不足

马克斯·韦伯的官僚制理论作为现代公共行政正统组织理论的经典代表，揭示了现代公共行政体系的运作核心机理和效率源泉，那就是：现代官僚组织，即合理化－合法化组织中，行使权威的基础是组织内部的各种规则。而人们对于权威的服从则表现为依法建立的等级体系，这是现代社会中占主导地位的权威制度。官僚组织如同精心设计的机器，表现出分部－分层、集权－统一、指挥－服从等特征。其主要特点是：合理的分工，层级节制的权力体系，依照规章制度办事的运作机制；形式正规的决策文书，组织管理的非人格化以及合理合法的人事行政制度等。这种组织形式的优越性体现为：严密性、合理性、稳定性和普遍性。韦伯看到了官僚制向人类所有活动领域的扩张，但在指出其优越性的同时，也指出了它的弱点，比如繁文缛节和形式主义等。

今天的公共管理学界已经发展出了无数对官僚制的批评。尖锐的批判甚至不赞同把官僚制作为能达到最大效率的社会组织形式，现实经验说明，官僚制度常常是低效率和功能失调的。帕金森定律和彼得原理就深刻地说明了官僚制的低效率。批判者主要从官僚制的结构和规则本身的特征来说明，官僚制不可避免地会导致与效率对立的、病态的行为模式。过分地根据规则行事，虽然可以保证官僚制行政的精确性和可靠性，但极易导致“目标替代”，将官僚制行为和规则置于目标之上，从而无法适应变化的环境。

流域治理的碎片化问题，虽然并不全部由官僚制（科层制）所引发，但是，它至少说明了基于官僚制的科层治理模式在流域管理这一复杂问题上出现了“失灵”，“看上去完整统一的管理体制背后的流域公共治理内在地存在着碎裂的现象。这种碎裂的现象包括价值整合方面的碎裂、资源和权力的分配的碎裂以及政策的制定和执行的碎裂三个方面。流域规则和区域规则的不兼容引发了流域公共治理的碎片化，涉水机构的内在复杂性以及相互之间的‘领域’争斗加剧了流域公共治理的碎片化，再加上流域公共治理中的正式规则还不能完全成为重塑系统的重要力量，这使得流域公共治理的统一难度加大”。①

可以说，本书所研究的流域治理的政府间协调的逻辑起点，正是由于传统条块分割的科层制的“失败”而产生的。人们发现，要想避免科层治理在流域治理上的失败，必须解决一个重要的问题，那就是：如何让各组织可以更好地一起工作。正是为了回答这一问题，珠江流域治理政府间协调的实践中，首先发展出了基于协作的公共管理的科层协调机制和平台，力图解决跨域跨部门等跨边界的问题，即传统科层制所面临的治理失灵的问题，通过在科层组织中构建横向和纵向协调的机制，在组织之间建立起相互信任、相互依赖、相互之间存在共同的价值理念和共同行动的平台。

但是，由于环境、互动成本、组织领域的一致性程度、官员的话语权和地区的经济实力等，在现有的制度框架下，区域和区域之间的利益冲突试图通过区域之间的横向协调来加以解决是非常困难的。研究发现，各种协调机制中纵向协调依然是效果比较稳定的方式，高效快捷、交易成本很低，且通过一些制度创新可以在相当的程度上改善碎片化问题。这样的结论从某种意义上对于各地五花八门的横向协作机制的建设来说并不是什么

---

① 任敏：《我国流域公共治理的碎片化现象及成因分析》，《武汉大学学报》2008 年第 4 期。

好消息，因为它说明：碎片化的问题依然存在，虽然促使组织间更好协作的各种机制和平台在一定的程度上减轻了它的症状，但是它依然是流域治理的一个顽疾，没有得到根治。而非常讽刺的是，官僚制如果是这个顽疾的病因的话，恰恰是纵向协调——这一基于官僚科层权威的最典型的特征的药方相对最有效果。这样的结论恰恰说明，横向协调机制是效果不佳的。

（二）基于整体性治理的科层协调的突破与局限

研究进一步发现，在流域治理的领域，针对碎片化问题的地方实验从来就没有停止过脚步。另一种基于碎片化问题而进行治理的“整体性治理”的思路也很有启发性。如果说，基于协作性治理的科层协调是在试图建立组织间的关系网络，是一种系统内的润滑和濡化的话，那么，基于整体性治理的科层协调的创新则对现有的科层制的内部结构和机制痛下决心开始手术了。

整体性治理是针对传统公共行政的衰落以及 20 世纪 80 年代对于部门主义、各自为政等现实沉疴而提出的，其重新整合的思路是逆部门化和碎片化。在实践方面，整体性治理主张大部门制和重新政府化，从而建构起“以问题解决”作为一切活动的出发点并具备良好的协调、整合和信任机制的整体性政府。三岔河流域的“河长制”和基于大部门制思路的贵阳生态文明建设委员会的案例均是这一思路下的尝试。

对“贵阳市生态文明建设委员会”的观察表明，“生态委”的建立初衷就是克服环境管理相关部门之间的协同失灵的弊端，通过结构的整合和机制的设计来建构环境治理的“整体性政府”。研究表明，生态委整合和协作的成效明显。通过价值协调、诱导与协作以及联动与沟通，大大提升了整体效率。但是，部门机构改革带来的整合和专业性的矛盾、作为“先行者”的改革成本、高层领导的负荷和协调问题以及机构内部的部门主义问题成为其制约因素。

河长制的总体制度设计与治理目标是与整体性治理的内核相互契合的。它通过一定的责任机制的安排促使政府部门之间、行政区域之间打破壁垒和隔离，以流域水环境问题的解决为制度安排的出发点并配以有力的协调机制，但是确实存在“以官僚制的手段来解决官僚制的问题”的不足。

（三）科层边界的突破：市场型协调机制

市场型协调机制则采取另外完全不同的思路，它是通过市场力量的引入发挥其对资源配置的决定性作用，从而减少或消除辖区内流域水资源使用的负外部性。协调问题和治理模式是密不可分的。在制度经济学中，市场是对科层协调的最普遍的替代方法，其基本假设是协调可以通过政策过程中追逐自身利益的参与者的“看不见的手”来进行，这种类型的协调包括参与方为了获得更高水平的集体福利自愿地交换资源。[①] 在流域碎片化治理遭遇科层制边界的阻碍时，市场型协调的思路不失为一种有益的尝试。

对清水江流域生态补偿的案例研究说明，我国实施市场型治理的政府间协调同样也是受限的。我国正处于转型期，市场机制的不完备和不稳定决定了我国不具备西方国家那样成熟的市场体制，进行生态服务交易的市场环境不够成熟。由于市场化程度不高、产权未能很好地界定和法制不健全等诸多因素，在流域生态补偿上，我们不能单纯地依赖市场进行调节。流域生态补偿机制不具备完全市场交易的条件，只能以政府为主导，由政府运用行政手段、法律手段、财政手段等承担起补偿的责任。因此，政府主导就不仅表现为政府与市场之间的政府主导，还表现为政府和政府之间的上级政府主导。另外，无论运用何种补偿机制，都离不开政府的主导，无论是市场交易机制的框架，甚至是作为交易主体的不同地方政府。因此在现有的制度框架内，政府是流域生态补偿的主导，而上级政府又是解决具体流域生态补偿问题的主导力量。这种主导作用，一方面是为流域生态补偿的实施提供政策导向、法规基础和资金支持，另一方面上级政府必须采取积极的措施来协调不同地方政府之间的利益关系。在这里，我们惊奇地看到了一种市场和科层的结合，市场型治理的协调机制最终还是通过科层机制来实现，但是，它确实因为市场手段的交易性和公平性，又突破了科层制的掣肘，使得解决碎片化问题取得了一些实质性的突破。

---

① 参见 B. Marin，“Genralized Political Exchange：Preliminary Considerations，” in B. Marin，eds.，*Generalized Political Exchange：Antagonistic Cooperation and Integrated Policy Circuits*（Frankfurt：Campus Verlag，1990）。

本书发现，基于上述任何一种治理类型的政府间协调都各有优势，也各有不足。流域和环境问题仅仅依靠任何一种手段来实施都不可能达到理想的效果。因此，本书提出：流域治理的发展一定是，也只能是复合型公共治理。

二　流域复合型公共治理：碎片化流域治理的全面整合

（一）流域复合型公共治理的概念

流域是经济、环境和社会的复合体，其内部要素相互依存，密切相关，形成了系统的有机整体，拥有多重复合的功能。首先，流域从完整的自然地理单元的角度看包括上游、中游、下游、河口等地理单元；从生态系统的完整角度看涵盖了水、陆地、海洋等生态系统。它通过水这一重要联结和纽带，将不同的地理单元和生态系统融为一体。其次，它还是独特的人文地理单元，流域内经济社会和文化活动也通过水这一载体进行着物质和能量的交换，成为联系上下游地区经济社会发展、文化交流和传播的重要通道。上述特点导致了流域的治理归根结底必须是一种跨部门和跨行政区的复合型治理，以解决上下游、左右岸以及不同部门和地区间的冲突，实现全流域的协调发展。

流域系统本身是一个完整的系统，但是长期以来，流域管理中的地区分割和部门分割问题非常突出，加剧了流域公共治理的碎片化，跨部门和跨地区的利益冲突成为流域管理亟待解决的重要问题。

早期的流域管理往往局限于防洪、供水、航运等单一目标的管理，随着社会经济的发展和人类对流域资源利用与环境破坏强度的不断加大，流域管理也不断发展，流域的资源开发和水环境相互作用已经成为流域管理的基本着力点。

20 世纪 30 年代以来，欧美的一些发达国家对一些河流（如罗纳河、莱茵河、田纳西河等）从全流域的角度对水资源利用、航道整治、水污染控制等方面进行了统一管理和综合研究，取得了显著的成效。20 世纪 80 年代以来，可持续发展战略逐渐形成共识。近年来，以流域资源可持续利用、生态环境持续改善和社会经济可持续发展为目标的流域综合管理（Integrated River Basin Management）的理念在一些发达国家被广泛接受。

英国学者加迪纳（Gardiner）在 1993 年最先提出以流域可持续发展为目标的流域综合管理，英国国家河流管理局于 1995 年发表了《泰晤士河流域 21 世纪议程与持续发展战略》，从流域水资源、水环境、洪水、自然保护、休闲地、航运与产业等角度编制了流域综合规划；欧洲有关各国于 1998 年共同发表了《莱茵河流域 21 世纪行动计划》，强调全流域自然与人文各要素的综合协调管理是实现流域可持续发展目标的前提和条件；欧盟在 2000 年通过了《欧盟水框架指令》，在其 29 个成员国与周边国家实施流域综合管理；南非也于 1998 年通过“水法”，实施以流域管理为基础的水资源管理；新西兰甚至按照流域边界对地方行政区边界进行了调整，促进地方政府的流域管理工作；2002 年，联合国可持续发展大会通过的《可持续发展世界首脑会议实施计划》强调，到 2005 年制定出水资源综合管理和提高用水效率的规划；2004 年，联合国可持续发展委员会第 12 次会议呼吁各国政府采取流域综合管理措施。[①]

从 21 世纪起，针对全球环境变化和一些公共危机事件的发生，流域综合管理的概念得到了进一步的加强。政府与科学家的共同关注，大大促进了流域综合管理研究和实践的深入。

我国是一个幅员辽阔、自然条件复杂多样、区域差异明显的发展中大国，目前又正处于一个经济快速发展、社会飞速进步的大变革时期。我国的大江大河流域在长期的高强度人类活动干扰下所面临的人口、资源、环境和发展问题往往比其他国家更加深刻而复杂，也比以往更加严峻。十七大报告明确提出建设生态文明，对中国当下的现实有着很强的针对性。我国在落实科学发展观、构建和谐社会的过程中，流域水资源的合理利用、水环境保护和可持续发展的问题都面临着前所未有的挑战：许多生态环境问题越来越呈现出流域性的特征，各种流域性环境污染问题已呈复合污染

① 杨立信：《水资源一体化管理的基本原则》，《水利水电快报》2009 年第 10 期。

的态势，流域水污染日趋严重，流域性环境突发事件不断发生，而这些问题，是流域环境质量和生态服务水平下降长期累积的结果，因此治理和恢复也就不可能一蹴而就。

挑战很严峻，淮河经过多年的治理，尽管累计投资约200亿元，目前的污染仍然严重。但我们也不能丧失信心，莱茵河也是经过30年的治理才实现生态恢复。流域公共治理难度大、涉及的方面多、复杂程度高，我们一定要具备流域综合管理的视野，在全流域的尺度上，通过跨部门和跨行政区的合作治理来共同开发利用和保护流域内的自然资源。治水不单纯是治水，一定要充分考虑到生态系统的各种功能，要将流域经济、社会进步和环境福利看成一个整体，最终实现人民福祉的最大化。必须有足够的勇气去打破部门管理和区域管理的界限，兼收并蓄地通过综合性的措施来重建生命之河。必须将流域视为一个完整的生态社会经济系统，即真正地把流域内自然资源、生态环境和社会经济各个系统看成相互作用、相互依存和相互制约的统一体，千方百计地通过规划、政策、法规、监督、市场调控等手段，不断尝试新的手段去解决流域洪涝灾害、水资源短缺、水质污染和水生态退化等问题，以保障流域水资源的可持续利用、保持流域生态功能的完整，最终促进流域的可持续发展。流域综合管理的核心就是协调发展，流域管理更注重河流经济功能与生态服务功能的协调，强调通过调整资源利用的经济功能来适应河流的自然生态过程，而不是反其道而行之，它的最终目的是实现人与自然和谐发展。由此可见，流域管理绝不是管理实践中一些管理者简单认为的将原有水资源、水环境、渔业资源等单一要素管理的简单叠加和功能的简单复合化，也不是简单地打破部门管理和行政管理的界限就达到目的；它既非仅仅依靠工程措施，也非简单地恢复河流的自然状态，它是生态治理的后现代理念的升华。复合型流域公共治理形式如图6-1所示。

但是，本书认为，在公共管理的语境下，流域综合管理的概念存在明显的不足，它的“综合”和“管理”均不足以表我们所认同的中国流域治理的范式和内容，本书吸收一些流域综合管理的概念及相关支撑体系并加以改良，用“流域复合型公共治理”这个概念来表达。它的概念可以界定为：在可持续发展的前提下，以政府为主体，通过一些复合型的机制、关

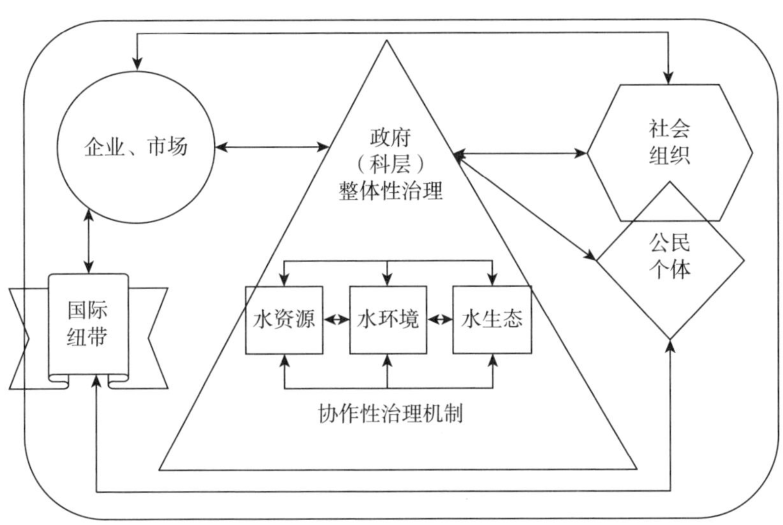

图 6－1 复合型流域公共治理

系和制度安排，将企业、社会组织和公民个人均纳入治理的主体并形成良性的互动，运用行政、经济和法律等复合型的手段，通过科层、市场和网络的协调机制，以达到水资源、水环境、水生态的优化配置和良性发展，实现全流域福祉的最大化。

（二）复合型流域公共治理的特点

第一，复合型公共治理体系的目标是解决水资源、水环境和水生态等流域公共问题，实现全流域公共福祉的最大化。

第二，复合型公共治理的主体包括政府、企业、社会组织和公民个体，并形成彼此良性互动的主体间关系。

第三，复合型公共治理的命令和协调机制包括：科层、市场和网络。

第四，复合型公共治理吸收了协作性治理、整体性治理和市场型治理三种类型的优势，并将之整合为“一加一大于二”的综合优势。

第五，复合型公共治理体系属于现代国家治理体系的组成部分，不是后现代国家的治理体系，因此，政府在整个治理体系中依然保持核心的地位。

在这个体系中，治理的含义与我们传统管理中所说的治理不同。传统管理中所说的治理（如社会治安综合治理）的标的通常就是治理的物化的对象，而这里所说的治理是采用了公共管理的“治理”理论（Governance Theory）和“善治”概念所讨论的治理，即治理是各种公共的或私人的个人和机构管理其公共事务的诸多方式的总和。它通过调和不同或者冲突的利益，采用联合行动并形成持续而稳定的过程。它既采纳了正式的制度安排，包括科层制度和规则中带有强制性的公共权力的运用，也包括了各利益相关方所一致同意的一些非正式的制度安排。但总的来说，治理与传统的“统治”的差别在于，统治强调控制，而治理强调协调。而善治则是具有这样一些特质的治理：合法性、法治、透明性、责任、回应、有效、参与、廉洁、开放和公正。

在这个体系中，核心依然是以科层制为特征的具备现代价值观的合理-合法型官僚体系。这是现代社会的最有效率的组织形式。因此，在这个体系中，处于核心地位的政府应该是法律环境和规则的制定者和维护者，是政策的执行者和冲突的协调者，也是创新的支持者和文化的捍卫者。但是，治理视野下的政府的边界是开放的，它充分地重视并善于利用民本主义的新型价值观，在法理化、制度化、专业化的基础上增加了开放化、透明化和网络化，它更加张弛有度和灵活有序，它也善于将市场和组织的资源配置和秩序形成的方式作为传统科层方法的补充。它注重不断调整和变化，在机制设计和管理过程中能够灵活应变。

如果政府能够成为整个复合型流域公共治理的核心，就会出现鲍威尔等人所说的焦点组织的积极效应，则焦点组织具有较大影响力，这样，由于焦点组织的强大的影响力，它们也更倾向于与其他的强大的组织结盟，这会提供更多的资源和前景较好的新的项目。从网络的密度上看，单个组织的集中度与它通向其他行动者的能力相关，其将会扮演组织联合的召集人的角色。在组织的层面上，声望以及合法性的公共权威等要素会增加特定组织用于形成联合的能力，因为它们会成为分享着共同的价值或目标的组织。

在流域公共治理从碎片化治理走向复合型治理的过程中，政府扮演着“召集人”的角色，应发挥其强大的联系其他行动者的能力，同时也可以利用合法性的公共权威来提升网络结构的紧密度。作为富有影响力的焦点组织，政府部门也要在调动资源、提供项目等方面发挥科层治理的优势。

三　复合型公共治理视域下的完善流域治理政府间协调的思路

（一）树立经济发展与流域环境保护的共生观

复合型公共治理视野下，治水理念究竟怎样才能发生实质性的转变，实现人与自然和谐相处，这实际上是要科学地认识生态环境和经济系统的规律，按照生物生长、进化规律进行自然生产，同时通过人类体力和智力的投入，利用自然资源进行社会生产。一个健康的流域生态系统，不仅有助于生存在其中的生物和人类持续稳定的生存繁衍，更有助于经济的持续发展。充足的水量、良好的水质、水系的连通性、服务功能完备和生物多样性丰富，是江河水系健康的重要标志。人类必须以更前瞻的观念，把江河水系的生态功能与公共服务价值作为水资源开发利用的重要标志之一，把对生态环境的影响作为水资源开发规划设计的内生变量。尊重自然规律，在向自然索取的时候，也回馈自然，最大程度上与自然和谐相处。①

要实现这一目标，关键就是要认识清楚经济发展和环境保护之间的关系。2012 年，中国环境保护部部长周生贤在“第十四次中日韩环境部长会议”上说，“十二五”期间，中国环保工作的总体考虑是：坚持在发展中保护、在保护中发展，积极探索代价小、效益好、排放低、可持续的环境保护新道路。② 习近平总书记把这个观念改为：“在保护中发展，在发展中保护”，这一改变是根本性的改变，把环境保护放在经济发展的前面，彻底颠覆了传统的以经济发展为主导的发展观念。③

新《环保法》和“水十条”的出现，就是对这种新观念的一种回应。2015 年 1 月 1 日起实施的新《环保法》，极大地提高了非法排污企业的违法

① 胡振鹏：《流域综合管理的理论与实践——以山江湖工程为例》，科学出版社，2014，第 49 页。

② 《环保部部长周生贤：坚持在发展中保护在保护中发展》，新华网，http://news.xinhuanet.com/politics/2012-05/04/c_111891418.htm，最后访问日期：2017 年 5 月 4 日。

③ 刘鸿亮、曹凤中、徐云、宋旭：《新常态下亟需树立经济发展与环境保护“共生”观》，《中国环境管理》2015 年第 4 期。

成本。2015 年 2 月 26 日，中共中央政治局常务委员会会议审议通过“水十条”。2015 年 4 月 16 日，国务院正式向社会公开“水十条”全文，提出了取缔“十小”企业、整治“十大”行业、治理工业集聚区污染、“红黄牌”管理超标企业、环境质量不达标区域限批等 238 项强有力的硬措施。[①] 但是，新法的实施有赖于环保部门执法的权威性以及地方政府环保执法的独立性。这在实施上确实难度很大，常常会遭到地方政府党政领导的干预。只有从观念上真正树立习近平总书记所说的“在保护中发展，在发展中保护”的共生观，流域治理和环境保护工作才有前进的方向和动力。

（二）用绿色 GDP 进行党政领导干部生态环境考核和问责

1. 尽快全面实施绿色 GDP 考核制度

从国家的角度来说，实行绿色 GDP 考核必然会对国家和地方的经济发展带来一定的压力，但是从长远的角度看，这事关我国的执政党和政权的合法性，启动和全面实施宜早不宜迟。

我国自 1949 年以来，政治合法性经过了三个阶段：执政党第一代领导集体时期的政治合法性基础主要是共产主义意识形态和领袖魅力；第二代领导集体时期是以经济增长和意识形态为合法性基础；到第三代领导集体时期则一方面巩固邓小平时代的合法性基础，另一方面探索新的合法性基础。[②]

自 20 世纪 90 年代后期以来，中国出现了亨廷顿所说的“政绩合法性困境”。[③] 一旦经济增长放缓，失业率大幅度上升，执政党的政权合法性就会受到质疑。特别是 20 世纪 90 年代后期以来，伴随着基尼系数不断攀升，从经济增长中受益的社会群体越来越少，而生态环境的破坏对人民群众的生活影响越来越大，政权的合法性会受到进一步的质疑。

2015 年 9 月 9 日，王岐山会见了一批外国客人，他指出，“执政党的使

---

① 《环保部告诉你为啥要出“水十条”》，环保专家网，http://www.hbzj365.com/news/show-314.html，最后访问日期：2017 年 4 月 16 日。

② 杨帆：《论改革开放以来中国政治文化的演进》，《学术论坛》2002 年第 4 期。

③ 康晓光：《经济增长、社会公正、民主法治与合法性基础：1978 年以来的与今后的选择》，《战略与管理》1999 年第 4 期。

命决定了必须从严治党，执政党对人民的承诺就是它的使命。要兑现承诺，执政党必须对自身严格要求。中国共产党的合法性源自于历史，是人心向背决定的，是人民的选择”[①]。这是中共最高层领导亦即政治局常委以上，第一次论述中国共产党的合法性问题，可以说是在话语体系上的一个重大的突破。

正是在这样的背景下，本书认为，以生态环境破坏为代价的经济粗放式增长，已经成为政绩合法性困境的重要原因，亟待从根本上加以突破。在压力型体制下，以 GDP 的增长为导向来考核各级政府官员的政绩考核方式需要进行改变。可以说，如果中央政府选择的考核机制不改变当前的以 GDP 为核心的模式，地方政府就很难真正地自愿集体行动，其依然会从各自的角度选择各自的发展模式，甚至以牺牲环境为代价来求得经济发展。各个行动主体在目标取向、行为动机、激励机制、信息水平等方面的差异甚至不可调和的矛盾，最终导致在环境保护与经济发展的激励不兼容的情况下出现环境保护的目标替代。

绿色 GDP 并不是要完全否定以 GDP 的指标作为地方政府追求经济发展的动力，而是着眼于环境保护，从 GDP 中扣除同期生态环境损耗价值与环境污染损失价值后的剩余的国内生产总值。早在 2004 年，国家环保总局就与国家统计局联合启动了绿色 GDP 研究项目，但是，这一项目由于属于“单兵突进”，顺利推行并不容易，可以说并未获得地方政府的支持，甚至出现了部分试点省份要求退出的情况。

新《环保法》要求：“地方政府对辖区环境质量负责，建立资源环境承载能力监测预警机制，实行环保目标责任制和考核评价制度，制定经济政策应当充分考虑对环境的影响。”我们可以看出，如果不实行绿色 GDP 的考核制度，这一要求必然会沦为空谈。

令人振奋的是，环保部表示，环境保护部已完成绿色 GDP 核算有关技术规范，并确定在安徽、海南、四川、云南、深圳、昆明、六安 7 地开展试点工作。力争 2015 年下半年，完成 2013 年度全国环境经济核算报告、京津

---

① 《王岐山首论中共“合法性”被指重大突破》，中国网·中国政协，http://www.china.com.cn/cppcc/2015-09/12/content_36568117.htm，最后访问日期，2017 年 9 月 12 日。

冀地区环境经济核算报告。①

本书认为，这次启动绿色 GDP 的考核规范研究和试点，已经是箭在弦上，不得不发，一定不能重蹈覆辙，再次无疾而终。因为这是破解当前我国环保困局的重要手段。正如本章所述的基本观点，复合型流域公共治理的核心力量依然是政府科层治理，而最有效果的政府治理和协调手段依然是科层手段，科层方法中最有效的依然是来自职务权威和组织权威的纵向手段，而这归根结底又取决于压力型体制考核机制的导向，如果这次环保部不能真正破局，就意味着其他的努力很可能沦为空谈。因此，我们强烈呼吁这次的试点应该改变由环保部主导的方式，必须从中央政府的层面力促试点的成功。

2. 落实党政领导干部生态环境问责制度

对地方政府实行绿色 GDP 的考核只能部分解决地方政府环保工作的激励问题，问责制度则能够解决事后责任的追究问题。所谓行政问责制，是指在行政管理活动中，特定的问责主体对政府负责人或者各工作部门和下级政府主要负责人，对所管辖的部门和工作范围内出现不履行或者未正确履行法定职责的情况进行监督和责任追究的制度。一般来说，问责是在影响行政效率、贻误行政工作，或者给行政机关造成不良影响和后果等情况发生时才会产生。

2015 年 8 月 17 日，中国政府网公布中共中央办公厅、国务院办公厅印发的《党政领导干部生态环境损害责任追究办法（试行）》。该办法共 19 条，由中共中央组织部、监察部负责解释，自 2015 年 8 月 9 日起施行。可以说，这个办法前所未有地突出了地方党政主要领导的责任，并且强调了党政同责。责任追究既强调了发生环境污染和生态破坏的“后果追责”，也涵盖了违背中央有关生态环境政策和法律法规的“行为追责”。可以说在党政领导干部生态环境问责中迈出了实质性的一大步。但是，该办法大量对需要追责的情形的描述过于宽泛，难以把握尺度，更难以界定和量化，这将极大地阻碍问责制度的落实。本书认为，根本来看，绿色 GDP 核算有关

① 《环保部完成绿色 GDP 核算规范 7 省市试点》，人民网，http://politics.people.com.cn/n/2015/0811/c70731-27440412.html，最后访问日期：2016 年 6 月 30 日。

技术规范必须尽快成为责任标准，生态环境损耗价值与环境污染损失价值必须取得一致的认同，这个难点不迅速突破，该办法的落实则前景暗淡。另外，该办法对一些需要追责的行政行为和行政过程的描述过于笼统，急需细则加以补充。同时，该办法中有大量的“应该追究”的描述，但是如何追究这个问题还需要尽快落实。

（三）变革和完善流域治理政府组织体系

1. 关于流域机构改革

由于流域的地理单元的特征，从流域层面上对碎片化治理进行综合协调的流域机构对于解决碎片化问题至为关键。但是，目前的流域机构在这方面未能真正发挥作用，因此对流域管理机构必须进行大幅改革，使其职能和定位都符合复合型流域公共治理的要求。虽然各国因社会、文化、经济制度的不同，流域管理机构的模式也有所不同，但保证流域管理机构在流域管理决策中的主导地位是其共同的特点。流域管理机构应保证为复合型治理中的利益相关方提供良好的协商参与平台；应履行其为能确保流域综合管理决策的实施而进行监督的职能；还应是具有强有力的协调职能、促进和加强机构间和部门间的合作、减少机构间的冲突和矛盾的中心。

因此，未来的流域管理机构一定不应该仅仅是当前的水利部的派出机构。流域管理机构现在是部门的机构，先天不足，作用难以发挥，导致工作中各有各的看法，有利益大家都争，有风险大家都回避，监督和协调的力度非常有限，这是体制上的问题。必须从根本上解决这个问题，流域管理机构的权限和综合管理能力都必须更大一些，比如珠江水利委员会，其实不是真正的委员会，它实际上发挥的是管理局的作用。

（1）应将大江大河的流域机构改为中央政府和流域各省（直辖市、自治区）以及利益相关方共同参与的流域管理委员会，作为流域管理的决策机构。委员一定要有代表性，其决策机制要采用委员的投票表决方式。委员会负责相关流域政策规划和目标制定、协调解决跨行政区的矛盾冲突等，以规划、报告和协调为主要的职责，也具有与流域综合管理相关的财政分配权。流域内各地方政府及其职能部门要贯彻和执行流域管理委员会的决定。

（2）应重组现有的流域管理机构为流域管理局，为流域管理委员会的执行机构，而不是水利部的派出机构。所谓执行机构，就是职能围绕着执行流域管理委员会所制定的各项政策的落实，管理局的负责人应由流域管理委员会通过民主集中制的方式来任命。

（3）对于大江大河一级支流的流域管理机构，改革的做法应是以地方为主，建立跨行政区或行政区内的流域管理机构的协调机制。可在相关法规和流域管理总体规划的框架下，成立由相关地方政府共同参与的流域管理机构，作为联合解决流域内问题的决策机构，并依托已有的流域机构作为办事机构，办事机构负责对各参与方进行监督并提供技术支持。

2. 关于流域治理的大部制改革

党的十七大在部署未来的行政管理体制改革中特别指出，要“加大机构整合力度，探索实行职能有机统一的大部门体制”。所谓大部门体制，或叫“大部制”，就是通过政府的机构改革，在部门设置中，特意将那些职能相近、业务范围趋同的部门相对集中，统一管理。大部制的好处是可以最大限度地解决当前政府被人不断诟病的职能交叉、政出多门、多头管理等问题，进而提高行政效率，降低行政成本。我们在调研中听到的一个共同的声音就是，如果大家都是一个部门的，有同一个领导，那这些矛盾就没有了。

> 九龙管水就不如一龙管好。部门可以大些，但管的部门多了，肯定就管不好，就像第三者插手，肯定坏事，那么多人，肯定不行，公说公有理，婆说婆有理，两个部门在责任出现的时候都会推卸，在利益面前都会争抢。①

的确，很多职能在现有体制下的调整都是有限的，重新排列组合可能在运作中又会带来一些新的问题，因此，解决这类问题的根本之道还要从体制上着手，可以在未来合并一些职能相近、矛盾较多、问题不断并且很难协调的部门，部门可以大一点，然后进行内部的相对细致的分工，这样才能从体制上根本解决部门冲突的问题。

---

① 访谈记录：GDSL7. 17。

整体性治理的视野下，贵阳市生态文明委的整合有较强的试点和借鉴意义。它通过采用大部门这样一种政府政务综合管理组织体制的方法，将职能相近、业务范围趋同的部门集中由一个政府部门进行管理，来解决横向职能分散、缺乏有力协调的问题。相对来说，这种将生态和环境保护合并成一个机构，自然资源由一个机构统一监管的做法，难度不大，也符合世界各国主流的管理机构设置，建议可以认真研究，从国家层面上进行调整。具体来说，涉及水生态，在整合中也应该考虑土地生态、森林生态、草原生态和野生动物保护、荒漠化防治、湿地环境保护等，其中因涉及最多的是林业部门，近期相对整合的可能性较大，可以作为整合的尝试，积累一些经验后再考虑是否整合国土资源部门。在整合林业部门的基础上，可以探索内部机构的重构和权责的重新划分，包括设置统一的协调部门和事故调查部门等。

水务一体化已经做了多年，积累的经验已经足够丰富，建议从国家层面上将住房和城乡建设部的一些涉水职能尽早合并到水利系统中。这样，主要的涉水职能在未来就可以整合在一个部门当中，从根本上解决“九龙治水”的难题。

下面是涉及水环境和水资源管理的最大问题，即水利部门和环保部门的关系的问题如何解决。前文已述，从长远看，水资源水环境由一个部门来管理一定是趋势，也就是说，将来的改革方向应该定位为合并才能从根本上解决问题。

为了使相关部门真正解决互相掣肘的问题，建议在当前有限合并完成后，在国务院下设一个类似自然资源和环境保护办公室的机构来统筹协调，应该由一个主管相关工作的副总理担任委员会主任，成员单位包括整合后的环境部门以及未被整合进去的水利部门和国土部门等。委员会办公室从目前环境保护工作的重要性上看，应该设在整合后的环境保护部，办公室主任由环境保护部部长担任。

3. 关于完善组织间协调机制

组织间网络理论认为，组织生活在一个相互依赖的环境中，没有哪个组织拥有绝对充足的资源和知识可以独立地解决所有的问题，相互依赖的组织行为者通过交换资源和信息、共享知识、谈判目标、对话和合作以采取有效的集体行动。它的主要优势是减少组织间行为的不确定性和多样性，降低交易费用，同时可以维护组织成员高度的运作灵活性，并减少机会主义行为发生的概率。

我们所研究的各种协调机制，包括泛珠环保合作机制、松辽模式、黔桂协调机制以及广东省流域管理委员会和珠江综合整治联席会议制度都是比较典型的组织间网络体系。网络体系既有它独特的优势，也面临一些治理的困境，比较突出的表现就是其脆弱性和不稳定性，缺乏外部的强制性权威和供应公共产品的能力等。

可以明确的是，发展和完善现有的流域公共治理的组织间网络体系，建立具体的制度安排以克服网络体系的缺陷和不足，充分发挥网络体系的正面作用是协调流域公共治理中政府间关系的重要途径。在国外，这样的网络体系也是流域治理的重要力量，比如美国的水污染问题就经常会产生跨组织的协调机构以协调政府机构、企业以及那些对污染物和污染物的排放负责的组织间的多样化网络，又如俄亥俄河水治理协定这样的跨政府间组织。这种网络体系逐渐演变和发展，形成了相对有效的制度安排，促进了多元化的治理制度的形成。

具体可行的建议是，在近期，可着手建立国家层面上的跨部门的协调机制，成立国务院流域治理协调领导小组，由国务院主管领导任组长，处理部门之间以及行政区之间的涉水纠纷并对政策执行过程的具体环节进行协调。具体到各个流域层面，可以进一步探索符合实际的跨部门、跨行政区的协调机制，如成立流域水资源与水环境保护委员会等。等到时机成熟，则可以进一步扩大国务院流域管理协调小组的职能范围，成立流域综合管理协调委员会，并将流域水资源与水环境保护委员会扩展为流域协调管理委员会，行使国务院授予的流域综合管理决策权。从长远来看，则要进一步将国务院的流域综合管理协调委员会发展成真正意义上的流域综合管理委员会，在流域层面则建立真正的由相关利益方构成的流域机构，以规划、报告和协调为主要的职责。

（四）强化信息公开和环境监测机制

要使政府（科层）治理体系真正发挥复合型公共治理的核心作用，除了进行组织体系结构上的改革之外，管理和运行机制也必须进行革命性的变化。这就包括，信息流在整个系统中必须充分起到载体的作用，联结多元共治的各个相关主体，充分的信息交换和流动是整个系统具有生命力的关键。没有信息的共享，公共治理就不可能真正实现，政府组织也不可能真正成为多元共治主体的"联结人"，也就无法从根本上破解环境保护政府一家独力难支的困局。

为此，政府部门必须转变观念，特别是转变对信息等资源拥有垄断权的观念。新《环保法》有专章规定了信息公开和公众参与的内容。但一个非常有名的案例说明了地方政府以及环保部门包括一些法院都没有真正做好准备。从 2014 年 9 月起，民间环保组织法树信息咨询中心向河北省内的 43 个县级环保局分别发送信息公开申请书，结果八成遭拒，而且环保部门问得最多的问题就是"你们属于什么单位"、"你们申请信息公开有什么目的"，甚至遭问是不是敌对势力，而对于环保部门未能公开信息的诉讼，法院的反应也比较茫然。[①] 总之新法的落地看来需要一定时间，其中政府及部门转变理念是关键。要充分认识到，信息公开是群众信任的前提，把企业污染信息公之于众反而可以通过公民的参与和监督，极大地缓解政府搞环保的压力，公开也可以极大地促进企业承担环保的责任，让企业成为治理的主体。

对于环境监测和评价机制，当务之急是要消除"红顶中介"的问题，解决的思路则是两个，一个是权力的上收，另一个是权力的下放。权力的上收指的是，对于一些重要流域的水质，增加国家级的监测站，使用高科技作为技术手段，除组织对国控断面和规划考核断面每月进行水质监测之外，还应实时公布国家水质自动站监测结果。而权力的下放，则指的是可以引入第三方的符合资质的环境监测机构，在总结国内一些省市已陆续开展环境监测市场化改革的基础上进行规范和推广，发展环境的社会监测以弥补政府监测力量的不足，提高监测工作效率。

---

① 《环保组织向河北 43 个县申请环境信息公开　八成拒绝》，中国新闻网，http://www.chinanews.com/gn/2015/01-24/7001298.shtml，最后访问日期：2016 年 7 月 30 日。

（五）引入更多市场型治理和协调机制弥补科层机制的不足

1. 综合考虑，完善生态环境补偿机制

从人类社会发展的深层次考虑，生态环境问题不仅仅是经济问题，更是政治问题，是一个权利、利益的问题的交织，也是社会公平的问题。俗话说“生态无国界，更没有省界”，生态环境的外部性确实会导致有人受益有人受害，保护环境必须和生存在那个环境里面的人类的活动联系起来，不能剥夺了那部分人的发展权利。客观地看，生态保护做得好的区域，往往是约束了经济发展的机会，从全社会发展的公平正义的角度看，应该补偿。当前我国环境保护和发展的一个重要问题就是没有实现区域环境保护过程中各种权利的实际落实，生态补偿机制就是要针对不同区域的共同发展权利，让一部分地区在为了保障另一部分地区的发展权利而做出牺牲的时候，他们的发展权利得到相应的补偿。建立健全流域生态补偿机制是解决这个问题的根本之道。我国已经在水环境保护领域建立了污染者付费制度，在退田还湖、退耕还林和天然林保护等生态建设领域引入了财政转移支付与补贴机制。未来应进一步完善补偿机制，尤其是流域上下游之间的跨行政区补偿机制和流域资源开发与生态保护之间的补偿机制。这对促进区域的协调发展，建设和谐社会，落实科学发展观都具有重要意义。

2. 在流域治理中进一步探索水权交易和排污权交易等新型市场型政策工具

对于市场型的流域公共治理协调和政策工具，本书重点剖析了清水江流域的生态补偿机制，并且认为，虽然这种工具的运用在我国当前依然是政府主导的，但是已经发挥了极大的作用，在一定的程度上弥补了科层手段的不足。生态补偿机制应加大探索的力度，可以在总结现有流域经验的基础上进行推广。

除了生态补偿外，其他市场型的政策工具也应开始试点。在一些水量矛盾比较突出的地方开展水权交易，在一些水质矛盾比较突出的地方开展排污权交易。水权交易是指水资源使用权的部分或全部转让，它指的是先由国家将水权分配给各省市，各省市再细分到基层，各地用不完的指标则可以相互交易。[①] 目前地方实践的水量转让主要是政府之间相互协调的结果，水权交易则是必须在国家赋予地方使用权的基础上，即先做到产权清晰，再按照市场原则公开交易。要尽快完成水权交易和确权试点工作并制定取水权转让暂行办法，让水权交易有法律依据，要组建中国水权交易所，完善水权交易的组织和制度平台。

排污权交易在空气污染控制上发展相对成熟。流域的排污权交易发展相对滞后。在美国，它又被称为水质交易（Water Quality Trading）。其交易方式主要有三种，即点源与点源、点源与非点源以及非点源与非点源。其技术难度较大从而起步较晚，1995 年美国才对推行流域排污权交易制度方面做了一些结构性改进。2003 年 1 月，美国环境保护署颁布《水质交易政策》；2004 年，美国环境保护署又制定了《水质交易评估手册》，为水质交易对流域环境是否有效提供分析评估框架。[②]

我国的流域排污权交易则只有零星的试点。1985 年上海市环保局在黄浦江上游的 10 多组工厂中采用了 COD 总量控制指标有偿转让；1992 年云南省曲靖市尝试了水污染许可证制度以及 2004 年江苏省在太湖流域的张家港市、太仓市、昆山市和惠山区开展水污染物排污权有偿分配和交易试点工作。[③] 但这些地方实验都是基于个案的排污权转让，并没有形成成熟的制度化和系统化的流域排污权交易框架。建议国家层面可以加强对流域排污权交易的研究，在条件成熟的情况下开展更多的流域排污权交易试点。

在严格“三条红线”管理的巨大压力下，为促进水资源集约高效利用，必须创新政策工具，激发水资源使用的内生动力。科斯定理早已说明，在产权清晰的前提下，很多外部性问题不一定要通过政府的管制或庇古税的方式加以解决，只要交易费用不高，交易各方完全可以通过协商和谈判以市场的手段来解决外部性问题，而且这种消除外部性的市场化手段可以最

---

① 《水权交易呼之欲出，花钱买水如何确权》，新华网，http://news.xinhuanet.com/2014-07/01/c_1111409710.htm，最后访问日期：2017 年 3 月 20 日。

② 封凯栋、吴淑、张国林：《我国流域排污权交易制度的理论与实践——基于国际比较的视角》，《经济社会体制比较》2013 年第 2 期。

③ 封凯栋、吴淑、张国林：《我国流域排污权交易制度的理论与实践——基于国际比较的视角》，《经济社会体制比较》2013 年第 2 期。

大化地保障经济效率，减少损失，不失为一种解决流域外部性问题的前沿性思路。

3. 在流域治理中探索实施 PPP 模式

PPP 模式全称 Public-Private-Partnership，是指政府与私人组织之间，为了提供某种公共物品和服务，以一定的签约方式为基础，公私两方形成一种伙伴式的合作关系，以合同来约束双方的权利义务和行动，通过利益和风险分担的方式来确保合作的顺利完成。通过伙伴关系的建立，双方合作后能达到比预期单独行动更为有利的结果。这种源于英国的公私合作的模式，近年来成为吸引社会资本参与提供公共物品和服务的热点模式。目前国内在 PPP 方面的实践基本还处于起步的阶段，在利益和风险的分配和承担机制、政府监督等方面还亟待厘清。试点阶段则鼓励尝试从市政供水、污水处理和垃圾回收等领域率先引进。因此，从国家政策层面来看，在环保和流域治理领域进行 PPP 模式的尝试，有助于解决经济发展与环保和公共服务支出的矛盾，从复合型流域公共治理的视角来看，有助于引入更多的市场机制，丰富和发展科层手段以外的政策工具。

中国人民大学生态金融研究中心副主任蓝虹教授提出："PPP 模式在环境保护中的运用分为三个层次：第一，环保项目层次，如大型污水处理厂、垃圾焚烧发电厂的 PPP 模式；第二，环保产业层次，即在某一环保产业建立 PPP 环保产业基金，如 PPP 土壤修复基金；第三，区域或者流域环境保护层次，如 PPP 模式生态城建设基金、PPP 模式流域水环境保护基金等。"PPP 模式区域或者流域环保基金促使地方政府在流域水环境保护等领域中改变思路，积极引入市场化机制，增强自身造血功能。它具有以下特点：PPP 模式区域环保基金通过扶持有利于区域或者流域环境保护的产业群来达到流域污染源头控制的目的，具有风险控制和资源整合的优势，可以解决中低利润环保项目的融资困境，实现政府资本、社会资本和环保企业三方的利益共赢。①

这为流域治理中引入 PPP 模式打开了一个全新的思路，也是让政府、社会资本和企业进行良性互动，实现共赢的治理效果的市场化手段的最值

① 蓝虹：《PPP 模式在环保运用中的三个层次》，《上海证券报》2015 年 7 月 21 日。

得尝试和突破的关键点。当然，PPP 模式目前要落地，需要解决“激励相容”，平衡项目的风险和收益，特别要注意避免出现暴利和亏损，它需要健全的法律制度和良好的契约精神。在流域治理领域引入 PPP 机制，政府要学会处理好与市场的关系，做到既不“越位”也不“缺位”，如果习惯性以强势的思维和行动方式来推动，忽视合作意识和契约精神，忽视“监管者”的角色定位，则可能带来新的问题，甚至滋生腐败。因此 PPP 模式的落地一定要有国家层面的制度和法律的支撑以及相关机构的规范和管理，还要建立必要的财政约束机制。

（六）畅通流域公共治理中公众和社会组织参与的渠道

基于流域水资源管理与水污染防治的广泛性和社会性，在各国的流域治理经验中，都把民主协商和公众参与作为关键性的要素。复合型流域公共治理框架中公众参与一方面是通过公众个体的方式进行，另一方面还通过社会组织的方式进行，它是治理体系中连接政府、企业和公民的重要桥梁，一些国际性的社会组织还起到重要的纽带作用，将治理体系的开放性进一步提升。

事实上，在流域治理的过程中，除了流域管理机构、地方政府和有关职能部门外，流域开发利用和保护同样直接涉及许多水用户、投资机构、排污企业、用水协会以及与河流生计密切相关的群体，包括修建工程需要搬迁的群众、非政府组织和环境志愿者等。复合型流域公共治理应该有这样的一种观念，那就是社会群体和个人也拥有合法的环境权益，因此，复合型流域公共治理的体系必须倡导和提供一种知情、公平和透明的环境，引导他们参与治理的过程，通过协商而达成共识。

公共参与对流域公共治理的推动力量是巨大的，可以说许多环境问题的解决没有公共参与是不行的，政府追求 GDP 的动机加上对官员的考核标准使得流域公共治理仅仅靠政府层面推动显然是不够的。企业追求利润最大化的天性也使得除了加强监管，行业自律和企业自律的作用也是有限的，最广泛的、最有环保动力的利益相关人其实是公众这个庞大的群体以及公众组织起来的社会组织。国外的很多社会组织在外部性问题的解决上发挥了很大作用，比如，国外的水协会等非政府组织、用户自治组织，都有很大的权力。荷兰的水管理中水协会权力很大，在分水等方面，国家也离不开他们。我国的水管理缺乏这类必要的补充，主要还是政府全包，有非常大的局限性。我们的调研发现，目前非政府组织这类民间力量的能力是有限的，是夹缝中的产物，还不能成为流域治理的真正主体。即便如此，还是有一些这样的组织在努力，去促进政府的决策。调研过程中，我们发现世界自然基金会（WWF）从1999年开始在长江中下游地区开展湿地保护和恢复示范的推广工作，同时也积极促进流域综合管理研究，促进国家层面的政策推动流域综合管理。WWF的长沙办公室就在积极推动促进流域综合管理的示范点的工作，并以长江流域的贵州赤水河作为一个示范点。但总体来看，没有形成真正的公民参与的社会组织载体的推动力量是有限的，这类介入尽管有着明确的目标导向，但是工作的亮点并不多，成效也并不大。

目前一些环保非政府组织在组织形式和活动方式上都有一些创新，使得流域治理的社会组织和公众参与有了巨大的起色和亮点。一些经验非常值得探讨。例如，贵阳公众环境教育中心除了以环保公益组织的身份，参与省、市人大有关生态文明建设的地方法规修订外，还创建和推动“非对抗环境保护社会治理”长效机制，接受各级政府和生态保护法庭委托，对环保、质监、农业、旅游等部门及排污企业进行第三方独立监督，并在环境敏感区配合当地政府、企业和社区居民，帮助排污企业及工业园区共同创建环境友好型企业。他们还建立专家库，开展国际国内学术交流及项目合作；深入本地学校、社区、机关、企业、农村，开展公众环境教育，发动公众依法依规监督全市森林、河流及水源地；配合各执法部门打击各种破坏生态环境的行为。另外，他们更发动环保志愿者常年坚持生态环境考察及环境污染调查，对违规排放企业和行政不作为的部门，提起民事公益环境诉讼或公益行政诉讼。

本书认为，中国政府在改革中的一个重要的瓶颈必须突破，那就是在许多社会问题上，真正建构起公民参与的、多元共治的社会格局。政府应该充分认识到，在一个“原子化”的社会结构中，社会公共事务的治理是不可能成功的，因为这种社会结构的各种利益冲突和社会矛盾都将直接指向政府，政府即使有三头六臂，也会疲于应付，根本无法主动地化解冲突。复合型公共治理就是要明确，原子化的社会必须打破，公民就应该有合理合法的渠道组织来参与大家共同的公共事务，要正确看待和大力扶持社会组织，因为从长远看，这不仅不会给社会带来混乱，给政府增添麻烦，反而可以打破原子化的社会结构，形成公民参与公共事务的合法空间，从而消解社会矛盾，为政府排忧解难。

我们非常欣喜地看到，《环境保护公众参与办法（试行）》已于2015年通过，而且我们发现，公众可参与重大环境污染和生态破坏事件的调查处理；公众还可以参与编制环评报告书，受直接影响的群众可以参与论证；环保社会组织和环保志愿者也可以担任环境特约监督员，对环保部门的工作进行监督。这将极大地促进公民和社会组织参与流域公共治理，从制度上进行保障。相信随着公众参与程度的加深，环保理念会进一步深入整个社会，随着更多的公民和社会组织对河流等环境进行日常的监督并参与到保护的每个环节中，汉夫悖论终将被打破，科层协调的不足会得到真正的弥补，水流域治理的多元共治格局将真正到来。

（七）推广环保法庭，完善法律救济机制

生态环境保护除了依靠政府、相关职能部门、民间组织和志愿者之外，还要运用法律的手段。贵州在倡导生态文明、推进司法体系建设方面，可以说是走在全国前列的。早在2007年，贵州就成立了全国第一家环保审判庭与环保法庭。作为中国首家独立建制的环保法庭，清镇市人民法院环境保护法庭于2013年3月更名为“清镇市人民法院生态保护法庭”，专门负责受理涉及环境保护的刑事、民事和行政案件。

要实现环境正义，污染受害者及社会公众在环境权益受到侵害时应有渠道通过行政、司法机关或社会力量寻求帮助。环保行政机关能有效地执行环保法律，制裁环境违法者，保护环境；司法机关能公正及时地处理环境侵权纠纷案件，此外环保组织及环境志愿律师等也应为污染受害者及社会公众提供充分、有效的支持，帮助其维护环境权益。这样，复合型流域公共治理就会形成一个良性的结构。

正是在这样的背景下，环境公益诉讼已经成为新的《环境保护法》实施以来的一个亮点。它赋予了社会组织环境民事公益诉讼的起诉权，但实施效果却不甚理想。该法从实施至2015年6月，“社会组织提起的环境民事

公益诉讼仅为7起，且主要为中华环保联合会、自然之友等著名组织提起或者参加。其他社会组织数量虽庞大，但基于组织的宗旨限制或者其他利害关系考量，要么不愿意管闲事，要么财力不足或技术能力不足，心有余而力不足，持观望态度，远远未能达到环境法学界期待的环境民事公益诉讼'井喷'状况"。[①]原因是新环境保护法律法规太严，与一些地方党委和政府的经济发展导向相悖，地方政府对其较多持抵触的态度。对环境民事公益诉讼必然多方干预，同时很多环保社会组织也不能真正独立并坚持原则，这就造成了一方面一些地方的环境污染和生态破坏非常严重，另外一方面众多的环境资源法庭还在等案件"下锅"。此外，当环境的权益受到威胁或者侵害的时候，越来越多的居民采取了上访、静坐游行等抗争活动，甚至演变成大规模的冲突。为此，亟待解决的是公民及环境保护专业社会组织的门槛限制问题，政府也应加大对公益诉讼的扶持力度，应该让所有依法成立的社会组织都有权利、有渠道、有能力提起环境民事公益诉讼。

① 常纪文、孙宝民：《社会组织的环境民事公益诉讼怪圈》，《瞭望智库》。

结　语

协调是公共行政实践中一个永久而普遍存在的问题。问题的永久性是因为所有的组织都是在一种关系网络中运作，在这个网络中，彼此的冲突和矛盾是一个很难完全克服的基本问题。事实上，寻求发现使组织更加良好地一起工作的途径不仅仅存在于公共管理的领域，而且在社会生活的很多方面。

公共部门的协调问题本质反映了改革和发展的体制问题。在组织间关系的动态发展中，一些利益相关方会为价值分配的要素以及地位和制度安排而斗争、妥协和讨价还价，这是一种深刻的政治实践。协调的本质问题也反映了利益相关方的相对权力的变动关系。

流域公共治理的背景是研究公共部门协调问题的最佳场所之一。在这个背景下，水是一条连接不同公共组织的纽带，在共同的行政区域内，不同涉水机构因为这条纽带而产生了无法分离的关系；在不同的行政区域间，因为河流这条天然的纽带，上中下游不同的政府也不得不应对与水相关的利益纷扰；在这个背景中，作为行动者之一的政府主体的类型也复杂多样，除了传统的中央和地方政府，各种层面的流域机构也或多或少地扮演着各自的角色。[①]

流域公共治理中跨域公共问题的大量存在使得行政区域政府为核心的

① 任敏：《我国流域公共治理的碎片化现象及成因分析》，《武汉大学学报》2008 年第 4 期。

传统“行政区行政”愈加力不从心。具有高度渗透性和不可分割性的区域公共问题的“外溢性”和“无界化”催生和引发了各种治理模式的创新，其中协调方式和协调机制的创新极大地丰富和发展了跨域公共管理的理念和方法体系。

本书以碎片化治理、协作性治理、整体性治理、市场型治理和复合型公共治理为分析线索，系统地梳理了流域治理的地方实践中发展出来的各种政府间协调创新实践，在当前经济全球化、社会信息化、区域一体化、政治民主化、公共治理“多中心化”的“复杂性社会”生态背景下，以封闭性和内向性为特征的行政区治理形态正在面临着向以开放和外向为特征的现代复合型区域公共治理的转型。我们可以肯定，这种新的治理形态一定是有着区别于传统范式的新型治理结构，它应该是以区域公共问题和公共事务为价值导向、奉行合作治理的哲学观的，它的主体也应该是多元的，既有官方的政府组织，也有非官方的民间组织和私营部门，它的运行向度也应该是多元的、分散的、互动的，构成公共治理的合作网络和交叉重叠的关系，它的操作手段也应该大量使用市场、谈判、协调、合作和伙伴关系、集体行动等，这是一种联合行动和联合治理。

流域公共治理就是这种联合治理的最佳“试验场”，围绕水环境和水资源这个多元利益相关者的共同的“区域公共产品”，单个的行动者主导甚至垄断行动方案和行动过程的时代已经一去不复返，那么，什么样的制度和机制的安排可以协调和配置流域内的各种资源，可以提供兼顾不同的利益相关方的不同形式、不同层级的区域公共产品呢？流域公共治理的实践表明，我们已经在探索的道路上，以治理碎片化问题为目的，我们尝试了基于增强协作性治理的科层式政府间协调，我们也探索了基于整体性治理的创新性科层式政府间协调，我们也在市场型政府间协调的思路下进行了诸如流域生态补偿这样的努力，这些经验的积累是宝贵的，通过总结我们的行动经验和教训，我们可以看到更加清晰的前进方向，那就是复合型流域公共治理是我们最终的出路，这是对我们尝试的各种路径的整合。今天我们已经到了整合的阶段了，也只有通过这种整合，我们可以设计更有前瞻性的行动愿景和切实可行的路线图，我们也可以让探索少一点弯路，多一点光亮。

最后，作为政治学和公共管理学科的研究成果，本书的核心概念、分析工具和研究视角都不是环境科学或者经济学的，研究的一个重要目的是：将流域公共治理作为现代国家治理体系的一个组成部分，希望能够通过我们微不足道的研究，为推进我国国家治理体系和治理能力的现代化做出一点贡献。

参考文献

一　著作类

刘伟：《中国水制度的经济学分析》，上海人民出版社，2005。

王亚华：《水权解释》，上海三联书店、上海人民出版社，2005。

李雪松：《中国水资源制度研究》，武汉大学出版社，2006。

中国科学院可持续发展战略研究组：《2007 中国可持续发展战略报告——水：治理与创新》，科学出版社，2007。

陈瑞莲：《区域公共管理导论》，中国社会科学出版社，2006。

杨桂山等：《流域综合管理导论》，科学出版社，2004。

张紧跟：《当代中国地方政府间横向关系协调研究》，中国社会科学出版社，2006。

〔美〕曼瑟尔·奥尔森：《集体行动的逻辑》，陈郁等译，上海人民出版社，1995。

孙柏瑛：《当代地方治理——面向 21 世纪的挑战》，中国人民大学出版社，2004。

〔美〕埃莉诺·奥斯特罗姆：《公共事务的治理之道——集体行动制度的演进》，余逊达、陈旭东译，上海译文出版社，2012。

〔美〕埃莉诺·奥斯特罗姆：《流行的狂热抑或基本概念》，见曹荣湘编《走出囚徒困境——社会资本与制度分析》，上海三联书店，2003。

诺曼·K. 邓津、伊冯娜·S. 林肯:《定性研究的学科与实践》,载风笑天等编《定性研究:方法论基础》(第1卷),重庆大学出版社,2007。
陈向明:《质的研究方法与社会科学研究》,教育科学出版社,2000。
〔美〕应国瑞:《案例研究:设计与方法》,重庆大学出版社,2004。
陈敦源:《跨域管理:部际与府际关系》,载黄荣护编《公共管理》,台北:商鼎文化出版社,1998。
〔美〕安东尼·唐斯:《官僚制内幕》,中国人民大学出版社,2006。
周雪光:《组织社会学十讲》,社会科学文献出版社,2003。
胡鞍钢、王亚华:《国情与发展》,清华大学出版社,2005。
梁从诫主编《2005年:中国的环境危局与突围》,社会科学文献出版社,2006。
何俊仕等:《流域与区域相结合的水资源管理理论和实践》,中国水利水电出版社,2006。
松辽水系保护领导小组办公室编《保护江河之路》,吉林人民出版社,2003。
梁庆寅主编《2006年:泛珠三角区域合作与发展研究报告》,社会科学文献出版社,2006。
钱易、刘昌明:《中国江河湖海防污减灾对策》,中国水利水电出版社,2002。
水利部政策法规司:《水管理理论与实践——国内外资料选编》,2001。
〔泰〕布里安·兰多夫·布伦斯、〔美〕露丝·梅辛蒂克:《水权协商》,田克军等译,中国水利水电出版社,2004。
汪恕诚:《资源水利——人与自然和谐相处》,中国水利水电出版社,2003。
尚宏琦等:《国内外典型江河治理经验及水利发展理论研究》,黄河水利出版社,2003。
〔加〕Asit K. Biswas 等编《拉丁美洲流域管理》,黄河水利出版社,2006。
吴群河等编《区域合作与水环境综合整治》,化学工业出版社,2005。
彭祥、胡和平:《水资源配置博弈论》,中国水利水电出版社,2007。
〔美〕保罗·R. 伯特尼、罗伯特·N. 史蒂文斯主编《环境保护的公共政策》,穆贤清、方志伟译,上海三联书店、上海人民出版社,2004。
〔瑞典〕托马斯·思德纳:《环境与自然资源管理的政策工具》,张蔚文、黄祖辉译,上海三联书店、上海人民出版社,2005。
中国科学院可持续发展战略研究组:《2006中国可持续发展研究报告——建

设资源节约型和环境友好型社会》，科学出版社，2006。
杨树清：《21世纪中国和世界水危机及对策》，天津大学出版社，2004。
李强等：《中国水问题：水资源和水管理的社会学研究》，中国人民大学出版社，2005。
世界自然基金会：《河流管理创新理念与案例》，科学出版社，2007。
沈满洪：《绿色制度创新论》，中国环境科学出版社，2005。
曾文惠：《越界水污染规制——对中国跨行政区流域污染的考察》，复旦大学出版社，2007。
郑通汉：《中国水危机——制度分析与对策》，中国水利水电出版社，2006。
江莹：《互动与整合——城市水污染与环境治理的社会学研究》，东南大学出版社，2006。
陈宜瑜等：《中国流域综合管理战略研究》，科学出版社，2007。
王勇：《政府间横向协调机制研究——跨省流域治理的公共管理视界》，中国社会科学出版社，2010。
赵来军：《我国流域跨界水污染纠纷协调机制研究——以淮河流域为例》，2007。
李小云、靳乐山、左停、〔英〕伊凡·邦德：《生态补偿机制：市场与政府的作用》，社会科学文献出版社，2007。
中国21世纪议程管理中心可持续发展战略研究组：《生态补偿：国际经验与中国实践》，社会科学文献出版社，2007。
廖卫东：《生态领域产权市场制度研究》，经济管理出版社，2004。
刘玉龙：《生态补偿与流域生态共建共享》，中国水利水电出版社，2007。
中国生态补偿机制与政策研究课题组：《中国生态补偿机制与政策研究》，科学出版社，2007。
林尚立：《国内政府间关系》，浙江人民出版社，1998。
〔美〕罗伯特·K. 殷：《案例研究设计与方法》，周海涛等译，重庆大学出版社，1994。
郑永年、吴国光：《论中央—地方关系——中国制度转型中的一个轴心问题》，牛津大学出版社，1995。
杨光斌：《制度的形式与国家的兴衰》，北京大学出版社，2005。
方复前：《公共选择理论——政治的经济学》，中国人民大学出版社，2000。

许云霄:《公共选择理论》，北京大学出版社，2006。

聂国卿:《我国转型时期环境治理的经济分析》，中国经济出版社，2006。

陶传进:《环境治理：以社区为基础》，社会科学文献出版社，2005。

中国生态补偿机制与政策研究课题组：《中国生态补偿机制与政策研究》，科学出版社，2007。

王伟中等:《生态补偿：国际经验与中国实践》，社会科学文献出版社，2007。

牛增福:《要素市场发育与政府效率》，经济科学出版社，1998。

谢庆奎:《中国地方政府体制概论》，中国广播电视出版社，2004。

陆益龙:《流动产权的界定：水资源保护的社会理论》，中国人民大学出版社，2004。

周伟林:《中国地方政府的经济行为分析》，复旦大学出版社，1997。

刘玉、冯健:《区域公共政策》，中国人民大学出版社，2005。

胡振鹏:《流域综合管理的理论与实践——以山江湖工程为例》，科学出版社，2014。

〔英〕亚当·斯密:《国富论》，富强译，陕西师范大学出版社，2010。

杨宏山:《府际关系论》，中国社会科学出版社，2005。

〔美〕戴维·H. 罗森布鲁姆:《公共行政学：管理、政治和法律的途径》，张成福等译，中国人民大学出版社，2002。

曾凡军:《基于整体性治理的政府组织协调机制研究》，武汉大学出版社，2013。

陈瑞莲:《区域公共管理理论与实践研究》，中国社会科学出版社，2008。

余敏江、黄建洪:《生态区域治理中中央与地方府际间协调研究》，广东人民出版社，2011。

Charles E. Lindblom, *The Intelligence of Democracy* (New York: The Free Press, 1965).

Callis, L. et al., *Joint Approaches to Social Policy: Rationality and Practice* (Cambridge University Press, 1988).

Chisholm, Donald, *Coordination without Hierarchy* (Berkeley: University of California Press, 1989).

Crabb Peter, *Murry-Darling Basin Resources* (Canberra: The Murry-Darling Basin Commission, 1997).

Catherine Alter, Jerald Hage, *Organizations Working Together*, *Sage Library of Social Research 191* (Sage Pubications, Inc., 1993).

Downs, Anthony, *Inside Bureaucracy* (Boston: Scott, Foresman and Company, 1967).

Gage, Robert W., and Myrna P. Mandell, *Strategies for Managing Intergovernmental Policies and Networks* (New York: Praeger, 1990).

G. Majone and V. Ostrom, *Guidance*, *Control and Evaluation in the Public Sector* (Berlin: de Gruyter, 1986).

Hanf, K. and F. W. Scharf, *Interoganizational Policy Making: Limits to Coordination and Central Control* (Beverly Hills: Sage, 1978).

Kenneth G. Lieberthal, *Michel Oksenberg*, *Policy-Making in China: Leaders, Structures and Processes* (Princeton: Princeton University Press, 1988).

Lieberthal, K. G. & D. M. Lampton, *Bureaucracy*, *Politics and Decision-Making in Post-Mao China* (University of California Press, 1992).

Mizruchi, Michael and Galaskiewicz, Joseph, "Network of Interorganitional Relations," in S. Wasseman and J. Galaskiewicz, eds., *Advances in Social Network Analysis*, *Research in the Social and Behavioral Science* (Newbury Park, CA: Sage Publications, 1994).

O' Toole, L. J., "Rational Choice And The Public Management of Interorganizational Networks," in D. F. Kettle and H. B. Milward, eds., *The States of Public Management* (Baltimore: Johns Hopkins University Press, 1996).

Pffefer, J. M. and Salancik, G. R., *The External Control of Organizations: A Resourse Dependence Perspective* (New York: Harper& Row, 1978).

Pennings, J. M., "Strategically Interdependent Organizations," in P. C. Nystrom and W. H. Starbuck, eds., *Handbook of Organizational Design* (New York: Oxford University Press, 1981).

Pressman, J. L. and A. Wildavsky, *Implementation* (Berkeley: Universtiy of California Press, 1984).

Philip Selznick, TVA and the Grass Roots, Happer Torchbooks, *The Academic Library* (New York: Harper&Row Publishers, 1966).

Scharpf, F. W. , *Games Real Actors Play: Actor-Centered Institutionalism in Policy Research* (Boulder, CO: Westview, 1997).

Seidman, Harold and Robert Gilmour, *Politics, Position, and Power from the Positive to the Regulatory State* (New York: Oxford University Press, 1986).

Stinchcombe, A. L. , *Information and Organizations* (Berkeley: University of California Press, 1990).

Thompson, G. , J. France, R. Levacic and J. Mitchell, *Market, Hierarchies and Networks* (London: Sage, 1991).

Williamson, O. , *The Economic Institutions of Capitalism: Firm, Market, Relational Contracting* (Boston. MA: The Free Press, 1985).

B. Marin. , *Generalized Political Exchange: Antagonistic Cooperation and Integrated Policy Circuits* (Frankfurt: Campus Verlag, 1990).

Bardach, Eugene, *Getting Agencies to Work Together: The Practice and Theory of Managerial Craftsmanship* (Washington, DC: Brookings, 1998).

Agranoff, Robert, and Michael McGuire, *Collaborative Public Management: New Strategies for Local Governments* (Washington, D. C. : Georgetown University Press, 2003).

Milward, H. Brinton&Keith G. Provan, *A Manager's Guide to Choosing and Using Collaborative Networks* (IBM Center for the Business of Government, 2006).

Barry. Naughton, "Hierarchy and the Bargaining Economy: Government and the Enterprise in the Reform Process," in Kenneth G. Lieberthal and David M. Lampton, eds. , *Bureaucracy, Politics and Decision-Making in Post-Mao China*, (Berkeley: University of California Press, 1992).

Nina P. Halpern. , "Information Flows and Policy Coordination in the Chinese Bureaucracy," in Kenneth G. Lieberthal and David M. Lampton, eds. , *Bureaucracy, Politics and Decision-Making in Post-Mao China* (Berkeley: University of California Press, 1992).

Carol Lee Hamrin, "The Party Leadership System," in Kenneth G. Lieberthal and David M. Lampton, eds. , *Bureaucracy, Politics and Decision-Making in Post-Mao China* (Berkeley: University of California Press, 1992).

David M. Lampton, " A Plum for a Peach: Bargaining, Interest, and Bureaucratic Politics in China," in Kenneth G. Lieberthal and David M. Lampton, eds., *Bureaucracy, Politics and Decision-Making in Post-Mao China* (Berkeley: University of California Press, 1992).

Lieberthal, in Kenneth G. Lieberthal and David M. Lampton, eds., *Bureaucracy, Politics and Decision-Making in Post-Mao China* (Berkeley: University of California Press, 1992).

二　论文类

冯彦、杨志峰:《我国水管理中的问题与对策》,《中国人口·资源与环境》2003 年第 4 期。

刘振邦:《水资源统一管理的体制性障碍和前瞻性分析》,《中国水利》2002 年第 1 期。

胡鞍钢、王亚华、过勇:《新的流域治理观:从"控制"到"良治"》,《经济研究参考》2002 年第 20 期。

汪恕诚:《再谈人与自然和谐相处》,《中国水利报》2004 年 4 月 17 日。

杨娟、潘秀艳:《流域良治——流域管理的发展方向》,《北方环境》2004 年第 2 期。

张林祥:《推进流域管理与行政区域管理相结合的水资源管理体制建设》,《中国水利》2003 年第 3 期。

胡若隐:《地方行政分割与流域水污染治理悖论分析》,《学术交流》2006 年第 3 期。

陈庆秋:《试论水资源部门分割管理体制的弊端与改革》,《人民黄河》2004 年第 9 期。

张紧跟、唐玉亮:《流域治理中的政府间环境协作机制研究——以小东江治理为例》,《公共管理学报》2007 年第 3 期。

汪群、周旭、胡兴球:《我国跨界水资源管理协商机制框架》,《水利水电科技进展》2007 年第 10 期。

汪群、钟蔚、张阳:《协商民主视角的跨界水事纠纷治理》,《水利经济》2007 年第 9 期。

王爱民、马学广、陈树荣:《行政边界地带跨政区协调体系构建》,《地理与地理信息科学》2007 年第 5 期。

曾维华:《流域水资源冲突管理研究》,《上海环境科学》2002 年第 10 期。

刘亚平、颜昌武:《区域公共事务的治理逻辑:以清水江治理为例》,《中山大学学报》(社会科学版)2006 年第 4 期。

郑春宝等:《浅谈国外流域管理的成功经验及发展趋势》,《人民黄河》1999 年第 1 期。

徐荟华、夏鹏飞:《国外流域管理对我国的启示》,《水利发展研究》2006 年第 5 期。

牛美丽:《公共行政学观照下的定性研究方法》,《中山大学学报》(社会科学版)2006 年第 3 期。

彭志国:《从理性、权力到官僚政治视角的转变》,《理论探讨》2005 年第 2 期。

陈庆秋、刘会远:《广东水资源统一管理机构改革方案的研究》,《人民长江》2006 年第 8 期。

祝灵君、聂进:《公共性与自利性:一种政府分析视角的再思考》,《社会科学研究》2002 年第 2 期。

彭宗超:《试论政府的自利性及其与政府能力的相互关系》,《新视野》1999 年第 3 期。

秦亚洲、徐清扬:《珠江水危机日益严重》,《瞭望新闻周刊》2006 年第 48 期。

鄂竟平:《在国家防总 2005 年珠江压咸补淡应急调水工作总结会议上的讲话》,《人民珠江》2005 年第 4 期。

叶依广:《长三角政府协调:关于机制与机构的争论及对策》,《现代经济探讨》2004 年第 7 期。

《珠江流域 2005 ~ 2006 年干旱及压咸补淡应急调水》,《人民珠江》2006 年第 5 期。

万军、张惠英:《法国的流域管理》,《中国水利》2002 年第 10 期。

胡熠、陈瑞莲:《发达国家的流域水污染公共治理机制及其启示》,《天津行政学院学报》2006 年第 1 期。

何大伟、陈静生：《我国实施流域水资源与水环境一体化管理构想》，《中国人口·资源与环境》2000 年第 2 期。

张紧跟：《论协调地方政府间关系》，《广东行政学院学报》2007 年第 4 期。

凌学武：《论政府间关系协调失灵》，《成都行政学院学报》2006 年第 4 期。

王秋生：《对珠江流域水利发展战略的几点思考》，《人民珠江》2004 年第 6 期。

崔伟中：《以人与自然和谐相处理念指导珠江流域水资源管理的思考》，《人民珠江》2004 年第 4 期。

薛建枫：《加强珠江水资源的流域管理》，《人民珠江》2002 年第 5 期。

刘万根：《珠江流域水资源问题及统一管理浅析》，《人民珠江》2002 年 Z1 期。

毛革：《珠江流域防洪规划概要》，《人民珠江》2007 年第 4 期。

陈庆秋：《珠江压咸补淡跨地区应急调水的政策探讨》，《中国给水排水》2006 年第 1 期。

赵刚：《珠江航运与珠江流域经济发展论》，《珠江水运》2006 年第 7 期。

马骏、侯一麟：《中国省级预算中的非正式制度：一个交易费用理论框架》，《经济研究》2004 年第 10 期。

陈瑞莲、胡熠：《我国流域区际生态补偿：依据、模式与机制》，《学术研究》2005 年第 9 期。

周大杰、董文娟、孙丽英等：《流域水资源管理中的生态补偿问题研究》，《北京师范大学学报》2005 年第 4 期。

毛锋、曾香：《生态补偿的机理与准则》，《生态学报》2006 年第 11 期。

龚亚珍：《世界各国实施生态效益补偿政策的经验对中国的启示》，《林业科技管理》2002 年第 3 期。

高彤、杨姝影：《国际生态补偿政策对中国的借鉴意义》，《环境保护》2006 年第 10 期。

庄国泰：《经济外部性理论在流域生态保护中的应用》，《环境保护》2004 年第 6 期。

胡熠：《论构建流域跨区水污染经济补偿机制》，《福建省委党校学报》2006 年第 9 期。

秦鹏:《论我国区际生态补偿制度之构建》,《生态经济》2005 年第 12 期。

李琳:《生态服务补偿:世界自然基金会的看法和实践》,《环境保护》2006 年第 10 期。

黄银燕:《浅析东西部流域间的生态补偿问题》,《经济论坛》2007 年第 14 期。

黄宝明、刘东生:《关于建立东江源区生态补偿机制的思考》,《中国水土保持》2007 年第 2 期。

沈满洪:《水权交易与政府创新——以东阳义乌水权交易案为例》,《管理世界》2005 年第 6 期。

胡小华:《建立东江源生态补偿机制的探讨》,《环境保护》2008 年第 2 期。

王军锋、侯超波、闫勇:《政府主导型流域生态补偿机制研究——对子牙河流域生态补偿机制的思考》,《中国人口·资源与环境》2011 年第 7 期。

周映华:《流域生态补偿的困境与出路——基于东江流域的分析》,《公共管理学报》2008 年第 2 期。

赵光洲、陈妍竹:《我国流域生态补偿机制探讨》,《经济问题探索》2010 年第 1 期。

陈德敏、董正爱:《主体利益调整与流域生态补偿机制——省际协调的决策模式与法规范基础》,《西安交通大学学报》(社会科学版)2012 年第 2 期。

禹雪中、冯时:《中国流域生态补偿标准核算方法分析》,《中国人口·资源与环境》2011 年第 9 期。

全永波、胡进考:《论我国海洋区域管理模式下的政府间协调机制构建》,《中国海洋大学学报》(社会科学版)2010 年第 6 期。

张晨、金太军、吴新星:《应对重大突发公共事件省内政府间协调的制度分析——以 2008 年阳宗海砷污染事件为例》,《中国行政管理》2010 年第 9 期。

曾维和:《“整体政府”——西方政府改革的新趋向》,《学术界》2008 年第 5 期。

吕志奎、孟庆国:《公共管理转型:协作性公共管理的兴起》,《学术研究》2010 年第 12 期。

秦长江：《协作性公共管理：国外公共行政理论的新发展》，《上海行政学院学报》2010 年第 11 期。

王佃利、史越：《跨域治理视角下的中国式流域治理》，《新视野》2013 年第 5 期。

黄建洪：《应对重大突发公共事件中的纵向府际协调探析》，《苏州大学学报》（哲学社会科学版）2012 年第 2 期。

郑晓、郑垂勇、冯云飞：《基于生态文明的流域治理模式与路径研究》，《南京社会科学》2014 年第 4 期。

胡佳：《区域环境治理中地方政府协作的碎片化困境与整体性策略》，《广西社会科学》2015 年第 5 期。

任敏：《我国流域公共治理的碎片化现象及成因分析》，《武汉大学学报》（哲学社会科学版）2008 年第 7 期。

孙力：《我国公共利益部门化生成机理与过程分析》，《经济社会体制比较》2006 年第 4 期。

杨爱平：《从垂直激励到平行激励：地方政府合作的利益激励机制创新学术研究》，《学术研究》2011 年第 5 期。

任敏：《国外政府间协调研究述评》，载马骏、侯一麟主编《公共管理研究》第 8 卷，格致出版社、上海人民出版社，2010。

刘亚平：《协作性公共管理：现状与前景》，《武汉大学学报》（哲学社会科学版）2010 年第 4 期。

胡象明、唐波勇：《整体性治理：公共管理的新范式》，《华中师范大学学报》（人文社会科学版）2010 年第 1 期。

竺乾威：《从新公共管理到整体性治理》，《中国行政管理》2008 年第 10 期。

高建华：《区域公共管理视野下的整体性治理：跨界治理的一个分析框架》，《中国行政管理》2010 年第 11 期。

徐艳晴、周志忍：《水环境治理中的跨部门协同机制探析》，《江苏行政学院学报》2014 年第 6 期。

周志忍、蒋敏娟：《中国政府跨部门协同机制探析》，《公共行政评论》2013 年第 1 期。

任敏：《流域公共治理的政府间协调研究——以珠江流域为个案》，载《“21 世纪的公共管理：机遇与挑战”第三届国际学术研讨会文集》，格致出版社、上海人民出版社，2008。

陈瑞莲、刘亚平：《泛珠三角区域政府的合作与创新》，《学术研究》2007年第6期。

徐选华、汪业凤：《非常规突发事件应急决策协调过程建模研究》，《中国应急管理理》2011年第8期。

李勇、王喆：《市政府部门间协调配合机制研究》，《机构与行政》2013年第3期。

徐超华：《政府部门间协调机制问题初探》，《武陵学刊》2010年第5期。

任敏：《“河长制”：一个中国政府流域治理跨部门协同的样本研究》，《北京行政学院学报》2015年第3期。

窦玉珍、冯琳：《美洲地区生态效益补偿比较研究》，《中国环境科学学会学术年会优秀论文集》2006年。

李静云、王世进：《生态补偿法律机制研究》，《河北法学》2007年第6期。

郑海霞、张陆彪：《流域生态服务市场的研究进展与形成机制》，《环境保护》2004年第12期。

万军、张惠远、王金南、葛察忠、高树婷、饶胜：《中国生态补偿政策评估与框架初探》，《环境科学研究》2005年第12期。

李煜绍、马小玲、何建宗：《东江流域水资源管制》，《粤港区域环境管理机制研究报告》2006年第6期。

李文星、蒋瑛：《简论我国地方政府间的跨区域合作治理》，《西南民族大学学报》（人文社科版）2005年第1期。

刘鸿亮、曹凤中、徐云、宋旭：《新常态下亟需树立经济发展与环境保护“共生”观》，《中国环境管理》2015年第4期。

杨帆：《论改革开放以来中国政治文化的演进》，《学术论坛》2002年第4期。

康晓光：《经济增长、社会公正、民主法治与合法性基础：1978年以来的与今后的选择》，《战略与管理》1999年第4期。

封凯栋、吴淑、张国林：《我国流域排污权交易制度的理论与实践——基于国际比较的视角》，《经济社会体制比较》2013年第2期。

魏雪娇：《地方政府区域合作治理中的政治协调机制研究》，硕士学位论文，电子科技大学，2013。
楚会霞：《大部制背景下的跨部门协调与合作机制研究》，硕士学位论文，河南大学，2011。
阎原：《成都市A区产业结构转型背景下的部门协调机制研究》，硕士学位论文，西南财经大学，2014。
徐婷婷：《应对突发公共事件中政府协调能力研究》，博士学位论文，苏州大学，2013。
姬兆亮：《区域政府协同治理研究——以长三角为例》，博士学位论文，上海交通大学，2012。
项寅东：《县级政府行政协调问题研究——以浙江省瑞安市为例》，硕士学位论文，华东理工大学，2011。
赵茜：《论我国地方政府部门间关系的协调与整合——整体性治理理论视角》，硕士学位论文，首都经济贸易大学，2013。
张翔：《中国政府部门间协调机制研究》，博士学位论文，南开大学，2013。
宋虎：《我国县级政府协同治理研究》，硕士学位论文，南京科技大学，2007。
吴帅：《分权、制约与协调：我国纵向府际权力关系研究》，博士学位论文，浙江大学，2011。
刘新萍：《政府横向部门间合作的逻辑研究》，博士学位论文，复旦大学，2013。
刁琳：《行政服务中心的行政协调机制研究》，硕士学位论文，吉林大学，2009。
王勇：《流域政府间横向协调机制研究——以流域水资源配置使用之负外部性治理为例》，博士学位论文，南京大学，2008。
王静：《我国政府危机管理中的协调联动机制研究——以“7·23温州动车追尾”事故为例》，硕士学位论文，青岛大学，2014。
仇赟：《大部制前景下我国中央政府部门间行政协调机制展望》，硕士学位论文，吉林大学，2008。
朱国伟：《我国县级横向府际行政关系协调研究》，硕士学位论文，湖南师范大学，2008。
刘书明：《基于区域经济协调发展的关中——天水经济区政府合作机制研究》，博士学位论文，兰州大学，2013。
张紧跟：《当代中国地方政府间关系：研究与反思》，《武汉大学学报》2009

年第 4 期。

张紧跟:《浅论协调地方政府间横向关系》,《云南行政学院学报》2003 年第 2 期。

王玉明、邓卫文:《加拿大环境治理中的跨部门合作及其借鉴》,《岭南学刊》2010 年第 5 期。

王玉明、刘湘云:《美国环境治理中的政府协作及其借鉴》,《经济论坛》2010 年第 5 期。

乔小明:《大部制改革中政府部门间协调机制的研究》,《云南师范大学学报》2010 年第 4 期。

刘祖云:《政府间关系:合作博弈与府际治理》,《学海》2007 年第 1 期。

宋世明:《日本行政改革的“个性”与启示》,《云南行政学院学报》2011 年第 6 期。

倪星:《英法大部门政府体制的实践与启示》,《中国行政管理》2008 年第 2 期。

谢庆奎:《中国政府的府际关系研究》,《北京大学学报》2000 年第 1 期。

Oliver, Christine, "Determinants of Interorganizational Relationships: Integration and Future Directions," *Academic of Management Review* 2 (1990).

Powell, Walter, Koput, Keneth W. and Smith-Doerr, Laurel, "Interorganizational Collaboration and the Locus of Innovation: Networks of Learning in Biotechnology," *Administrative Science Quarterly* 1 (1996).

Provan, Keith G., and H. Brinton Milward, "A Preliminary Theory of Interorganizational Network Effectiveness: A Comparative Study of Four Community Mental Health Systems," *Administrative Science Quarter* 4 (1995).

Shu-Hsiang Hsu, "Democratization, Intergovernmental Relations, and Watershed Management in Taiwan," *Journal of Environment & Development* 4 (2003).

Turk, Herman, "Comparative Urban Structure from an Interorganizational Perspective," *Administrative Science Quarterly* 1 (1973).

William Whipple, Jr., Donald Duflois, Neil Grigg, Edwin Herricks, Howard Holme, Jonathan Jones, Conrad Keyes, Jr., Mike Ports, Jerry Rogers, Eric Strecker, Scott Tucker, Ben Urbonas, Bud Viessman, and Don Vonnahme, "A Proposed Approach to Coordination of Water Resource Development and Environmental Regulations," *Journal of the American Water Resources Association* 4 (1999).

"World Bank Policy and Research Bulletin," *Emerging Issues in Development Economics* 4 (1997).

Westlund, Hans, An Interaction-Cost Perspective on Networks and Territory," *Annals of Regional Science* 1 (1999).

Costanza R. D. et al. , "The Value of the World's Ecosystem Service and Nature Capital," *Natural* 7 (1997).

Westman W. E. ,"How Much are Nature's Services Worth?" *Science* (1977).

Saaro R. C. , Sexton W. T. , Malone C. R. ,"The Emergence of Ecosystem Management as a Tool for Meeting People's Needs and Sustaining Ecosystems," *Landscape Urban Plan* 40 (1998).

Matthew A. Wilson, Stephen R. Carpenter, "Economic Valuation of Freshwater Ecosystem Services in the United States: 1971 – 1997," *Ecological Applications* 8 (1999).

Matthew A. Wilson, Richard B. Howarth, "Discourse-Based Valuation of Ecosystem Services: Establishing Fair Outcomes through Group Deliberation," *Biological Conservation* 6 (2002).

Sen, A. ,"Liberty, Unanimity and Rights," *Economica* 43 (1976).

Litwick, Eugene Meyer Henry, "A Balance Theory of Coordination between Bureaucratic Organizations and Community Primary. Groups," *Administrative Science Quarterly* (1966).

Pollitt, C. ,"Joined-up Government: a Survey," *Political Studies Review* 1.

Raul R Dommel, *Intergovernmental Relations: in Managing Local Government* (Sage Publication. Inc. , 1991).

Wood and Gray, "Toward a Comprehensive Theory of Collaboration," *Administrative Science Quarterly* 36 (1991).

Stefano Pagiola, Agustin Arcenas, Gunars Platais, "Can Payments for Environmental Services Help Reduce Poverty? —An Exploration of the Issues and the Evidence to Date from Latin America," *World Development* 2 (2005).

Maryanne Grieg-Gran, Ina Porras, Sven Wunder, "How Can Market Mechanisms for Forest Environmental Services Help the Poor? Preliminary Lessons from Latin A-merica," *World Development* 2 (2005).

Simon Zbindena, David R. Lee., "Paying for Environmental Services: An Analysis of Participation in Costa Rica's PSA Program," *World Development* 2 (2005).

John Kerr, "Watershed Development, Environmental Services, and Poverty Alleviation in India," *World Development* 8 (2002).

Kenneth M. Chomitz, Esteban Brenes, Luis Constantino, "Financing Environmental Services: the Costa Rican Experience and its Implications," *The Science of the Total Environment* 9 (1999).

Doribel Herrador, Leopoldo Dimas, "Payment for Environmental Services in El Salvador," *Mountain Research and Development* 10 (2000).

Stina Hökby, Tore Söderqvist, "Elasticities of Demand and Willingness to Pay for Environmental Services in Sweden," *Environmental and Resource Economics* 3 (2003).

Yung En Chee, "An Ecological Perspective on the Valuation of Ecosystem Services," *Biological Conservation* 12 (2004).

B. Guy Peters, "Managing Horizontal Government: The Politics of Co-ordination," *Public Administration* 76 (1998).

Coase, Ronald, "The Problem of Social Cost," *Journal of Law and Economics* 3 (1960).

David M. Lampton, *Water: Change to a Fragmented Political System*, *Paper Presented to the Workshop on Policy Implementation in the Post-Mao Era*, Colunbus, Ohio, June 1983.

David M. Lampton, "Chinese Politics: The BargainingTreadmill," *Issues and Studies* 3 (1987).

DiMaggio, Paul and Powell, Walter W., "The Iron Cage Revisited: Institutional Isomorphism and Collective Rationality in Organizational Fields," *American*

Sociological Reviews 2 (1983).

Edward T. Jennings, Jr. , Jo Ann G. Ewalt, "Interorganizational Coordination, Administrative Consolidation, and Policy Performance," *Public Administration Review* 5 (1998).

Grigg, Neil S. ,"New Paradigm for Coordination in Water Industry. Journal of Water Resources Planning and Management," *American Society of Civil Engineers* 5 (1993).

Gray, Barbara and Wood, Donna J. ,"Collaborative Alliances: Moving from Practice to Theory," *Journal of Applied Behavioral Science* 1 (1991).

Gulati, Ranjay and Gargiulo, Garguilio, "Where do Interorganizational Networks Comes From?" *American Journal of Sociology* 5 (1999).

Hardin. G. , *The Tragedy of the Commons Science*, 1968.

Hass, Peter M. ,"Do Regimes Matter? Epistemic Communities and Mediterranean Pollution Control," *International Organization* 3 (1989).

Irene Fraser Rothenberg; George J. Gordon, "Out with the Old, in with the New: *The New Federalism, Intergovernmental Coordination, and Executive Order*," *Publius* 3 (1984).

Landry, Rejean and Amara, Nabil, "The Impact of Transaction Costs on the Institutional Structuration of Collaborative Academic Research," *Research Policy* 27 (1998).

Moe, Terry M. ,"The New Economics of Organization," *AmericanJournal of Political Science* 28 (1984)

Marin, B. , "Genralized Political Exchange: Preliminary Considerations," in B. Marin, eds. , *Generalized Political Exchange: Antagonistic Cooperation And Integrated Policy Circuits* (Frankfurt: Campus Verlag, 1990).

Meyer J. and Rowan B. ,"Institutional Organization: Formal Structures as Myths and Ceremony," *American Journal of Sociology* 83 (1977).

Neil S. Grigg, "Coordination: The Key to Integrated Water Management," *Water Resources Update* 1.

O'Toole, Laurence J. , Jr, "Treating Networks Seriously: Practical and Research-

Based Agendas in Public Administration," *Public Administration Review* 57 (1997) .

Kettle, Donald, "Governing at the Millennium," in James L. Perry, eds. , *Handbook of Public Administration* (San Francisco: Jossey-Bass, 1996).

Perry, Dinna Leat, Kimberly Seltzerand Gerry Stoker. , *Towards Holistic Governance: The New Reform Agenda* (New York: Palgrave, 2002).

Bardach, Eugene, and Cara Lesser, "Accountability in Human Services Collaborative: For Who?" *Journal of Public Administration Research and Theory* 2 (1996).

Gretschmann, K. , "Solidarity and Market," in F-X Kaufmann, G. Majone and V. Ostrom, eds. , *Guidance, Control and Evaluation in the Public Sector* (Berlin: de Gruyter, 1986).

On the Efficiency of Environmental Service Payments: A forest Conservation Assessment in the Osa Peninsula, Costa Rica. By: Sierra, Rodrigo, Russman, Eric. Ecological Economics, Aug 2006.

Ring Peter Smith, and Andrew H. Van de Ven, "Development Process of Cooperative Interorganizational Relationships," *Academy of Managment Review* 1 (1994).

Ann Marie Thomson, James L. Perry, "Collaboration Processes: Inside the Black Box," Public Administration Review 66 (2006).

Bingham, Lisa B. , David Fairman, Daniel J. Florino, and Rosemary O'leary, "Fulfilling the Promise of Environmental Conflict Resolution," in *The Promise and Performance of Environmental Conflict Resolution* (Washington, D. C. : Resources for the Future, 2003).

Lipnack, Jessica, and Jeffrey Stamps, *The Age of the Network* (New York: Wiley, 1994).

Scharpf, F. W. , *Games Real Actors Play: Actor-Centered Institutionalism in Policy Research* (Boulder, CO: Westview, 1997).

Thomas, C. , *Bureaucratic landscapes: Interagency Cooperation and the Preservation of Biodiversity* (MIT Press, 2003).

Anthony M. Cresswell etc. , Modeling Intergovernmental Collaboration: A System Dynamic Approach. Proceedings of the 35th Hawaii International Conference on System Science – 2002.

Pasquero, "Supra-organizational Collaboration: The Canadian Environmental Experiment," *Journal of applied Behavioralscience* 2 (1991).

John M. Bryson, Barbara C. Crosby, Melissa Middleton Stone, "The Design and Implementation of Cross-Sector Collaborations: Propositions from the Literature," *Public Administration Review* 12 (2006).

Tan Kok Weng, Mazlin Bin Mokhtar, "An Appropriate Institutional Framework Towards Integrated Water Resources Management in Pahang River Basin, Malaysia," *European Journal of Scientific Research* 4 (2009).

Wei-hua Zeng, Zhi-feng Yang, and Gen-suo Jia, "Integrated Management of Water Resources in River Basins in China," *Aquatic Ecosystem Health and Management*, 2006.

"Experts Address the Question: Is IWRM Implementation Possible without Strong Regulatory, Participatory Aand Incentive Frameworks at The River-Basin Level?" *Natural Resources Forum* 33 (2009).

Min Goo Kang, Gwang Man Lee, and Ick Hwan Ko, "Evaluating Watershed Management within a River Basin Context Using an Integrated Indicator System," *Water Resources Planning and Management*, 2010.

D. Vanham, R. Weingartner and W. Rauch, "The Cauvery River Basin in Southern India: Major Challenges and Possible Solutions in the 21st Century," *Water Science and Technology*, 2011.

Claas Meyer and Andreas Thiel, "Institutional Change in Water Management Collaboration: Implementing the European Water Framework Directive in the German Odra River Basin," *Water Policy*, 2012.

Calburean Raluca, Economic Impact of Globaliztion on the Environmental Policy of the European Union.

Haakon Lein and Mattias Tagseth, "Tanzanian Water Policy Reforms—between Principles and Practical Applications," *Water Policy*, 2009.

Alexander Ovodenko, "Regional Water Cooperation: Creating Incentives for Integrated Management," *Journal of Conflict Resolution*, 2014.

三 其他类

《胡锦涛在中国共产党第十七次全国代表大会上的报告》。

《珠江流域水资源保护局在深圳召开的珠江流域水资源保护工作座谈会上的报告》，2005 年 9 月。

珠江流域水资源保护局牵头组成的联合调查组：《红水河水污染问题初步调查报告》，1998。

《国家环境保护“十一五”规划》。

广东省水利厅文件：《关于协调解决治理龙淡河问题情况的报告》（粤水农〔2001〕111 号）。

《关于协调解决治理龙淡河问题会议纪要》，2001 年 12 月 29 日。

《关于解决治理龙淡河问题联合工作组会议纪要》，2002 年 9 月 17 日。

广东省水利厅文件：《关于惠阳市淡水河整治工程有关问题的函》（粤水规〔2003〕73 号）。

深圳市水务局：《关于龙淡河整治工程的情况汇报》。

《龙淡河深惠两地边界相应河段联合治理协商会会议纪要》，2003 年 12 月 9 日。

深圳市水务局：深水务〔2004〕490 号。

深圳市水务局：《关于共同抓紧推进龙淡河整治的函》（深水函〔2005〕222 号）。

《珠江片重点水功能区水资源质量状况通报》。

贵州省水利厅：《贵州省珠江流域水资源基本情况汇报》。

贵州省环保局：《“黔、桂跨省（自治区）河流水资源保护与水污染防治协作机制”办公室成员工作会议情况汇报》。

中国环境与发展国际合作委员会、流域综合管理课题组：《推进流域综合管理，重建中国生命之河》，2004。

广东省机构编制委员会办公室：《关于成立东江、北江流域管理机构的函》（粤机编办〔2006〕253 号）。

广东省水利厅:《关于组建广东省西江流域管理机构的调研报告》。
贵州省水利厅:《贵州省省水资源保护工作的基本情况汇报》。
广西壮族自治区水利厅:《关于协调广西九洲江水系水资源保护问题的意见》。
广西壮族自治区水利厅:《广西水务管理体制改革状况及建议》。
广西壮族自治区水利厅:《关于要求规范和明确水资源保护与水污染防治关系的意见》。
《关于开展生态补偿试点工作的指导意见》(环发〔2007〕130号)。
《国务院关于完善大中型水库移民后期扶持政策的意见》(国发〔2006〕17号)。
《国务院关于进一步完善退耕还林政策措施的若干意见》(国发〔2002〕10号)。
《关于进一步做好退耕还林还草工作的若干意见》(国发〔2000〕24号)。
《国务院关于完善退耕还林政策的通知》(国发〔2007〕25号)。
《中共中央、国务院关于灾后重建、整治江湖、兴修水利的若干意见》(中发〔1998〕15号)。
《国家环境保护总局关于开展生态补偿试点工作的指导意见》(环发〔2007〕130号)。
《中华人民共和国森林法》。
《中华人们共和国水法》。
《中华人民共和国水污染防治法》。
《大中型水利水电工程建设征地补偿和移民安置条例》。
新华网河南频道:黄河国际论坛,http://www.yellowriver.gov.cn/lib/gilt/2005-10-22/jj_105609122889.html,10月22日。
王浩:《中国水问题现状趋势与解决途径》,http://thesee.org/laogong/wh.htm。
《我国水资源面临的挑战及对策》,http://www.macrochina.com.cn/gov/zlgh/20001027016332.shtml。
水利部:《我国水环境问题及对策》,《水利简报》第21~23期,http://www.mwr.gov.cn/zwxx/20030305/1183.asp。
仇保兴:《城镇水环境的形势、挑战和对策——在首届中国城镇水务发展战略国家研讨会上的演讲》，http://www.csjs.gov.cn/sys/FirstPage_detail.aspx? TableName=tmp2&id=2737。

《环保总局通报北江镉污染等6起重大环境事件》，http://news.sina.com.cn/c/2006-02-06/13118135675s.shtml。

《环境保护局副局长：中国平均两三天一起水污染事件》，新华网，http://news.xinhuanet.com/politics/2006-11/10/content_5314885.htm，2006年11月10日。

《关注北江镉污染，无一人误饮污染水中毒》，《南方日报》2005年12月30日。

《广东韶关冶炼厂水污染事件并非偶然事故》，《中国证券报》2005年12月26日。

尹卫国：《水污染肇事者为何多是大型国企》，《中国青年报》2005年12月23日。

水利部副部长周英就《水量分配暂行办法》的贯彻实施接受《中国水利报》记者专访，http://www.mwr.gov.cn/xwpd/slyw/200712281123316a732c.aspx。

《严守水资源管理“三条红线”》，《经济日报》2012年5月9日。

《我国经济社会可持续发展面临三大“水”瓶颈》，中华人民共和国水利部网站，http://www.mwr.gov.cn/slzx/mtzs/zgzfw/201204/t20120420_319151.html，2012年4月20日。

《中国水利改革发展，水利部部长陈雷在第五届中瑞防洪减灾研讨会上的主旨报告》，http://www.mwr.gov.cn/slzx/slyw/201204/t20120412_318726.html。

中华人民共和国水利部：《2010年中国水资源公报》，http://www.mwr.gov.cn/zwzc/hygb/szygb/qgszygb/201204/t20120426_319578.html。

《水利部珠江水利委员会崔伟中副主任在2010年黔桂跨省（区）河流水资源保护与水污染防治协作机制会议上的讲话》，珠江水利网，http://www.pearlwater.gov.cn/ztzl/fzxzjz/gzdt/t20110301_40666.htm。

《2013年水资源公报》，珠江水利网，http://www.pearlwater.gov.cn/xxcx/szygg/12gb/t20140617_59139.htm。

《云南铬污染十年政府缺位　党员凑米做上访路费》，人民网，http://env.people. com. cn/GB/15492502. html。

《珠江片水资源公报》，2010。

《珠江片2012年水资源公报》，珠江水利网，http://www. pearlwater. gov. cn/xxcx/szygg/12gb/t20140617_59139. htm。

《坚定不移沿着中国特色社会主义道路前进　为全面建成小康社会而奋斗》。

《珠江流域重大污染接二连三环境已不堪重负》，《华夏时报》2013年7月18日。

云南省水政监察总队，http://www. wcb. yn. gov. cn/end/index. jsp? Info_ID =2517。

珠江委网站：http://www. pearlwater. gov. cn/wndt。

《贵阳市生态文明建设委员会挂牌成立》，《贵州日报》2012年11月28日。

贵阳市生态文明建设委员会网站：http://www. ghb. gov. cn/index. shtml。

《贵阳市花溪区生态局工作人员访谈》，2015年3月20日。

《贵阳坚守两条底线，打造生态文明城市》，《贵州日报》2015年8月22日。

《贵阳市生态文明建设委员会工作人员访谈》，2014年11月28日

陈高泽：《三岔河渐渐变得清澈了》，《乌蒙新报》2012年9月20日。

毕节市威宁县村民访谈，2013年11月15日。

六盘水市钟山区大湾镇镇政府工作人员，2013年12月10日。

六盘水市大湾村煤场工人访谈，2013年12月13日。

贵州省环保厅工作人员访谈，2013年11月13日。

《我国拟开征环境税，三部委正研究方案》，新浪网新闻，http://news. sina. com. cn/c/2008 -01 -06/030813204135s. shtml.，2008年1月6日。

《国务院关于落实科学发展观加强环境保护的决定》。

国家环保总局：《关于开展生态补偿试点工作的指导意见》。

《中国共产党十八届三中全会全面深化改革决定》。

全治平、翟明磊：《大上海之路受阻何方》，《南方周末》2002年12月5日。

江西省赣州市寻乌县环保局访谈记录，XUHB831。

寻乌县环保局：《在东江源区环境与资源保护中所做的工作》，2007年8月。

河源市人民政府：《河源市水土保持生态建设情况汇报》，2007年8月。

河源市省属水库移民办公室：《河源市省属水库移民情况》。

《国家初始水权制度框架建立，地区间将可转让水权》，新浪新闻，http://

news. sina. com. cn/c/2008-01-03/011313184339s. shtml，2008 年 1 月 3 日。

《保护东江须先认识东江》，惠州新闻网，http://www. hznews. com/xw/gcyl/200712/t20071226_99499. html，2007 年 12 月 26 日。

《东江流域分水方案，引发东莞节水革命》，中国环境生态网，http://www. eedu. org. cn/news/resource/water/200711/18541. html，2007 年 11 月 26 日。

《深圳各区或限量供水，超标者自谋办法》，广州视窗网新闻中心，http://www. gznet. com/news/canton/szxw/200712/t20071226 _ 429997. html，2007 年 12 月 26 日。

《广东对香港供水不限量，东江定量取水只针对内地》，广东省人民政府网，http://www. gd. gov. cn/gdgk/gdyw/200711/t20071128 _ 35469. htm，2007 年 11 月 28 日。

深圳市水务局：《对深圳市四届人大一次会议代表建议（第 20050027 号）的答复》，2005 年 8 月 20 日。

《广东：东莞市明年底建成 36 座污水处理厂》，中国招标信息网，http://www. gcxm. com. cn/info. php? id =53291. ，2007 年 9 月 20 日。

香港大学地理学系某副教授访谈记录，XGXZ. 12. 20。

《东江水资源管理研讨会记录》，香港理工大学，2007 年 12 月 21 日。

香港地球之友访谈记录，XGDQ. 12. 21。

深圳市水务局访谈记录，SZSW. 9. 28。

贵州省环保厅：《关于加强清水江流域水污染防治工作的通知》，2007。

黔府办发〔2009〕68 号。

《麻江县人民政府 2010 年政府工作报告》。

《环保部部长周生贤：坚持在发展中保护　在保护中发展》，新华网，http://news. xinhuanet. com/politics/2012-05/04/c_ 111891418. htm? prolongation = 1，2012 年 5 月 4 日。

《环保部告诉你为啥要出“水十条”》，环保专家网，http://www. hbzj365. com/news/show -314. html，2015 年 4 月 16 日。

《王岐山首论中共“合法性”被指重大突破》，中国网 · 中国政协，2015 年 9 月 12 日，http://www. china. com. cn/cppcc/2015-09/12/content_36568117. htm。

《环保部完成绿色 GDP 核算规范 7 省市试点》，中国经济网，http://www.ce.cn/xwzx/gnsz/gdxw/201508/11/t20150811_6182321.shtml，2015 年 8 月 11 日。

《环保组织向河北 43 个县申请环境信息公开　八成拒绝》，中新网，http://www.chinanews.com/gn/2015/01-24/7001298.shtml。

《蓝虹 PPP 模式在环保运用中的三个层次》，《上海证券报》2015 年 7 月 21 日，第 12 版。

"What is a keeper" in Recycled Paper.

"A Steward's Guide to the Estuary" in New York-New Jersey Harbor Estuary Program April 2003.

Watershed Partnership for New Jersey—New Jersey Watershed Education and Resource Directory.

常纪文、孙宝民：《社会组织的环境民事公益诉讼怪圈》，《瞭望智库》。

2011 年中央一号文件《中共中央国务院关于加快水利改革发展的决定》。

后　记

本书的写作历时甚久。全书除了涵盖了我的博士学位论文的大部分内容之外，更融汇了我博士毕业后五六年的主要研究。该书能够最终付梓，总算是对我近十年来的求学和研究历程有了一个基本的交代。回望研究之路，犹如一个漫长的八年抗战，个中的茫然、失落、坚持和收获只有自己知晓。

对流域问题的研究源于我的恩师陈瑞莲教授的引导。记得博士学位论文完成之际，夜晚我独自徜徉在中大北门外的珠江岸边，灯火辉映下的珠江美丽而神秘。我如释重负，心情也随着那绚烂灯火下江水的悠悠波光而轻松荡漾起来。感谢恩师的厚爱，从陈老师那里我收获了太多太多。老师的言传身教和悉心指导，至今令我内心充满温暖和感激。无论是为人、为学还是为师，老师永远是我心目中的灯塔，照亮我今后的道路。

对流域问题的坚持则源于论文答辩时夏书章教授的勉励。作为答辩组长的夏老在答辩现场既严谨又诙谐。记得夏老问我的第一个问题是对出自《论语》的“仁者乐山，智者乐水”的解读。之后夏老勉励我把对治水这个领域的研究一直做下去。

感谢国家社科基金的立项帮我实现了夏老的期望。感谢我在课题研究期间调研和访谈过，以及为我的调研提供了各种帮助的涉水机构的各级官员。正是他们的坦诚和他们的真知灼见，让我从一个流域问题的门外汉，逐渐了解了中国流域治理的真实世界。虽然这个世界对于我来说依然还有很多未知，但正是这种未知继续激励我前行，鞭策我在学术之路上坚定地沿着这个方向走下去。

我还要感谢本书中发表过内容的编辑，他们有《武汉大学学报》的叶娟丽副主编、《北京行政学院学报》的孙艳霞女士和《福建行政学院学报》的王少泉博士。感谢贵州大学公共管理学院的领导和社会科学文献出版社的曹义恒、单远举、岳梦夏编辑，没有你们的关心和帮助，本书不可能这样顺利出版。

我还要感谢我的研究生罗莹、马彦涛、赵亮和雷蕾。他们在参与课题研究的过程中脚踏实地，十分辛苦，完成了部分内容初稿的撰写。

最后，我要感谢我的家人，并以此书献给他们。在求学和研究的道路上家人的支持永远是我最大的精神支柱。

无奈本人学识浅陋，本书的写作还存在很多不足和疏漏之处，恳请读者谅解。

图书在版编目(CIP)数据

流域公共治理的政府间协调研究 / 任敏著. -- 北京 : 社会科学文献出版社,2017.12

(格致丛书)

ISBN 978-7-5201-1416-5

Ⅰ.①流… Ⅱ.①任… Ⅲ.①流域治理-演技-中国 Ⅳ.①TV88

中国版本图书馆 CIP 数据核字(2017)第 233126 号

格致丛书

流域公共治理的政府间协调研究

著　　者 / 任　敏

出 版 人 / 谢寿光
项目统筹 / 曹义恒
责任编辑 / 单远举　岳梦夏

出　　版 / 社会科学文献出版社 · 社会政法分社(010)59367156
地址:北京市北三环中路甲 29 号院华龙大厦　邮编:100029
网址:www.ssap.com.cn
发　　行 / 市场营销中心(010)59367081　59367018
印　　装 / 三河市尚艺印装有限公司

规　　格 / 开 本:787mm × 1092mm　1/16
印 张:22.75　字 数:357 千字
版　　次 / 2017 年 12 月第 1 版　2017 年 12 月第 1 次印刷
书　　号 / ISBN 978-7-5201-1416-5
定　　价 / 98.00 元

本书如有印装质量问题,请与读者服务中心(010-59367028)联系